Tubes - Kostbare Wildpflanzen

Gisela Tubes

Kostbare Wildpflanzen

für Gesundheit und Küche
sicher sammeln - gekonnt verwenden

Quelle & Meyer Verlag Wiebelsheim

Die Angaben in diesem Buch sind von der Autorin und dem Verlag sorgfältig erwogen und geprüft, dennoch kann keine Garantie übernommen werden. Eine Haftung der Autorin bzw. des Verlags und seiner Beauftragten für Personen-, Sach- und Vermögensschäden ist ausgeschlossen.

Bibliografische Information der Deutschen Nationalbibliothek
Die Deutsche Nationalbibliothek verzeichnet diese Publikation in der Deutschen Nationalbibliografie; detaillierte bibliografische Daten sind im Internet über http://dnb.d-nb.de abrufbar.

Die Vorauflagen erschienen unter dem Titel „Nutzbare Wildpflanzen".

Alle Fotos stammen von der Autorin
Druck und Verarbeitung: Belvédère Print & Packaging B.V., Niederlande
Printed in the EU/Imprimé en Europe
ISBN 978-3-494-01923-9

Inhaltsverzeichnis

Einführung 5

Hinweise zur Benutzung des Buches 6

Sammeln, Trocknen und Konservieren von Wildpflanzen 9

Lebensräume und Pflanzenporträts

Wegrand 12
- Große Brennnessel 16
- Spitz-Wegerich 20
- Breit-Wegerich 24
- Weiße Taubnessel 28
- Gewöhnlicher Beinwell 31
- Gänse-Fingerkraut 34
- Gewöhnlicher Dost 37
- Wilde Möhre 40
- Kriechender Günsel 43
- Gewöhnliche Wegwarte 46
- Pastinak 49
- Meerrettich 52

Wiese und Weide 55
- Gemeiner Löwenzahn 59
- Großer Sauerampfer 63
- Roter Wiesen-Klee 66
- Gewöhnliche Schafgarbe 69
- Wiesen-Schaumkraut 72
- Wiesen-Bärenklau 75
- Wiesen-Labkraut 78
- Gewöhnlicher Frauenmantel 81
- Kohl-Kratzdistel 84
- Wald-Engelwurz 87

Inhalt

Hecke, Waldrand und Gebüsch 90
März-Veilchen 95
Scharbockskraut 98
Gewöhnlicher Giersch 101
Gewöhnliche Knoblauchsrauke 104
Gewöhnliche Nelkenwurz 107
Wald-Erdbeere 110
Schwarzer Holunder 113
Vogelkirsche 117
Himbeere 120
Echte Brombeere 123
Gewöhnlicher Hopfen 126
Weißdorn 129
Gewöhnliche Eberesche 132
Haselnuss 135
Hunds-Rose 138
Schlehe 141

Wald 144
Wald-Sauerklee 148
Bärlauch 151
Spitz-Ahorn 154
Waldmeister 157
Hänge-Birke 160
Gewöhnliche Fichte 163
Rot-Buche 166
Stiel-Eiche 169

Bach und Graben 172
Echtes Mädesüß 175
Echter Baldrian 178
Drüsiges Springkraut 181

Brach- und Ruderalfläche 184
Huflattich 189
Acker-Schachtelhalm 192
Gewöhnliches Hirtentäschel 195
Acker-Hellerkraut 198

Echte Kamille 201
Echtes Johanniskraut 204
Behaartes Knopfkraut 207
Echter Steinklee 210
Gewöhnliche Nachtkerze 213
Weißer Gänsefuß 216
Schmalblättriges Weidenröschen 219
Kanadische Goldrute 222
Gewöhnlicher Beifuß 225

Einzelbaum 228
Linden 230
Walnuss 233
Esskastanie 236

Garten 239
Gänseblümchen 243
Behaartes Schaumkraut 246
Gundermann 249
Gewöhnliche Braunelle 252
Vogelmiere 255
Kornelkirsche 258
Kartoffel-Rose 261

Rezepte für die Gesundheit

Entspannung und Schlaf 264
Erkältung 266
Für Frauen 268
Frühjahrskur 269
Haare 271
Haustee 272
Haut, kleine Verletzungen 272
Herz 276
Husten 277
Insektenstiche 281
Krämpfe 282

Leber und Galle ... 283
Nieren und Blase ... 284
Rheumatische Erkrankungen ... 285
Schmerzen ... 286
Stärkung und Fitness ... 288
Verdauung, Magen und Darm ... 290
Zerrungen, Verstauchungen, Knochenbrüche ... 292

Übersichtstabelle: Rezepte für die Gesundheit ... 294

Inhaltsstoffe ... 298

Rezepte für die Küche

Alkoholfreie Getränke ... 307
Alkoholische Getränke ... 309
Salate ... 314
Suppen ... 316
Kleine Gerichte, Beilagen und Gemüse ... 319
Desserts, Süßes und Co. ... 328
Kuchen, Gebäck und Brötchen ... 332
Gelee und Marmelade ... 335
Herzhafte Aufstriche ... 338
Chutney, Pesto und Co. ... 342
Süßungsmittel ... 344
Würzmittel ... 346

Literaturverzeichnis ... 350

Register der deutschen und wissenschaftlichen Pflanzennamen ... 352

Kalender der Sammelzeiten ... 358

Einführung

Heimische Wildpflanzen haben seit jeher eine große Rolle im Leben des Menschen gespielt. Sie waren über Millionen von Jahren neben dem jagdbaren Wild seine Nahrungsquelle. Der Mensch erkannte mit der Zeit nicht nur die heilsamen Wirkungen der Wildpflanzen und ihre Nutzbarkeit als Nahrungsmittel, sondern wusste sie auch in vielfältiger Weise für das alltägliche Leben einzusetzen. Kleider und Werkzeug wurden aus Pflanzenmaterialien oder -teilen hergestellt und Baumaterialien daraus gewonnen. Wildpflanzen können zum Färben, Gerben und Waschen und auch gegen Schädlinge eingesetzt werden.

Das Wissen um das überschwängliche Angebot, das die Natur uns in dieser Hinsicht zu bieten hat, ist im Laufe der letzten Jahrhunderte jedoch weitgehend verloren gegangen. Synthetisch hergestellte Produkte, seien es Heilmittel, Textilfasern, Farben oder Baustoffe, wie auch die Züchtung produktiver Kulturpflanzen ließen Althergebrachtes in den Hintergrund treten.

Zumindest in Teilbereichen unseres Lebens findet heute eine Renaissance statt. Bärlauch, Leinen und Landlust sind wieder in Mode gekommen. Aus Brennnesselfasern werden industriell verwertbare Produkte hergestellt; natürliche Farbstoffe gewinnen wieder an Bedeutung. Das sind nur einige Beispiele.

Lebensmittelskandale der letzten Jahre haben das Bewusstsein für eine gesündere und natürlichere Ernährung geschärft. Warum nicht wieder verstärkt auf Wildpflanzen als Heil- und Lebensmittel zurückgreifen? Die Natur hat so viel zu bieten! Die heilwirksamen Kräfte zahlreicher Wildpflanzen sind belegt; ihre ernährungswissenschaftliche Bedeutung ist beachtlich. Viele weisen ein Mehrfaches an Mineralstoffen, Spurenelementen und Vitaminen auf als unsere Kulturpflanzen. Wer einmal eine Handvoll frische Wildpflanzen unter einen herkömmlichen Salat gemischt und gekostet hat, wird schnell auf den Geschmack kommen. Einige bunte, essbare Blütenblätter obenauf, lassen auch das Auge mitessen. So wird ein langweiliger Salat zu einem sinnlichen Geschmackserlebnis. Ein vollständiges „Zurück zur Natur", zum „Jäger und Sammler", ist gar nicht nötig. Schon kleine Beigaben von Wildkräutern zu herkömmlichen Rezepten machen diese schmackhafter und häufig auch gesünder.

Die Freude beim Entdecken und Sammeln, die damit verbundene Bewe-

gung und frische Luft, wie auch die Vorfreude auf ein wohlschmeckendes Gericht können zudem zum Wohlbefinden des Menschen beitragen.
Auf den Streifzügen durch die Natur trifft der Sammler unterschiedlichste Lebensräume, auch „Biotope“ genannt, mit ihren charakteristischen Pflanzenarten an. Wegränder begleiten ihn fast überall, es sei denn, er bewegt sich querfeldein. Wälder, Hecken und Gebüsche wie auch Bachtäler und Grünlandflächen prägen weithin unsere Kulturlandschaft. Heide und Moor, Bruch- und Auenwälder, Trockenrasen und Feuchtwiesen sind einige derjenigen Biotope, die in unseren Landschafträumen selten geworden sind und vielerorts sogar unter Schutz stehen.

Das vorliegende Buch möchte den Leser auf Streifzüge durch diejenigen Lebensräume mitnehmen, die ein Sammeln von Wildpflanzen weitgehend zulassen (Sammelhinweise des nachfolgenden Kapitels beachten!). Für jeden Naturliebhaber sollte dabei ein rücksichtsvolles Verhalten gegenüber der Pflanze, dem Lebensraum und damit letztendlich seiner eigenen Lebensgrundlage selbstverständlich sein.

Hinweise zur Benutzung des Buches

Das vorliegende Buch beinhaltet 73 Porträts von gesunden und schmackhaften Wildpflanzen. Sie werden den Lebensräumen zugeordnet, in denen sie gesammelt werden können. Diese sind vorab kurz beschrieben und von Pflanzenlisten und -fotos ergänzt. Eine zusätzliche Pflanzenliste verweist auf diejenigen Wildpflanzen, die hier vorkommen können, aber in anderen Lebensräumen beschrieben werden.
Die Reihenfolge der Pflanzenarten innerhalb der Lebensräume richtet sich nach dem Erscheinen im Jahresverlauf. Die Pflanzen werden hinsichtlich des Standortes, der typischen Bestimmungsmerkmale, wie auch hinsichtlich ihrer botanischen, kulturhistorischen, mythologischen oder sonstigen Eigenheiten beschrieben. Der schnelle Zugriff auf die Verwendung der Pflanze in der Heilkunde wie auch in der Küche wird durch farblich hervorgehobene Textfelder erleichtert. Die Sammelzeiten sind an dieser

Stelle für jede Pflanzenart in einer kleinen Tabelle, im hinteren Teil des Buches für alle beschriebenen Pflanzenarten in einer großen Tabelle, zu finden.
Dem Porträtteil folgen Rezepte für die Gesundheit und ihr tabellarischer Überblick, sowie eine kurze Beschreibung wichtiger Inhaltsstoffe. Einige Inhaltsstoffe werden innerhalb der Pflanzenporträts vorgestellt.

Wichtiger Hinweis
Das vorliegende Buch möchte lediglich einen Einblick in die Möglichkeiten der Verwendung von Wildpflanzen für die Gesundheit geben. Die Anregungen und Rezepte sind leichten gesundheitlichen Beschwerden vorbehalten, die keiner ärztlichen Behandlung bedürfen. Heilpflanzen sind Medikamente! Vorsicht ist bei Dauergebrauch geboten! Heiltees und Kuren werden in der Regel nicht länger als 3 Wochen täglich ohne Pause angewendet. Auch bei Haustees, die über längere Zeiträume getrunken werden dürfen, sollte hin und wieder eine Abwechslung erfolgen.
Bei Allergikern und anderweitig gesundheitlich vorbelasteten Personen wie auch Schwangeren, Stillenden und Kindern ist eine besondere Umsicht mit der Verwendung von Wildpflanzen geboten. Reaktion und Verträglichkeit der Inhaltsstoffe der Pflanzen sind individuell unterschiedlich und sollten bedacht werden. Unter Umständen ist ärztlicher Rat einzuholen.

Anwendungen erfolgen auf eigene Verantwortung. Die Autorin und der Verlag weisen Schadensersatzansprüche von vorneherein ab.

Falls nicht anders angegeben, beziehen sich die in den Rezepten angegebenen Mengen auf getrocknete Pflanzenteile. Für die Teebereitung mit frischen Wildpflanzen wird in der Regel die dreifache Menge verwendet. Sie übertreffen Tees aus getrockneten Pflanzen häufig an Geschmack, Duft und oftmals auch an Wirkung. Während der Tee zieht, sollte er abgedeckt werden, da ansonsten wichtige Inhaltsstoffe verloren gehen. Tee sollte möglichst immer frisch zubereitet und nicht über Stunden oder wohlmöglich bis zum nächsten Tag aufbewahrt werden. Ausnahmen bilden Kaltauszüge, bei denen die Inhaltsstoffe über mehrere Stunden mit kal-

tem Wasser entzogen werden. In der Regel sollten Arzneitees ungesüßt getrunken werden.
Das gesammelte Kraut wird nicht länger als bis zur Ernte im darauffolgenden Jahr aufgehoben.

Verwendete Abkürzungen und Symbole

lat.	lateinisch
griech.	griechisch
Msp.	Messerspitze
TL	Teelöffel
EL	Esslöffel
g	Gramm
kg	Kilogramm
l	Liter
ml	1 Milliliter = 0,001 l
1 Tasse	entspricht 150 bis 200 ml

Sammelzeit von Januar (J) bis Dezember (D)

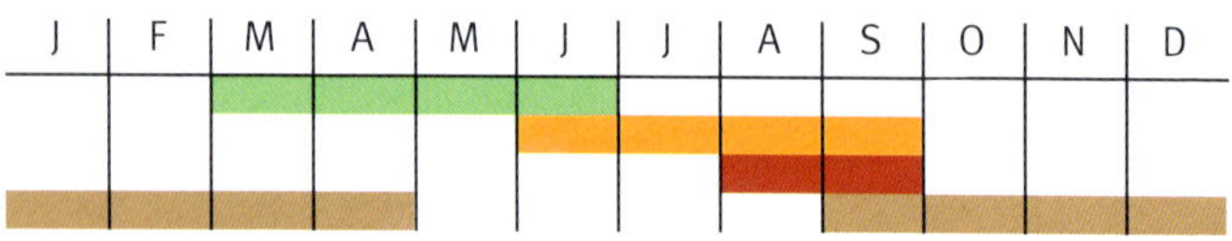

Blätter und Triebe
Blüten
Früchte und Samen
Wurzeln und andere unterirdische Pflanzenteile

Die Anmerkung „In allen Wildkräuter-Rezepten verwendbar.“ bedeutet, dass diese Pflanze in allen „Wildkräuter-Rezepten“ im Rezeptteil (z.B. Wildkräuter-Salat, Dinkelsuppe mit Wildkräutern…) verwendet werden kann.

Sammeln, Trocknen und Konservieren von Wildpflanzen

Wer Wildpflanzen sammeln möchte, sollte sich zuvor gute Pflanzenkenntnisse aneignen. Bestimmungsbücher stehen dabei hilfreich zur Seite; vielerorts angebotene Kräuterwanderungen von Fachleuten bieten Unterstützung. Eine sichere Bestimmung der nutzbaren Wildpflanzen ist notwendig, da zahlreiche Arten giftige Doppelgänger haben. Anfängern sei der Rat gegeben, sich erst einige wenige, ausgesuchte Pflanzen vorzunehmen und zu studieren.

Beim Sammeln von Wildpflanzen sind folgende Punkte zu beachten

- Nur Pflanzen nehmen, die eindeutig bestimmt sind.
- Nur frische, gesunde und nach Möglichkeit junge Pflanzen oder -triebe sammeln.
- Die Blätter von Pflanzen mit ätherischen Ölen sollten kurz vor Blühbeginn gesammelt werden, da sie zu dieser Zeit meist die höchste Konzentration heilwirksamer Inhaltsstoffe aufweisen.
- Tageszeit und Wetter spielen eine wichtige Rolle. Es empfiehlt sich, Wildkräuter im Laufe des vormittags nach dem Abtrocknen des Taus zu sammeln, Blüten mittags und Beeren nachmittags.
- Evtl. ein Messer oder eine Schere benutzen.
- Nur so viel Pflanzenmaterial sammeln, wie verbraucht werden soll.
- Pflanzen nicht in Plastiktüten geben, da sie ansonsten „schwitzen". Körbe, Papiertüten oder Stoffbeutel verwenden.
- Nur dort sammeln, wo mehrere Exemplare vorhanden sind. Einen Teil der einzelnen Exemplare oder des Bestandes stehen lassen, damit die Pflanzen sich regenerieren können.

- Einen Teil der Früchte oder Samen an der Pflanze belassen, damit die Vermehrung gesichert ist. Außerdem stehen sie bei vielen unserer heimischen Tiere auf dem Speiseplan.
- Den Standort der Pflanze möglichst schonend behandeln – andere Pflanzen nicht zertreten, durch das Graben von Wurzeln entstandene Löcher wieder zuschütten.
- Nicht auf hoch stehenden Wiesen sammeln, die kurz vor der Mahd stehen; nicht auf Grünlandflächen, die gerade beweidet werden.
- Wegen der Abgasbelastung nicht an den Rändern viel befahrener Straßen sammeln.
- Orte, an denen mit Pestiziden oder Herbiziden gearbeitet wird, zum Beispiel intensiv genutzte Ackerflächen, besser meiden.
- Gegebenenfalls eine Erlaubnis beim Landwirt oder Förster einholen.
- Nicht in Naturschutzgebieten sammeln!
- Keine gefährdeten oder geschützten Pflanzen sammeln! Informationen zum Schutzstatus der Pflanzen in den jeweiligen Landesteilen sind bei „www.floraweb.de“ einsehbar oder in den „Roten Listen“ des Bundes und der Länder.

Trocknen von Wildpflanzen

Die zu trocknenden Pflanzenteile werden an einem luftigen, schattigen und staubfreien Ort aufgehängt oder ausgelegt. Sonnenlicht sollte diesen Ort nicht erreichen; Küche und Bad eignen sich nicht zum Trocknen, da dort die Luftfeuchtigkeit meist zu hoch ist. Sträuße werden locker gebunden und aufgehängt. Blüten, kleine Blätter, Früchte oder Samen legt man locker auf einem Leinentuch, in einem flachen Korb oder auf einem gespannten Netz aus; hin und wieder sollten die Pflanzenteile gewendet werden. Je nach Stärke und den äußeren Temperatur- und Feuchtigkeitsverhältnissen benötigen sie 3 Tage bis 3 Wochen Zeit zum Trocknen. Wenn sie sich nicht mehr verbiegen lassen, sondern knistern und sich zwischen den Fingern zerreiben lassen, sind sie trocken. Dann werden die Pflanzenteile möglichst unzerkleinert in dunkle Glasgefäße gefüllt und gut ver-

schlossen an einem kühlen, trockenen Ort gelagert. Länger als ein Jahr sollten sie nicht aufgehoben werden, aber spätestens dann steht ja wieder neues Pflanzenmaterial zur Verfügung. Wurzeln werden gründlich gereinigt, in Stücke geschnitten und bei etwa 50°C im Backofen getrocknet. Sie sind fertig, wenn sie beim Durchbrechen hörbar knacken.
Im Handel sind spezielle Trockenapparate oder Trockenrahmen erhältlich.

Weitere Konservierungsarten

Neben dem Trocknen gibt es weitere Konservierungsmethoden, die es ermöglichen, Wildpflanzen auch im Winter zu genießen und in den Speiseplan einzubauen. Zahlreiche Pflanzen oder Teile davon können eingefroren werden. Vor allem Früchte werden zu Saft und Sirup eingedickt, zu Marmelade oder Gelee eingekocht oder in Alkohol zur Herstellung von Likören eingelegt. Blüten können durch Kandieren haltbar gemacht werden. In Essig und Öl eingelegte Pflanzen oder Teile davon ergeben herzhafte Würzmittel, Pestos oder Chutneys.
Beim Einlegen in Essig oder Öl wie auch in Alkohol ist gut darauf zu achten, dass die Pflanzenteile immer mit Flüssigkeit bedeckt sind, da sie ansonsten schimmeln. Vor dem Verbrauch werden die Pflanzenteile am besten herausgenommen.

Wegrand

Straßen und Wege sind meist von mehr oder weniger breiten Säumen aus Wildpflanzen bewachsen. Diese Übergangsbereiche zwischen den Verkehrsadern und den angrenzenden Nutzungen sind je nach den Standortverhältnissen und den Pflegemaßnahmen hinsichtlich ihrer Artenzusammensetzung und Artenzahl unterschiedlich ausgeprägt.

Die meisten Straßenränder werden regelmäßig gemäht, manche sogar mit Wuchshemmern und Herbiziden behandelt. Hier können sich allenfalls Pflanzenbestände ausbilden, die denen unserer intensiv genutzten Wiesen ähneln.

Weniger intensiv gepflegte Ränder von Feldwegen und Trampelpfaden weisen dagegen vielerorts eine artenreichere Vegetation auf. Hier finden sich auch einjährige Arten, die auf den immer wieder von Traktoren, Fußgängern oder Radfahrern angerissenen offenen Bodenstellen die Chance einer Keimung bekommen. Unter diesen rauen Bedingungen zur Blüte und Fruchtreife zu gelangen, erfordert zähe Überlebensstrategien. Viele Pflanzen kommen an solchen Stellen über ein vegetatives Stadium nicht hinaus.

In den weniger trittbelasteten Bereichen findet man vermehrt mehrjährige Pflanzenarten. Je seltener solche Flächen gemäht werden, desto blüten- und artenreicher ist meist ihre Entwicklung. Grundsätzlich ist die Mahd jedoch erforderlich, da sich ansonsten Gehölze in den Säumen ausbreiten;

die Befahr- oder Begehbarkeit der Wege wäre langfristig beeinträchtigt. Wegränder sind von hoher ökologischer Bedeutung. Sie bieten nicht nur zahlreichen Pflanzenarten einen Lebensraum, sondern auch vielen heimischen Tierarten. Die Säume dienen als Rückzugsorte in der heutzutage meist intensiv genutzten, vielerorts ausgeräumten Landschaft. Hier finden Tiere Nahrung und Versteckmöglichkeiten, Brut- und Überwinterungsplätze. Wegränder sind Leitlinien, auf denen sich sowohl Pflanzen- als auch Tierarten in andere Lebensräume ausbreiten können.
Welcher Spaziergänger erfreut sich nicht an einem bunten Wegsaum, auf dem er beobachten kann, wie Vögel an Distelstängeln picken oder bunte Schmetterlinge von Blüte zu Blüte flattern. Alltägliche, aber immer wieder interessante Naturerlebnisse!

Wildpflanzen der Wegränder

Beinwell, Gewöhnlicher (S. 31)
Brennnessel, Große (S. 16)
Dost, Gewöhnlicher (S. 37)
Fingerkraut, Gänse- (S. 34)
Günsel, Kriechender (S. 43)
Meerrettich (S. 52)
Möhre, Wilde (S. 40)
Pastinak (S. 49)
Taubnessel, Weiße (S. 28)
Wegerich, Breit- (S. 24)
Wegerich, Spitz- (S. 20)
Wegwarte, Gewöhnliche (S. 46)

Gewöhnlicher Beinwell

Große Brennnessel

Gewöhnlicher Dost

Gänse-Fingerkraut

Kriechender Günsel

Meerrettich

Wilde Möhre

Pastinak

Weiße Taubnessel

Breit-Wegerich

Spitz-Wegerich

Gewöhnliche Wegwarte

Weitere Wildpflanzen der Wegränder

- Baldrian, Echter (S. 178)
- Bärenklau, Wiesen- (S. 75)
- Beifuß, Gewöhnlicher (S. 225)
- Braunelle, Gewöhnliche (S. 252)
- Engelwurz, Wald- (S. 87)
- Frauenmantel, Gewöhnlicher (S. 81)
- Gänseblümchen (S. 243)
- Giersch, Gewöhnlicher (S. 101)
- Hirtentäschel, Gewöhnliches (S. 195)
- Huflattich (S. 189)
- Johanniskraut, Echtes (S. 204)
- Kamille, Echte (S. 201)
- Klee, Roter Wiesen- (S. 66)
- Knoblauchsrauke, Gewöhnliche (S. 104)
- Labkraut, Wiesen- (S. 78)
- Löwenzahn, Gemeiner (S. 59)
- Nachtkerze, Gewöhnliche (S. 213)
- Nelkenwurz, Gewöhnliche (S. 107)
- Sauerampfer, Großer (S. 63)
- Schachtelhalm, Acker- (S. 192)
- Schafgarbe, Gewöhnliche (S. 69)
- Schaumkraut, Behaartes (S. 246)
- Springkraut, Drüsiges (S. 181)
- Vogelmiere (S. 255)

Große Brennnessel

Urtica dioica

BRENNNESSELGEWÄCHS

J	F	M	A	M	J	J	A	S	O	N	D

Die Große Brennnessel ist eine unserer häufigsten Wildpflanzen. Sie bevorzugt nährstoffreiche Standorte und ist vor allem an Ufern, Weg- und Waldrändern, auf Ruderalflächen und Brachland zu finden. Auch den Garten lässt sie mit ihrer lebhaften vegetativen Ausbreitung über das tief in den Boden reichende Wurzelwerk nicht aus.
Die Pflanze ist zweihäusig, das heißt, männliche und weibliche Blüten wachsen auf verschiedenen Pflanzen (lat. *dioica* = zweihäusig). Sie wird vom Wind bestäubt.

Brennhaare
Dass die Große Brennnessel „brennen" kann, hat jeder schon auf der eigenen Haut verspürt (lat. *urere* = brennen). An Blättern und Stängeln sitzen Brennhaare, die mehrere Millimeter lang sein können. Bei Berührung bricht die Haarspitze ab, der Stumpf bohrt sich in die Haut des Angreifers und spritzt den Brennsaft hinaus. Die Folge davon sind die bekannten roten Pusteln. Diese Wirkung wurde früher durch Peitschungen zur Bekämpfung von Rheuma, Ischias und Hexenschuss genutzt.

Leinen der armen Leute
Mit ihren bis über 7 cm langen Bastfaserzellen galt die Pflanze bis ins 18. Jahrhundert hinein als eine der wichtigsten Faserpflanzen. Stoffe, Seile

und Netze wurden daraus hergestellt. Nesselstoff ist sehr fest und hart und wurde deshalb „das Leinen der armen Leute“ genannt. Heute arbeiten einige Firmen an einer Wiederbelebung dieser althergebrachten Fasergewinnung.

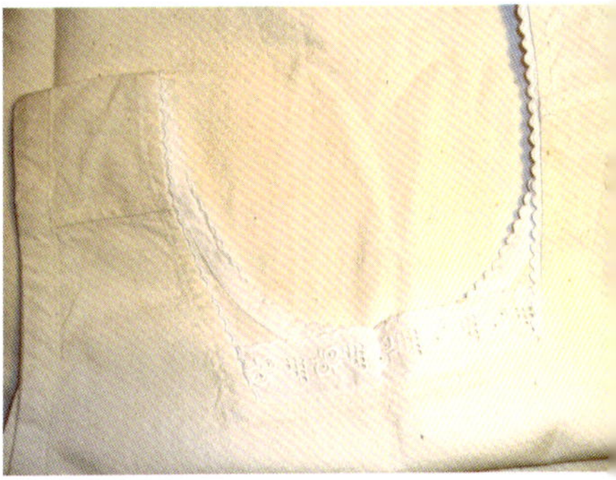

Kein lästiges Unkraut

Nicht nur als Heil- und Nahrungspflanze und zur Fasergewinnung war die Große Brennnessel hoch geschätzt. Bis heute wird sie zur Herstellung von Brennnesseljauche als Düngemittel für den Garten und als Bekämpfungsmittel gegen Blattläuse eingesetzt. Brennnesselkraut reichert den Kompost mit wertvollen Mineralstoffen an und gilt heutzutage als kostengünstiger Rohstoff in der Biogasindustrie.

Raupenfutterpflanze

Für eine Vielzahl von heimischen Schmetterlingsraupen ist die Große Brennnessel eine wichtige Raupenfutterpflanze.

Gesundheit

In der Heilkunde wird die Große Brennnessel seit alters her gegen Rheuma und Gicht, als Durchspülungsmittel bei Harnwegserkrankungen und gegen Nierengries eingesetzt. In Form von Tee, Presssaft oder Gemüse ist sie aufgrund ihrer blutreinigenden und blutbildenden Wirkung für Frühjahrskuren beliebt. Früher galten die Samen als Aphrodisiakum.

Beim Sammeln sollten wegen der Brennhaare Handschuhe getragen werden!

Inhaltsstoffe Blätter: viel Eisen, Flavonoide, viel Kalium, Kalzium, Kieselsäure, Mangan, Vitamin A, B2, B5, C, D, E und K

Inhaltsstoffe Samen: essentielle Fettsäuren, Phytohormone, Vitamin E

Brennnessel-Tee (S. 285)
Frühlings-Teekur (S. 269)
Brennnesselsamen-Likör (S. 289)
Brennnessel-Trank (S. 270)
Brennnessel-Vitalgabe (S. 289)
Frühlings-Fitnesstrank I, II und III (S. 269–270)
Brennnessel-Haarwasser (S. 271)

Für eine Frühjahrskur geeignet.

Verwendung in der Küche

Ganz junge, zarte Blätter und Triebspitzen der Brennnessel können roh, gekocht oder gebraten in der Küche verwendet werden. Alle Spinatrezepte lassen sich durch das Wildkraut ersetzen; wie Spinat können Brennnesselblätter auch eingefroren werden. Um die Nesselhaare zu zerstören, werden Blätter und Triebspitzen kurz blanchiert oder vorsichtig mit einem Nudelholz bearbeitet. So können sie auch roh gegessen werden.

Die Blüten lassen sich unter Salat oder Kräuterquark mischen. Die noch grünen oder auch reifen Samen eignen sich geröstet oder getrocknet als nussiger Würzstoff.

Brennnessel-Suppe (S. 316)
Knusprige Brennnesselblätter (S. 321)
Brennnesselblätter in Bierteig (S. 322)
Giersch-Brennnessel-Gemüse (S. 321)
Spaghetti in Brennnessel-Soße (S. 327)
Brennnessel-Butter (S. 338)
Brennnessel-Tzatziki (S. 339)
Brennnesselsamen-Frischkäse-Aufstrich (S. 339)

In allen Wildkräuter-Rezepten verwendbar.

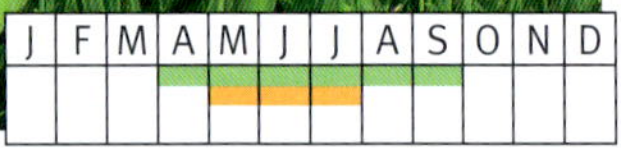

Spitz-Wegerich

Plantago lanceolata

WEGERICHGEWÄCHS

Schon im zeitigen Frühjahr ist der Spitz-Wegerich an seinen langen, schmalen Blättern zu erkennen, die wie Lanzen aus dem Boden schießen (lat. *lancea* = Speer, Lanze). Sie stehen in einer Rosette zusammen und weisen parallel verlaufende Blattnerven auf.

Ab Mai erscheinen lange, unbeblätterte Stiele, auf denen die Ähren mit den dicht zusammengedrängten, unscheinbaren, bräunlichen Blüten sitzen. Ringförmig öffnen sich diese von unten nach oben, wobei die Staubbeutel um einige Millimeter aus der Blüte herausragen. Auffällige Blüten zum Anlocken von Insekten hat die Pflanze nicht nötig, da sie sich vom Wind bestäuben lässt. Aber auch durch Pollen suchende Insekten findet eine Bestäubung statt.

König des Wegrandes

Das Wort „Wegerich" stammt von den althochdeutschen Wörtern wega (= Weg) und rih (= König, Herrscher) ab. Größe und Aussehen sind beim Spitz-Wegerich nicht gerade königlich, handelt es sich doch eher um eine unscheinbare Pflanze. Sie erhielt diese Bezeichnung, weil sie besonders häufig an Wegrändern zu finden ist. Aber auch in Wiesen und Weiden, auf Brach- und Ruderalflächen kommt sie vor.

Erste-Hilfe- und Lungenkraut

Auf einem Spaziergang kann der Spitz-Wegerich als „Erste-Hilfe-Kraut" zum Desinfizieren von kleinen Verletzungen aushelfen. Der frische Pflanzensaft wirkt aufgrund des Inhaltsstoffes Aucubin wie ein Antibiotikum und ist wundheilend.

Seit dem Altertum ist die Pflanze wegen ihrer reizmildernden und schleimlösenden Wirkung als bewährtes Hustenmittel geschätzt und wird daher mancherorts auch „Lungenkraut" genannt.

Verwandte Arten

Die beiden verwandten Arten Breit-Wegerich *(Plantago major)* und Mittlerer Wegerich *(Plantago media)* weisen wesentlich breitere Blätter als der Spitz-Wegerich auf. Sie sind sowohl in der Heilkunde als auch in der Küche einsetzbar.

Gesundheit

Der Spitz-Wegerich wird vor allem als schleimlösendes Mittel bei Lungen- und Bronchialerkrankungen wie auch bei Entzündungen der Mund- und Rachenschleimhäute eingesetzt. Der Pflanzensaft weist eine antibakterielle Wirkung auf und schimmelt im Gegensatz zu den meisten anderen Pflanzensäften nicht. Er kann zum Desinfizieren und Blutstillen kleinerer Wunden verwendet werden.

Inhaltsstoffe: Aucubin, Flavonoide, Gerbstoffe, Kieselsäure, Saponine, Vitamin C

Frühlings-Hustentee (S. 277)
Spitz-Wegerich-Hustentee (S. 280)
Spitz-Wegerich-Honig (S. 280)
Spitz-Wegerich-Sirup (S. 280)
Mittel gegen Insektenstiche und Brennnesselquaddeln (S. 281)
Spitz-Wegerich-Tinktur zur Wundbehandlung (S. 275)
Spitz-Wegerich zur Wundbehandlung (S. 275)

Verwendung in der Küche

Die Blätter des Spitz-Wegerichs weisen einen leicht bitteren Geschmack auf. Zarte Blätter können aus der Rosettenmitte geerntet werden. Nimmt man größere oder ältere Blätter, sollten die Blattadern auf der Blattunterseite abgeschnitten werden.

Spitz-Wegerichblätter eignen sich als Beigabe zu Gemüse, Salat, Suppen und Soßen. Wenn die Knospen noch nicht aufgeblüht sind, also noch kein Kreis von Staubblättern zu sehen ist, können die Blütenköpfe roh gegessen oder auch gedünstet als Gemüse verarbeitet werden. Gekocht überraschen sie durch ihren champignonartigen Geschmack.

Spitz-Wegerich-Goudasalat (S. 315)
Spitz-Wegerich-Pfannkuchen (S. 325)

In allen Wildkräuter-Rezepten verwendbar.

J	F	M	A	M	J	J	A	S	O	N	D

Breit-Wegerich

Plantago major

WEGERICHGEWÄCHS

Von den drei heimischen Wegerichgewächsen weist der Breit-Wegerich die breitesten Blätter auf. Daher der Name! Auch der wissenschaftliche Name nimmt darauf Bezug (lat. *major* = groß). Wie beim Spitz-Wegerich bilden sie eine Rosette aus, die beim Breit-Wegerich jedoch häufig mehr oder weniger dem Boden anliegt.
Ab Mai erscheinen die langen, ährenförmigen Blütenstände. Wie beim Spitz-Wegerich öffnen sich die Blüten von unten nach oben und werden vom Wind bestäubt.

Fußstapfen des Weißen Mannes

Als „Trittpflanze" gedeiht der Breit-Wegerich dort, wo der Boden durch Fußspuren oder Wagenräder verdichtet wurde, in Weiden, auf Plätzen und auf kurzgeschnittenen Rasenflächen. Sogar zwischen Pflasterritzen lässt er sich nieder. Druck von oben stört ihn wenig, denn seine Erneuerungsknospen, aus denen neue Blätter wachsen, liegen direkt über dem Boden. Wenn die Samen bei Feuchtigkeit klebrig werden, bleiben sie an Tierpfoten, Schuhen und Rädern haften. Auf die „fußläufige" Verbreitung der Samen geht der Gattungsname *Plantago* zurück (lat. *planta* = Fußsohle).

So haben sich Wegerichgewächse über die ganze Welt verbreitet.
„Fußstapfen des Weißen Mannes" nannten die Indianer den Breit-Wegerich. Die europäischen Einwanderer schleppten die klebrigen Samen mit ihren Wagenrädern und Pferdehufen in die neue Welt ein. Überall dort, wo sie langzogen, fasste der Breit-Wegerich Fuß und breitete sich aus.

Mittlerer Wegerich

Die Blätter der verwandten Arten Spitz-Wegerich *(Plantago lanceolata)* und Mittlerer Wegerich *(Plantago media)* sind nicht nur schmaler als die des Breit-Wegerichs, sie verjüngen sich nach unten hin. Die breit-eiförmigen Blätter des Breit-Wegerichs weisen einen deutlichen Stiel auf. Der Mittlere Wegerich ist nicht so häufig in unserer heimischen Flora zu finden wie seine beiden Verwandten. In einigen Bundesländern ist er sogar geschützt. Als Standort bevorzugt diese Wegerichart trockene Rasen und Wiesen auf Kalkböden. Er weist auffällig violette Staubfäden auf. Legt man je ein Blatt der drei Wegericharten nebeneinander, nimmt der Mittlere Wegerich eindeutig eine Mittelstellung ein (lat. *medium* = Mitte).

Orakelpflanze

Man nehme ein Breit-Wegerichblatt und halte es mit der einen Hand am Blattstiel fest, mit der anderen an der Spreite und ziehe so Stiel und Blatt auseinander. Dabei zeigen sich „Fäden" (Blattadern), die die Anzahl der Kinder anzeigen, die der Betreffende bekommen wird. So geht ein altes Kinderspiel!

Auch sonst wissen Kinder den Breit-Wegerich auf vielfältige Weise in ihre Spiele einzubeziehen.

Gesundheit

Die Blätter des Breit-Wegerichs können wie die des Spitz-Wegerichs eingesetzt werden. An Trittstellen sollte er jedoch nicht gesammelt werden, da die Pflanze hier häufig stark verschmutzt und beschädigt ist.
Breit-Wegerich weist annähernd die gleichen Inhaltsstoffe wie der Spitz-Wegerich auf; in der Heilwirkung bleibt letzterer jedoch unübertroffen.

Inhaltsstoffe: Aucubin, Flavonoide, Gerbstoffe, Kieselsäure, Saponine, Vitamin C

Blasenpflaster (S. 275)
Mittel gegen Insektenstiche und Brennnesselquaddeln (S. 281)

Verwendung in der Küche

Die jungen, zarten, leicht bitter schmeckenden Blätter werden wie beim Spitz-Wegerich geerntet und verarbeitet. Die starken, zähen Rippen älterer Blätter sollten vor der Verarbeitung mit einem Messer auf der Rückseite entfernt werden. Die Blütenknospen werden roh über Salate gestreut oder gedünstet.

Wildkräuter-Reis (S. 327)
Suppen-Würzpulver (S. 348)

In allen Wildkräuter-Rezepten verwendbar.

Weiße Taubnessel

Lamium album

LIPPENBLÜTLER

J	F	M	A	M	J	J	A	S	O	N	D

Die Weiße Taubnessel ist mehrjährig und wächst in Wildkrautfluren, an Hecken, Wald- oder Wegrändern, manchmal auch an Mauern. Sie bevorzugt nährstoffreiche und etwas feuchte Standorte.

An den 15 bis 60 cm hohen, vierkantigen Stängeln sitzen kreuzgegenständig herzförmige Blätter, die einen stark gesägten Blattrand aufweisen. Zur Blütezeit, die sich von Mai bis in den November erstrecken kann, finden sich in den Blattachseln quirlförmig 2 bis 2,5 cm lange, weiße Blüten (lat. *album* = weiß) mit den für die Pflanzenfamilie typischen Ober- und Unterlippen. Aus der aufwärts gebogenen Blütenröhre ragen 2 längere und 2 kürzere Staubbeutel hervor.

Nektardiebe

Die Blüten der Taubnesseln sind so gebaut, dass nur Hummeln mit ihren langen Rüsseln zum zuckerreichen Nektar am Grunde der langen Blütenröhre gelangen. Erdhummeln haben eine andere Methode gefunden, an das süße Futter zu gelangen. Sie bohren den Blütengrund von außen an. Zu diesen sogenannten „Nektardieben", also Lebewesen, die sich an der süßen Speise laben, aber nicht zur Bestäubung der Pflanze beitragen, gehört auch der Mensch. Als Kind hat wohl jeder schon einmal den süßen Nektar aus den Blüten gesaugt. Mancherorts wird die Weiße Taubnessel auch „Zuckerblume" genannt.

Goldnessel

Verwandte Arten

Neben der Weißen Taubnessel tritt in unseren Breiten noch die Goldnessel *(Lamium galeobdolon)* auf sowie sehr häufig die Gefleckte Taubnessel *(Lamium maculatum)*. Die Goldnessel entwickelt goldgelbe Blüten, die Gefleckte Taubnessel purpurrote. Sie wachsen an ähnlichen Standorten wie die Weiße Taubnessel und sind in der Küche gleichermaßen verwertbar.

Goldnessel

Taube Nessel

Im nicht blühenden Zustand sind junge Pflanzen der Taubnessel leicht mit jungen Pflanzen der Großen Brennnessel zu verwechseln. Verwandt sind die Arten jedoch nicht miteinander, da die Brennnessel zur Familie der Brennnesselgewächse gehört. Die Blätter der Taubnessel weisen keine Brennhaare auf. Bevor man sich jedoch die Finger verbrennt, genügt ein Blick auf den Stängel. Ist er vierkantig, handelt es sich um eine Taubnessel!

Gefleckte Taubnessel

Hühnerfutter

Werden Taubnesseln dem Futter von Hühnern beigegeben, legen diese mehr Eier. So glaubte man früher!

Gesundheit

In der Volksmedizin wurden die Blüten und jungen Triebe der Weißen Taubnessel bei Frauenkrankheiten (Nesselweiblein) und Erkrankungen der Atemwege eingesetzt. Hildegard von Bingen schrieb über diese Heilpflanze: „Wer sie genießt, lacht gern, denn ihre Wärme, die auf die Milz einwirkt, erheitert das Herz."

Inhaltsstoffe: ätherisches Öl, Gerbstoffe, Schleimstoffe, Saponine

Verwendung in der Küche

Alle mitteleuropäischen Taubnesselarten können geerntet und in der Küche verarbeitet werden. Die jungen Sprosse und Blätter riechen frisch gepflückt nicht sehr einladend, schmecken gekocht aber recht gut. Sie werden Wildkräutersalaten, -suppen oder -soßen zugegeben. Als Gemüse sind sie vor allem gemischt mit anderen Wildkräutern, wie zum Beispiel Brennnesseln oder Giersch zu empfehlen. Die honigsüßen Taubnesselblüten lassen sich als Süßigkeit direkt am Wegrand vernaschen oder als essbare Dekoration in der Küche verwenden.

Blütenlimonade (S. 307)

In allen Wildkräuterrezepten reichlich verwendbar.

Tipp

In größeren, naturnah gestalteten Gärten siedeln sich Taubnesseln häufig von allein an. Auch das bewusste Einbringen der attraktiven Pflanzen gelingt ohne Probleme.

Gewöhnlicher Beinwell

Symphytum officinale

RAUBLATTGEWÄCHS

J	F	M	A	M	J	J	A	S	O	N	D

Der Gewöhnliche Beinwell wächst an feuchten, nährstoffreichen Standorten von Bachufern, Gräben und sumpfigen Wiesen. Die ausdauernde, kräftige, bis zu 1,20 m hohe Pflanze ist aber auch häufig an feuchten Weg-, Wald- und Heckenrändern zu finden. Während die Grundblätter gestielt sind, sitzen die oberen direkt am Stängel und laufen an diesem weit herab. Die ganze Pflanze ist rau behaart, fast stachelig – ein Kennzeichen für die Familie der Raublattgewächse. Typisch für diese sind auch die spiralförmig aufgedrehten, meist überhängenden Blütentrauben, bei denen sich die einzelnen, glockenförmigen Blüten nach und nach entwickeln. Beim Gewöhnlichen Beinwell variiert die Blütenfarbe von rosa bis violett; selten sind die Blüten weiß. Die vier Teilfrüchte sind glänzend schwarz.

Knochenheiler

Der Name Beinwell leitet sich nicht von „Bein" und dem englischen *„well"* (= gut) ab. Es bezieht sich auf das Knochengerüst, welches im Althoch-

deutschen als „Gebein“ bezeichnet wird und auf das Verb „wallen“. Beinwell lässt Knochen wieder zusammenwachsen (griech. *symphytos* = zusammengewachsen, zugeheilt)! Der Inhaltsstoff, der dafür verantwortlich ist, heißt Allantoin und ist vor allem in der Wurzel, aber auch in den Blättern zu finden. Er hat eine wichtige Funktion bei der Zellbildung und beschleunigt die Wundheilung. Leonhardt Fuchs schreibt 1543 in seinem Kräuterbuch: „... ein Pflaster darrauss gemacht und über die frischen Wunden gelegt heffet dieselben zusammen; die Wurzel zerstossen und übergelegt heilet die brüch“.

Komfrey

Häufig wird der Gewöhnliche Beinwell mit “Komfrey” gleichgesetzt. Dabei handelt es sich jedoch um die verwandte Kulturpflanze *Symphytum uplandicum*. Sie ist weniger borstig, die Blätter laufen nicht oder nur wenig am Stängel herab. In den Bauerngärten wurde sie früher vorrangig als Futter für Jungvieh oder zur Gewinnung von Mulchmaterial angebaut.

Verwechslungsgefahr

Die nichtblühende Blattrosette des Gewöhnlichen Beinwells ist leicht mit der des sehr giftigen Fingerhutes *(Digitalis purpurea)* zu verwechseln. Dessen Blätter sind nicht borstig, sondern weich behaart und duften im Gegensatz zum Beinwell nicht nach Gurke.

Gesundheit

Die ganze Pflanze, vor allem aber die Wurzel, weist den wund- und knochenheilenden Inhaltsstoff Allantoin auf, der zur äußeren Anwendung bei Knochenbrüchen, Zerrungen und Verstauchungen eingesetzt wird und auch gegen Gelenkschmerzen einsetzbar ist.

Die Wurzel wird im Frühjahr oder Herbst geerntet und frisch oder getrocknet verwendet. Zum Trocknen wird sie gesäubert, klein geschnitten und im Backofen bei 40°C und etwas geöffneter Tür (Holzlöffel einklemmen!) getrocknet.

Inhaltsstoffe: Allantoin, Gerbstoffe, Pyrrolizidin-Alkaloide, Schleimstoffe

Wichtig

Die Pflanze enthält leberschädigende und krebserregende Pyrrolizidin-Alkaloide und sollte daher nicht in größeren Mengen und nicht zu häufig gegessen werden.

Die Blattrosette des Gewöhnlichen Beinwells ist leicht mit der des sehr giftigen Fingerhutes zu verwechseln.

Umschläge nur bei intakter Haut verwenden, nicht bei offenen Wunden.

Beinwell-Auszug für Umschläge (S. 292)
Beinwellblätter-Auflage (S. 292)
Beinwell-Salbe (S. 293)

Verwendung in der Küche

Gedünstet, gekocht oder in Marinade eingelegt, sind die leicht nach Gurke schmeckenden Blätter nicht mehr kratzig. Die dicke Mittelrippe kann vor der Verarbeitung flachgeklopft oder herausgeschnitten werden. Die großen Blätter eignen sich zur Herstellung von Blattrouladen.

Beinwellblätter in Bierteig (S. 323)

J	F	M	A	M	J	J	A	S	O	N	D

Gänse-Fingerkraut

Potentilla anserina

ROSENGEWÄCHS

Das Gänse-Fingerkraut verdient den Namen „Fingerkraut“ eigentlich nicht. Während die meisten Arten dieser Pflanzengattung tatsächlich fingerförmige Blätter aufweisen, sind die des Gänse-Fingerkrautes 13- bis 21-zählig gefiedert. Die ab Juni erscheinenden, goldgelben Blüten sitzen einzeln auf langen Stielen und sind nur bei Sonne völlig geöffnet. Bei schlechtem Wetter schließen sie sich und werden von den Blütenblättern schützend bedeckt. Die Pflanze bildet lange, rötlich überlaufene Ausläufer mit Knoten aus, an denen sich wie bei der Erdbeere neue wurzelnde Triebe entwickeln. So vermag die Pionierpflanze verdichtete, nährstoffreiche Böden rasch zu erobern. Sie ist an Wegrändern und Bahndämmen, auf Schuttplätzen und Viehweiden anzutreffen.

Trittresistent

Gegen Tritt, sei es vom Menschen oder vom Weidevieh, ist das Gänse-Fingerkraut unempfindlich. Häufig ist das Kraut auch auf Parkplätzen und an Straßenrändern zu finden.
Die Trittfestigkeit machte man sich früher zu Nutze, indem man die Blätter als Einlegesohle für Holzschuhe verwendete.

Gänseliebe

Was hat die Pflanze mit Gänsen zu tun (lat. *anser* = Gans)? Sie wächst gern auf Gänseweiden, wo der Boden aufgrund des meist hohen Tierbesatzes von den breiten Füßen der Gänse festgetreten und durch den Kot auch noch gut gedüngt ist. Andererseits scheinen die Gänse das Kraut zu mögen, und zwar auf ihrem Speiseplan. Junge Gänse wurden früher sogar mit dem Kraut gefüttert. Dazu wurde es gestampft und mit Kleie vermischt.

Silber und Gold

Die Blattunterseiten des Gänse-Fingerkrautes sind silbrig weiß behaart und werden bei Trockenheit aufgebogen. Licht und Wärme werden somit reflektiert, sodass weniger Wasser aus der Pflanze verdunsten kann. Während man in Sagen- und Märchenwelten die Blattunterseiten mattem Mondlicht zuordnet, in dem sich Elfen und Pflanzengeister zum Tanz treffen, werden die goldgelben Blüten mit der Sonne in Verbindung gebracht.

Krampfkraut

Das Gänse-Fingerkraut ist eine altbekannte Heilpflanze. In der Volksmedizin wird es vor allem als „das Krampfkraut" bezeichnet. Schon Hildegard von Bingen (1098 – 1179) empfahl in Wein gekochte Blätter bei Krämpfen. Kräuterpfarrer Johann Künzle (1857 – 1945) lobte die herausragenden Eigenschaften folgendermaßen: „Das Gänse-Fingerkraut ist bei Krämpfen im Magen, in den Gedärmen und bei Periodenkrämpfen ein so mächtiges Heilmittel."
Wiederkäuer, die an Magenverstimmung leiden, sollen instinktiv Gänse-Fingerkraut fressen.

Gesundheit

Das Krampfkraut wird auch heute noch bei Magen-, Waden- und Muskelkrämpfen und vor allem bei Durchfall und damit verbundenen Krämpfen wie auch Menstruationskrämpfen eingesetzt. Für die Verwendung können junge Blätter und Blüten gesammelt werden.

Inhaltsstoffe: Flavonoide, Gerbstoffe, noch unbekannter krampflösender Wirkstoff

Gänse-Fingerkraut-Tee (S. 282)
Gänse-Fingerkraut-Milch (S. 282)
Gänse-Fingerkraut-Tinktur (S. 282)

Verwendung in der Küche

Für die Kräuterküche werden die jungen, zarten, kräftig-würzig schmeckenden Blätter vor allem im Frühjahr gesammelt und mit anderen Kräutern zu Kräutersuppen oder Wildkräutergemüse verarbeitet.

Dinkelsuppe mit Wildkräutern (S. 318)
Grundrezept Wildkräuter-Paste (S. 344)

In allen Wildkräuter-Rezepten verwendbar.

Tipp

Werden einige Pflänzchen des Gänse-Fingerkrautes an einen sonnigen Gartenplatz gepflanzt, stehen durch die Ausbreitungsfreudigkeit des Krautes bald viele neue Pflanzen zum Sammeln bereit.

Gewöhnlicher Dost

Origanum vulgare

LIPPENBLÜTLER

Der Gewöhnliche Dost, auch Wilder Majoran genannt, wird bis zu 60 cm hoch. Der ausdauernde Lippenblütler ist wärmeliebend und siedelt mit Vorliebe an trockenen, kalkhaltigen Standorten. An Wegrändern und in Magerrasen, aber auch an Wald- und Heckenrändern ist er zu finden.

Die meist rötlich überlaufenen, behaarten Stängel sind schwach vierkantig und im oberen Bereich reich verzweigt (althochdeutsch dosto, toste = buschartig wachsend). An ihnen sitzen kreuzgegenständig die weich behaarten Blätter, das heißt, zwei Blätter stehen sich am Stängel gegenüber, die darüber stehenden zwei Blätter im rechten Winkel dazu. Zwei Blattpaare bilden somit ein Kreuz.

J	F	M	A	M	J	J	A	S	O	N	D

Transpirationsschutz

Auf den Unterseiten der Blätter sind kleine Punkte zu erkennen. Dabei handelt es sich um Ölbehälter, die duftende, ätherische Öle enthalten. Sie ermöglichen dem Gewöhnlichen Dost, sich an trockenen Standorten vor dem Austrocknen zu schützen. Bei hohen Temperaturen verdampfen die Öle, bilden eine Gasglocke über der Pflanze und vermindern so die Verdunstung des Wassers.

Blütengenüsse

Die rispenartigen Blütenstände erscheinen von Juli bis September. Sie weisen zahlreiche rosarote Blüten auf, die in kugeligen Gruppen angeordnet sind. Wer seine Nase an einem heißen Sommertag in den Dost steckt, versteht, warum diese Pflanze mancherorts auch "Wohlgemut" heißt. Die zahlreichen Insekten, die man zuvor verscheucht hat, werden sich nach dem Dufterlebnis rasch wieder auf den Blüten einfinden. Der Nektarreichtum wird nicht nur von Bienen ausgekostet; unzählige Tag- und Nachtfalter wie auch Schwebfliegen sind hier zu beobachten.

Verwandtes Küchenkraut

Als Küchenkraut ist der verwandte Echte Majoran *(Origanum majorana)* mit seinem würzigen Aroma in aller Munde. Er ist im Mittelmeergebiet zu Hause und erst im 16. Jahrhundert über die Alpen in unsere Gärten gelangt. Der Südländer macht jedoch beim Überwintern in unseren kühleren Breiten häufig Probleme. Der Wilde Majoran, der sich mit seinem aromatischen Duft gleichermaßen in der Küche verwenden lässt, ist dagegen wesentlich widerstandsfähiger.

Gesundheit

In der Pflanzenheilkunde wird der Wilde Dost als appetitanregendes und verdauungsförderndes Mittel eingesetzt. Fette Speisen werden schmackhafter und sind leichter verdaulich. Auch gegen Erkältungen und Husten wird er wegen seiner schweißtreibenden und schleimlösenden Wirkung empfohlen. Äußerlich angewendet dient Dost-Öl (siehe Dost-Würzöl) zum Einreiben bei verschleimtem Husten, Muskelverspannungen und Koliken.

Inhaltsstoffe: ätherische Öle, Bitterstoffe, Flavonoide, Gerbstoffe

Dost-Kräuterkissen (S. 287)

Verwendung in der Küche

Blätter und Blüten vom Gewöhnlichen Dost lassen sich wie die des Echten Majorans als Gewürz in der Küche verarbeiten. Sie eignen sich zum Würzen von Pizza, Nudelgerichten und Tomatensuppe. Getrocknet weist die Pflanze eine größere Würzkraft auf als im frischen Zustand; beim Garen entfaltet sie ihr Aroma besser. Die ganze Pflanze wird an einem dunklen, luftigen Ort zum Trocknen aufgehängt. Die nach dem Abrebeln der Blätter und Blüten verbleibenden, relativ harten Stängel können als Fleisch- oder Gemüsespießchen verwendet werden. Spießchen, die gleichzeitig würzen! Aus dem blühenden Kraut lässt sich Kräuteröl und -essig ansetzen.

Dost-Röstis (S. 326)
Dost-Würzöl (S. 348)

Tipp

Warum nicht die attraktive Pflanze in den eigenen Garten pflanzen? Dort, wo sie einmal Fuß gefasst hat, kommt sie immer wieder!

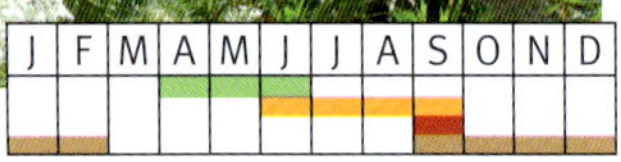

Wilde Möhre

Daucus carota

DOLDENBLÜTLER

Die Wilde Möhre ist an mageren, trockenen Wegrändern und auf Böschungen zu finden, aber auch auf trockenen Wiesen und an Ruderalstandorten. Das Laub der zweijährigen Pflanze ist mehrfach gefiedert und weist feine Zipfel auf. Im ersten Jahr entwickelt sich nur eine Blattrosette. Mit dieser bildet die Pflanze Nährstoffe, die in einer Wurzel gespeichert werden. Erst im zweiten Jahr erscheinen die Blütendolden auf borstig behaarten, bis über einen Meter hohen Stängeln. Wie bei allen Doldenblütlern sind die Blütendolden aus vielen kleinen Dolden zusammengesetzt, die ihrerseits aus vielen kleinen Blüten bestehen. Bienen, Schwebfliegen und Käfer scheinen von diesen magisch angezogen zu werden.

Mohrenblüte und Vogelnest

Zur Blütezeit von Juni bis September findet sich bei der Wilden Möhre in der Doldenmitte häufig eine etwas größere, durch Anthocyane schwarzrot gefärbte Blüte. Auf den ersten Blick sieht es so aus, als säße ein dunkler Käfer inmitten der Dolde. Diese dunkle Blüte wird auch „Mohrenblüte" genannt. Im Pflanzenreich ist eine derart dunkle Blütenfarbe eine Seltenheit.

Während die Blütendolden tagsüber tellerförmig ausgebreitet sind, krümmen sich die

Doldenstiele nachts nach innen. Zur Fruchtreife bleiben die Stiele dauerhaft einwärts gekrümmt und lassen den Fruchtstand wie ein Vogelnest erscheinen.

Äußerste Vorsicht beim Sammeln!

Das Sammeln von Doldenblütlern zur Verarbeitung in der Küche sollte nur von geübten Pflanzenkennern vorgenommen werden. In dieser Pflanzenfamilie gibt es zahlreiche sehr giftige Arten, die leicht mit den genießbaren Arten verwechselt werden können. Blätter und Blütenstand der Wilden Möhre sehen giftigen Arten wie Hundspetersilie oder Wasser-Schierling sehr ähnlich! Beim Sammeln der Wilden Möhre sollte auf jeden Fall Bestimmungsliteratur zu Rate gezogen werden!

Gartenmöhre

Die im Herbst und Winter des ersten Entwicklungsjahres geernteten Wurzeln der Wilden Möhre schmecken wie die unserer Gartenmöhre, sind jedoch sehr klein und zäh. Das kultivierte Wurzelgemüse stammt vermutlich aus einer Kreuzung der Wilden Möhre mit der Riesen-Möhre *(Daucus maximus)* aus dem Mittelmeerraum und weist wesentlich dickere Wurzeln auf als die wilden Arten. Kultivierte Möhren sind zum Teil einjährig.

Gesundheit

Wie in der Wurzel der Gartenmöhre sind auch in der Wilden Möhre Karotinoide enthalten. Sie werden vom Körper in Vitamin A umgewandelt und wirken sich positiv auf unsere Sehkraft aus. Diese Inhaltsstoffe sorgen zudem für den Schutz der Zellen vor schädlichen Radikalen.

Inhaltsstoffe: ätherische Öle, Kalium, Karotinoide, Vitamin B1, B2 und C

Wichtig

Äußerste Vorsicht beim Sammeln, da die Wilde Möhre leicht mit giftigen Verwandten verwechselt werden kann!

Verwendung in der Küche

Die zarten, an den Geschmack von Petersilie erinnernden Blättchen werden im Frühsommer vor der Entwicklung der Blüten geerntet und zum Würzen von Salaten, Gemüse und Suppen verwendet. Im Sommer werden die Blütchen als essbare Dekoration eingesetzt; die Dolden können wie Holunderblüten in Teig ausgebacken werden. Im September erntet man die leicht nach Anis schmeckenden Früchte aus den „Vogelnestern", im Herbst und Winter des ersten Entwicklungsjahres die einjährigen Wurzeln. Letztere sind jedoch sehr klein und zäh.

Rühreier mit Wildkräutern (S. 324)

Kriechender Günsel

Ajuga reptans

LIPPENBLÜTLER

J	F	M	A	M	J	J	A	S	O	N	D

Der Kriechende Günsel ist mehrjährig und wächst an nährstoffreichen und feuchten Standorten an Wegen, unter Hecken, auf Wiesen und in lichten Wäldern. Mit seinen bis zu 30 cm langen, oberirdischen Ausläufern scheint er förmlich über den Boden zu kriechen (lat. *reptans* = kriechen). Aus den wintergrünen Blattrosetten entspringen im Frühjahr die für Lippenblütler typischen, vierkantigen Stängel. Beim Günsel sind diese unten meist rotviolett überlaufen. Auch der Stängel ist beblättert; hier sitzen sich zwei der auf der Oberseite glänzenden Blätter einander gegenüber, sie sind also „gegenständig“.

Ährenartiger Blütenstand

Beim Kriechenden Günsel sitzen die rund um den Stängel quirlförmig angeordneten Blüten so nahe beieinander, dass sie von weitem wie ein Ährenstand aussehen. Daran ist diese Pflanze gut von anderen, ähnlich aussehenden Lippenblütlern zu unterscheiden. Die Blüten sind meist blau, selten rosa oder weiß und weisen eine nur schwach entwickelte Oberlippe auf. Die gut ausgeprägte, dreiteilige Unterlippe ist dagegen um so auffälliger. Auf ihr finden sich deutlich sichtbare „Strichsaftmale“. Das sind farbige Zeichnungen, die den Insekten den Weg zum Nektar weisen. Beim Günsel befindet sich der Nektar so weit versteckt in der Blütenröhre, dass nur Insekten mit langen Rüsseln ihn erreichen können.

Ameisenausbreitung

An den Samen befinden sich beim Kriechenden Günsel spezielle Ölkörper, sogenannte Elaiosomen. Diese kleinen Anhängsel werden im Volksmund auch als „Botenbrot“ für Ameisen bezeichnet. Neben Ölen enthalten die Anhängsel Zucker, Fette und Stärke und sind daher nicht nur schmackhaft, sondern auch nährstoffreich und für Ameisen eine Delikatesse. Auf dem Transport in den Ameisenbau gehen einige Samen verloren. Finden diese dort, wo sie liegen bleiben, geeignete Lebensbedingungen vor, kommt es zur Keimung und zur Ausbildung von neuen Pflanzen. Alle Beteiligten profitieren von diesem Ausbreitungsmechanismus. Die Pflanzen vermehren sich weit über ihren Radius hinaus und sorgen damit für eine genetische Durchmischung mit anderen Artgenossen.

Verwandte Arten

Von ähnlich aussehenden Lippenblütlern wie Gundermann und Taubnessel lässt sich der Kriechende Günsel neben der gering ausgeprägten Oberlippe und dem ährenförmigen Blütenstand auch an dem zweiseitig stärker behaarten Stängel unterscheiden.

Gesundheit

Der Kriechende Günsel galt früher nicht nur als Mittel gegen Verdauungsstörungen und Erkrankungen der Galle, er wurde auch gegen Entzündungen im Mund- und Rachenraum und als Wundheilmittel eingesetzt. Heute ist er in der Heilkunde nicht mehr von Bedeutung.

Inhaltsstoffe: Gerbstoffe, Saponine

Verwendung in der Küche

In der Wildkräuterküche können die bitter und etwas scharf schmeckenden jungen Blätter und Blütentriebe in geringen Mengen als Gewürz zum Beispiel für Salate, Kartoffelgerichte und Kräuterquark eingesetzt werden. Aufgrund des Blütenreichtums eignen sich die Blüten besonders gut als essbare Dekoration.

Wildkräuter-Quiche (S. 325)

In allen Wildkräuter-Rezepten sparsam als herbes Gewürz verwendbar.

Tipp

Im eigenen Garten kann der Kriechende Günsel als wintergrüner Bodendecker tätig sein, im Sommer als Gewürzpflanze und Lieferant von hübschen Blüten zur Dekoration von Speisen.

Gewöhnliche Wegwarte

Cichorium intybus

KORBBLÜTLER

An Weg- und Straßenrändern wie auch auf lückigen Ruderalstandorten und an Ackerrändern fristet die mehrjährige Gewöhnliche Wegwarte ihr Dasein. In einem alten Liebeslied heißt es: „Wegwarte, vom Staub bist du so grau…“.

Im Frühjahr erscheint eine Grundrosette, die der des Löwenzahns ähnlich sieht. Daraus entwickelt sich ein bis zu 1,50 m hoher Blütenstand. Von weitem sieht die Wegwarte eher wie Gestrüpp aus. Sparrig verzweigte, derbe Stängel, an denen Laubblätter sitzen, die alles andere als filigran sind: rau behaart und scharf gezackt…

Blütenpracht

…wären da nicht die Blüten, die diese Pflanze zu einer Schönheit machen! Kleine himmelblaue Sonnenräder entfalten sich gegen 6 Uhr morgens bei den ersten Sonnenstrahlen. Zuweilen findet man auch rosafarbene oder weiße Blüten. Die zur Familie der Korbblütler zählende Pflanze weist nur Zungenblüten auf. Bei schönem Wetter haben sich die Blütenblätter schon bald nach Mittag unscheinbar wie ein Knäuel zusammengezogen, an heißen Sommertagen schon am Vormittag. Die Blaufärbung geht dabei verloren. Ist der Himmel bedeckt, halten sich die Blüten manchmal bis zum Abend hin. Diese enge Verbundenheit mit der Sonneneinstrahlung hat der Wegwarte mancherorts den Namen „Sonnenbraut“ eingebracht.

Wartende Braut

Wie kommt diese spröde Schönheit zu ihrem Namen? Darauf gibt eine alte Legende Antwort. Einst wartete eine Braut auf ihren Liebsten, der in den Krieg gezogen war. Als die Jahre vergingen und sie immer noch wartend am Wegrand stand, hatte eine Fee ein Einsehen mit ihr und verwandelte sie in eine Pflanze. Und so wartet sie noch heute auf die Heimkehr ihres Geliebten.

Muckefuck und Chicoree

Die Gewöhnliche Wegwarte ist die erste „Kaffeepflanze“ Europas. Bereits seit dem 17. Jahrhundert wird ihre Wurzel durch Rösten zu koffeinfreiem Kaffee-Ersatz verarbeitet. Stärke wandelt sich dabei in braunes Dextrin um, der Zucker in Karamell. Gleichzeitig entwickeln sich angenehm bitter schmeckende Röstprodukte. Aufgrund der hohen Kaffeepreise ließ Friedrich der Große die Wegwarte feldmäßig für die Produktion dieses „Zichorien-Kaffees“ anbauen.

Seit dem 19. Jahrhundert ist die „Salat-Zichorie“ (Chicoree) bekannt. Die Wurzeln der Wegwarte entwickeln sich bei der Sprossung im Dunkeln zu dicht zusammenstehenden bleichen Blättern. Sie weisen einen leicht bitteren Geschmack auf und werden vorwiegend im Winter gezogen. Heute stehen dafür Kulturformen der Wegwarte zur Verfügung.

Gesundheit

Die Inhaltsstoffe der Wegwarte wurden in der Volksheilkunde als verdauungsförderndes, harn- und galletreibendes Mittel eingesetzt.

Inhaltsstoffe Blätter und Blüten: Bitterstoffe, Flavonoide

Inhaltsstoffe Wurzeln: Inulin

Verwendung in der Küche

Für die Kräuterküche werden die noch jungen, zartbitter schmeckenden Blätter vor der Blüte geerntet. Später sind sie weniger schmackhaft. Sie können kleingehackt auf dem Butterbrot oder mit anderen Kräutern gemischt in Salaten oder Kräuterquark genossen werden. Die blauen Blütenblätter werden im Hochsommer geerntet und als essbare Dekoration verwendet. Wurzeln können im Frühjahr und Herbst geerntet und als Gemüse gegessen werden. Getrocknet, geröstet und gemahlen lässt sich daraus Zichorien-Kaffee herstellen.

Blütenlikör (S. 309)

In allen Wildkräuter-Rezepten verwendbar.

Tipp

Zum Ernten der Wurzel holt man sich die Wegwarte nach alter Bauerngartentradition am besten in den eigenen Garten. Samen sind im Handel erhältlich.

Pastinak

Pastinaca sativa

DOLDENBLÜTLER

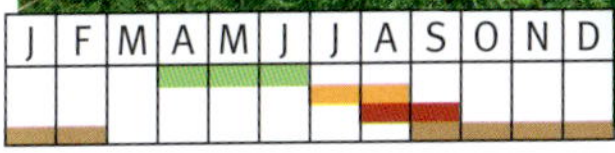

Pastinak wächst auf Ruderalflächen und in Wiesen, wobei kalkhaltige Böden bevorzugt werden. Da die Pflanze in der Lage ist, auch verdichtete Böden zu besiedeln, sei es durch einen hohen Lehmanteil oder durch starke Trittbelastung, ist sie häufig auch an Weg- und Straßenrändern zu finden.

Die Pflanze ist zweijährig. Im ersten Jahr entwickelt sich eine Blattrosette und eine dicke, fleischige Wurzelrübe, in der wichtige Inhaltsstoffe eingelagert werden, die es der Pflanze im darauffolgenden Sommer ermöglichen, einen bis zu einem Meter hohen, kantigen, rauen und beblätterten Stängel auszutreiben. Die einfach gefiederten Blätter sind auf der Unterseite weichhaarig, auf der Oberseite glatt und glänzend. Ab Juli erscheinen die Blütendolden mit den zahlreichen gelben Einzelblütchen, deren 5 Blütenblättchen meist aufgerollt und daher recht unscheinbar sind. Ab August sind die geflügelten Früchte zu beobachten. Die ganze Pflanze riecht würzig, an Möhre erinnernd.

Nahrhafte Wurzel

Schon seit alters her steht die weißliche, stärkehaltige Pastinakwurzel auf dem Speiseplan des Menschen. Sie schmeckt streng würzig bis leicht süßlich, erinnert an den Geschmack von Möhren. Frosteinwirkung verstärkt den süßlichen Geschmack und macht sie weicher.

In Notzeiten wurde aus den Wurzeln Kaffee-Ersatz gewonnen; auch als Viehfutter fanden sie Verwendung.

Gemüse-Pastinak

Der wissenschaftliche Name *Pastinaca sativa*, weist darauf hin, dass Pastinak früher als Gemüsepflanze angebaut wurde (lat. *pastus* = Nahrung, *sativus* = angebaut). Kulturformen vom Pastinak galten bis ins 18. Jahrhundert als Grundnahrungsmittel und waren Bestandteil der Bauerngärten. Von Möhre und Kartoffel vom Speiseplan verdrängt und lange Zeit in Vergessenheit geraten, scheint Pastinak heute eine Renaissance zu erleben. Bis zu 1,5 kg können die Gemüsewurzeln auf die Waage bringen. Die Kulturformen schmecken zwar weniger aromatisch als die Wildform, sind allerdings weniger zäh und faserig.

Giftige Abwehr

Pastinak enthält den Inhaltsstoff Furocumarin. Bei empfindlichen Menschen löst der Pflanzensaft unter Einfluss von Sonnenlicht unangenehme Rötungen und Schwellungen hervor.

Der Pastinak nutzt es aus, dass Fraßfeinde von diesem Inhaltsstoff abgeschreckt werden. Er hat sogar die Fähigkeit entwickelt, die Giftmenge an verletzten Stellen zu erhöhen.

Gesundheit

Früher wurde ein Tee aus zerstoßenen Früchten vor allem als harntreibendes und verdauungsförderndes Mittel eingesetzt. Blähende Speisen (zum Beispiel Sauerkraut) werden durch das Würzen mit Pastinakfrüchten bekömmlicher.

Inhaltsstoffe: ätherisches Öl, fettes Öl, Furocumarin, Inulin

Wichtig

Der Inhaltsstoff Furocumarin bewirkt, dass bei empfindlichen Menschen durch Berührung und Lichteinwirkung Hautreizungen hervorgerufen werden!

Verwendung in der Küche

Die ganz jungen, würzig schmeckenden Blätter und Sprosstriebe werden als Gewürz für Salate, Suppen, Kartoffel- und Gemüsegerichte verwendet. Die Früchte dienen getrocknet und zerrieben ebenfalls als Gewürz, die Blüten als essbare Dekoration. Letztere können wie Holunderblüten ausgebacken werden. Die Wurzelrüben werden ab September des ersten Entwicklungsjahres und den ganzen darauffolgenden Winter geerntet. Sie eignen sich geschält und klein geschnitten als Salatbeigabe, sind aber auch gekocht und gebacken zu verwenden.

Pastinak-Püree (S. 325)

Meerrettich

Armoracia rusticana

KREUZBLÜTLER

J	F	M	A	M	J	J	A	S	O	N	D

Meerrettich kennen die meisten Menschen nur aus dem Glas oder aus der Tube, vielleicht noch als Gartenpflanze. Dabei ist die Pflanze bei uns recht häufig auch in der freien Landschaft anzutreffen, auf nährstoffreichen, tiefgründigen Böden an Wegrändern, auf Ruderal- und Brachflächen. Meist werden die auffallend großen Blattrosetten mit denen verschiedener Ampferarten verwechselt.

Der ausdauernde Meerrettich bildet bis zu einen Meter hohe Rosetten mit derben, buchtig gezähnten Blättern aus. Erst ab dem zweiten Jahr erscheinen die bis zu 1,30 m hohen Blütenstiele. Die Blütentrauben setzen sich aus zahlreichen weißen Blütchen zusammen, die aus den für Kreuzblütler typischen 4 kreuzförmig stehenden Blütenblättern bestehen.

Zur Samenbildung kommt die Pflanze in unseren Breiten nicht. Der Meerrettich entwickelt kräftige lange Wurzeln mit Seitenwurzeln, aus denen wieder neue Pflanzen treiben. Die Ausbreitung durch Wurzelteile kann in der Natur durch Erdbewegungen oder zum Beispiel durch Wühlmäuse erfolgen.

Senföle

Die außen gelblich grauen und innen weißen Wurzeln beinhalten scharfe, schwefelhaltige Senföle, welche den typischen Meerrettichgeschmack hervorrufen.

Kulturrelikt und Neubürger

Ursprünglich stammt der Meerrettich aus Südosteuropa. Er gehört zu den Pflanzen, die aus fernen Landen als Gemüse-, Zier- oder Gewürzpflanzen in unsere Kloster- und Bauerngärten gelangt sind. Manche dieser Gartenpflanzen sind aus der Kultur in die freie Landschaft verwildert, wo sie entweder nur kurz überleben oder wie der Meerrettich fester Bestandteil der heimischen Flora werden. Solche Arten werden als „Kulturrelikte" bezeichnet. Das gleiche gilt für Pflanzenarten, die aus Ackerkulturen verwildert sind.

In unsere heimische Flora eingewanderte Pflanzenarten werden je nach dem Zeitpunkt ihrer Sesshaftwerdung als „Alt"- oder „Neubürger" eingestuft. Altbürger (Archäophyten) sind solche, die vor der Entdeckung Amerikas diesen Weg zu uns gefunden haben, Neubürger (Neophyten) erst nach 1500. Der Meerrettich ist ein Neubürger.

Me„h"rrettich und Kren

Der Meerrettich wächst nicht am Meer, wie der Name vermuten lässt. „Meer" geht hier wohl eher auf das „mehr" im Sinne von groß zurück. Im Süddeutschen Raum ist der Meerrettich unter dem Namen „Kren" bekannt.

Glücksbringer

Ein Stückchen getrocknete Meerrettichwurzel im Geldbeutel soll nicht nur vor Geldmangel, sondern auch vor Hexen und Dämonen schützen.

Gesundheit

Die scharfen Senföle der Meerrettichwurzel wirken antibakteriell, appetitanregend und verdauungsfördernd. Gegen Erkältungskrankheiten, Verdauungsstörungen und Infektionen der Harnwege haben sich die Inhaltsstoffe auch bewährt. Äußerlich angewendet wirkt Meerrettich bei Gicht, Rheuma und Kopfschmerzen durchblutungsfördernd und erwärmend.

Inhaltsstoffe: ätherische Öle, Senföle, Kalium, Vitamin C

Wichtig

Vorsicht beim Reiben der Meerrettichwurzel, da die Augen gereizt werden können!

Meerrettich gegen Zahnschmerzen (S. 287)
Meerrettich-Hustenhonig (S. 280)
Meerrettich-Einreibetinktur (S. 286)
Meerrettich gegen Kopfschmerzen (S. 287)

Anwendung in der Küche

Im Frühjahr lassen sich die jungen Blätter als Gewürz verwenden, im Sommer die weißen, scharf schmeckenden Blütchen als essbare Dekoration. Meerrettichwurzeln werden geschält, fein gerieben und als Gewürz verwendet. In geriebener Form kann die Wurzel eingefroren werden. Meerrettich passt zu Fisch, gekochtem Fleisch und Kartoffeln.

In einem kühlen Kellerraum bleiben die Wurzeln mit Sand bedeckt lange frisch.

Meerrettich-Suppe (S. 317)

Wiese und Weide

Vor dem Wirken des Menschen war unsere Landschaft von Natur aus weitgehend mit Wald bedeckt. Laub-, Nadel- und Mischwälder aus Buche, Eiche, Fichte und vielen anderen Gehölzarten prägten das Landschaftsbild. Nur wenige Standorte wurden nicht von Wald eingenommen. Dazu zählen unter anderem Hoch- und Niedermoore, Felsstandorte, Meeresküsten.

Durch Ackerbau und Viehzucht veränderte der Mensch die Naturlandschaft in den letzten 4000 Jahren nachhaltig. Trockene, weitgehend ebene Flächen wurden gerodet und beackert. Für die Ackernutzung ungeeignete Flächen, wie steile Hanglagen, feuchte Niederungen, flachgründige Böden und höhere Lagen, wurden zu Grasland. Das sind dichte, geschlossene Bestände aus Gräsern und Kräutern, die durch Mahd (Wiese) oder Beweidung (Weide) kurz gehalten werden. Flächen, die sowohl der Mahd als auch der Beweidung dienen, werden als „Mähweide" bezeichnet. Da Wiesen, Weiden und Mähweiden das ganze Jahr über grün sind, werden sie auch als „Grünland" bezeichnet. Hier können nur Pflanzen wachsen, die nicht gegen Schnitt bzw. Viehverbiss und Viehtritt empfindlich

sind. Einjährige Arten haben in der dichten Grasnarbe keine Chance zu keimen; Gehölze werden durch das ständige Kurzhalten unterdrückt.

Wiese ist nicht gleich Wiese und Weide ist nicht gleich Weide. Aufgrund vielfältiger Standortbedingungen und einer extensiven landwirtschaftlichen Nutzung war unsere Kulturlandschaft noch Mitte des 20. Jahrhunderts kleinräumig strukturiert und reich gegliedert. So wachsen zum Beispiel auf feuchten Böden andere Wiesenpflanzen als auf trockenen Böden, auf mageren Standorten andere als auf nährstoffreichen Standorten. Wiesen und Weiden setzen sich aus einer Vielzahl unterschiedlichster Typen von Pflanzengemeinschaften, auch „Pflanzengesellschaften" genannt, zusammen.

Umstrukturierungen in der Landwirtschaft und großtechnischer Einsatz von Landmaschinen führten in den letzten Jahrzehnten zu einer nachhaltigen Veränderung der Landschaft. Die vielfältigen Standortverhältnisse, die vor allem durch Faktoren wie Feuchtigkeit und Nährstoffgehalt aber auch durch den Grad der Bewirtschaftung geprägt waren, wurden durch Entwässerungsmaßnahmen, Düngung und intensive Nutzung nivelliert. Vor allem Feuchtwiesen und Magerrasen sind dabei vielerorts auf der Strecke geblieben.

Der Anteil der Weideflächen an der Grünlandnutzung ist stark zurückgegangen. Ganzjährige Stallhaltungen des Viehs haben dazu geführt, dass Grünlandflächen heutzutage zur Futtergewinnung intensivst gemäht werden. Während früher in der Regel zwei Schnitte stattfanden, sind es heute drei bis sechs. Flächen mit charakteristischen Pflanzengesellschaften der Wiesen und Weiden sind somit rückläufig.

Wildpflanzen der Wiesen und Weiden

Bärenklau, Wiesen- (S. 75)
Engelwurz, Wald- (S. 87)
Frauenmantel, Gewöhnlicher (S. 81)
Klee, Roter Wiesen- (S. 66)
Kratzdistel, Kohl- (S. 84)
Labkraut, Wiesen- (S. 78)
Löwenzahn, Gemeiner (S. 59)
Sauerampfer, Großer (S. 63)
Schafgarbe, Gewöhnliche (S. 69)
Schaumkraut, Wiesen- (S. 72)

Wiesen-Bärenklau

Wald-Engelwurz

Gewöhnlicher Frauenmantel

Roter Wiesen-Klee

Kohl-Kratzdistel

Wiesen-Labkraut

Gemeiner Löwenzahn

Großer Sauerampfer

Gewöhnliche Schafgarbe

Wiesen-Schaumkraut

Weitere Wildpflanzen der Wiesen und Weiden

- » Baldrian, Echter (S. 178)
- » Beinwell, Gewöhnlicher (S. 31)
- » Braunelle, Gewöhnliche (S. 252)
- » Fingerkraut, Gänse- (S. 34)
- » Gänseblümchen (S. 243)
- » Gundermann (S. 249)
- » Günsel, Kriechender (S. 43)
- » Johanniskraut, Echtes (S. 204)
- » Mädesüß, Echtes (S. 175)
- » Möhre, Wilde (S. 40)
- » Pastinak (S. 49)
- » Schachtelhalm, Acker- (S. 192)
- » Wegerich, Breit- (S. 24)
- » Wegerich, Spitz- (S. 20)

Gemeiner Löwenzahn

Taraxacum officinale

KORBBLÜTLER

J	F	M	A	M	J	J	A	S	O	N	D

Wer kennt ihn nicht, den Löwenzahn! Die anspruchslose, häufige Pflanze ist auf Wiesen und Weiden, Äckern, Ruderalstellen, in Gärten und an den unwirtlichsten Stellen zu finden. Massenvorkommen zeigen eine Überdüngung des Bodens an. Gärtner sind auf den Löwenzahn nicht gut zu sprechen, bildet er doch tief in den Boden reichende, kräftige Pfahlwurzeln aus. Löwenzahn vermag mit ihnen sogar Asphalt zu sprengen.

So bedrohlich wie der Name klingt, ist der Löwenzahn gar nicht. Die rosettenartig an den Boden anliegenden, gezähnten Blätter erinnern lediglich an ein Löwengebiss.

Blütenkörbchen

Die Hauptblütezeit ist der Frühling. Die Blütenköpfchen sitzen einzeln auf langen, hohlen, Milchsaft führenden Stängeln. Pflanzen mit solchen „Blütenkörbchen" werden auch Korbblütler genannt. Beim Löwenzahn weist jedes einzelne bis zu 200 Blüten auf, die wie kleine Zungen aussehen. Die Blütenköpfchen öffnen sich nur bei sonnigem Wetter und werden vor allem von Bienen besucht. Für 1 kg Honig müssen etwa 125.000 Blütenköpfe angeflogen werden, also etwa 25 Millionen Zungenblüten.

Die gelben Blüten wurden früher zum Färben von Butter verwendet, was der Pflanze mancherorts den Namen „Butterblume“ eingebracht hat.

Pusteblume

Zur Verbreitung der Samen haben schon viele Kinder mit ihrer Puste beigetragen. Eigentlich verantwortlich dafür ist jedoch der Wind, der die kleinen „Fallschirme“ bis zu 10 km weit forttragen kann. Kinder zählen die nach dem Wegpusten verbliebenen Samen am Blütenboden der „Pusteblume“, um zu orakeln, in wie vielen Jahren sie wohl heiraten werden.

Bitter-süßes Heilmittel

Schon seit jeher hat der Mensch den Löwenzahn als Heilpflanze zu nutzen gewusst, vor allem die positiv auf den Körper wirkenden Bitterstoffe (griech. *taraxo* = Störung, *akos* = Heilmittel / lat. *officinalis* = Pflanze mit Arzneiwirkung). Die Wurzeln sind als Diabetikergemüse geeignet. Die honigsüßen Blüten lassen sich zu einem Magenbitter verarbeiten.

Gesundheit

Die Inhaltsstoffe des Löwenzahns wirken blutreinigend, blutbildend, harntreibend (Bettseicher) und beeinflussen vor allem Leber, Galle und Nieren wie auch Verdauungsorgane positiv. Sie sollen sogar Müde munter machen und die Stimmung aufhellen, weshalb sich der Löwenzahn für eine Frühjahrskur anbietet. Löwenzahnblüten-Sirup dient nicht nur als Brotaufstrich, sondern auch als Mittel gegen Husten.

Inhaltsstoffe Blätter: Bitterstoffe, Flavonoide, Gerbstoffe, Kalium, Karotinoide, Phosphor, Magnesium, Schleimstoffe, Vitamine A, B, C und D
Inhaltsstoffe Blüten: Bitterstoffe, Kalzium, Vitamine A, B, C und D
Inhaltsstoffe Wurzeln: Bitterstoffe, Inulin

Wichtig

Manche Menschen reagieren allergisch auf den Milchsaft der Pflanze. Menschen mit Gallenerkrankungen sollten vor der Anwendung ärztliche Rücksprache halten!

Löwenzahn-Tee (S. 285)
Frühlings-Fitnesstrank I, II und III (S. 269/270)
Löwenzahnblüten-Sirup (S. 279)
Magenbitter (S. 291)

Für eine Frühjahrskur geeignet.

Verwendung in der Küche

Die bitter schmeckenden, frischen jungen Blätter werden vor allem im Frühjahr zu Salaten oder Gemüse verarbeitet. Dazu werden sie bevorzugt mit anderen milden Kräutern oder Lebensmitteln zubereitet. Die Blüten dienen als essbare Dekoration. Aus ihnen wird Löwenzahnblüten-Gelee, Tee, Likör, Wein oder Sirup hergestellt. Noch geschlossene Blütenköpfe können wie Kapern eingelegt oder als Gemüse gebraten werden.
Die Wurzeln eignen sich als Wurzelgemüse. Früher wurde sogar Kaffee-Ersatz aus ihnen gewonnen.

Löwenzahn-Kaffee-Ersatz **(S. 309)**
Löwenzahn-Salat mit gehackten Walnüssen **(S. 315)**
Löwenzahn-Blütenknospen-Gemüse **(S. 320)**
Blütenknospen-Kapern **(S. 342)**

In allen Wildkräuter-Rezepten verwendbar.

Großer Sauerampfer

Rumex acetosa

KNÖTERICHGEWÄCHS

J	F	M	A	M	J	J	A	S	O	N	D

Der Große Sauerampfer ist vor allem auf Wiesen zu finden und wird daher auch Wiesen-Sauerampfer genannt. Aber auch auf Weiden und an Wegrändern trifft man das mehrjährige Knöterichgewächs an, sofern der Standort etwas feucht und vor allem stickstoffhaltig ist. „Ein Sauerampfer auf dem Damm / Stand zwischen Bahngeleisen…", so beginnt das Gedicht „Arm Kräutchen" von Joachim Ringelnatz (1883 – 1934). Bahngeleise sind als Standort für den Sauerampfer eher untypisch.

Fast das ganze Jahr über ist die grundständige Blattrosette zu finden. Von Mai bis Juni sprießen die bis zu einem Meter hohen Blütenrispen mit ihren rötlichen Blütenständen aus den Rosetten und lassen manch eine Wiese von weitem wie ein wogendes Meer in rötlichem Abendlicht erscheinen. Die Blüten sind zweihäusig, das heißt, männliche und weibliche sitzen auf verschiedenen Pflanzen.

Blattbesonderheiten

Die Blätter des Sauerampfers sind an ihrem pfeilförmigen Grund mit den abwärts gerichteten Blattzipfeln gut zu erkennen. Die Stängelblätter scheinen den Stängel mit diesen Blattzipfeln regelrecht zu umarmen. Von den Blattscheiden, die wie kleine Tüten aussehen, werden die Stängel ganz umhüllt. Es handelt sich um verwachsene Nebenblätter, die als Knospenschutz dienen.

Schwielen

Die Früchte weisen typische „Schwielen“ auf. Das sind luftgefüllte Gewebe, die die Verbreitung durch Wind und Wasser begünstigen.

Oxalsäure

Typisch für diese Pflanze ist der saure Geschmack der Blätter (lat. *acetosus* = sauer). Verantwortlich dafür ist der relativ hohe Gehalt an Oxalsäure. Menschen, die eine Veranlagung zur Bildung von Nieren- und Blasensteinen aufweisen, an Gicht, Rheuma und Arthritis oder Kalziummangel leiden, sollten den Verzehr meiden. Oxalsäure kann zu Beeinträchtigungen der Kalziumaufnahme wie auch -einlagerung im Körper führen. Durch Kochen der Pflanzenteile lässt sich der Gehalt an Oxalsäure vermindern (Kochwasser weggießen!). Auch die gleichzeitige Verarbeitung mit Milchprodukten verringert die Auswirkungen auf den Körper, da Kalzium sich mit der Oxalsäure verbindet und vom Körper ausgeschieden wird.

Kleiner Sauerampfer

Kleiner Verwandter

Verwandt mit dem Großen Sauerampfer ist der Kleine Sauerampfer *(Rumex acetosella)*. Dieser wächst auf Sandböden und weist wesentlich kleinere Blättchen auf, die jedoch ebenso gegessen werden können.

Gesundheit

Die frischen jungen Herzblättchen der Blattrosetten weisen zahlreiche Mineralstoffe und Vitamine (besonders Vitamin C) auf. Sie wirken blutreinigend und harntreibend.

Inhaltsstoffe: Oxalsäure, Vitamin C

Wichtig

Sauerampfer sollte aufgrund der Oxalsäure nicht regelmäßig in größeren Mengen gegessen werden. Menschen mit den zuvor genannten gesundheitlichen Problemen sollten ihn ganz meiden.

Mittel gegen Insektenstiche und Brennnesselquaddeln (S. 281)

Verwendung in der Küche

Am schmackhaftesten sind die jungen Blätter der Grundrosette vor dem Austreiben der Blütenstände. Da sie nach der Mahd der Wiesen wieder frisch austreiben, können sie von März bis in den Herbst hinein geerntet werden. In der Wildkräuterküche geben die säuerlichen Blätter Salaten, Kräuterquark oder -butter, Soßen, Suppen, Kartoffelsalat oder Omelett einen erfrischenden Geschmack. Die Blätter des Sauerampfers lassen sich durch Einfrieren oder Einlegen in Öl konservieren.

Tomatensalat mit Sauerampfer (S. 315)
Sauerampfer-Suppe (S. 317)
Wildkräuter-Brötchen (S. 334)
Tomaten-Sauerampfer-Butter (S. 338)
Grüner Brotaufstrich (S. 340)
Sauerampfer-Pesto (S. 344)

In allen Wildkräuterrezepten verwendbar.

Roter Wiesen-Klee

Trifolium pratense

SCHMETTERLINGSBLÜTLER

Der Rote Wiesen-Klee wächst auf Wiesen und Weiden, wie auch an Wegrändern. Die mehrjährige Pflanze bildet kräftige Rhizome aus, die bis zu 2 m tief in den Boden eindringen. Ein Rhizom ist ein unterirdischer Wurzelstock, aus dem Spross und Wurzeln entspringen. Der wissenschaftliche Gattungsname des Roten Wiesen-Klees deutet auf die dreizähligen Blätter der Kleearten hin (lat. *tri* = drei, *folium* = Blatt). Vierblättrige Kleeblätter gelten wegen ihrer Seltenheit als Glückssymbol.

Blütenröhre

Die duftenden Blütenköpfchen des Roten Wiesen-Klees erscheinen von Juni bis in den September hinein. Eine alte Legende gibt Aufschluss darüber, warum Bienen nicht zu den Bestäubern des Klees zählen. Weil Bienen sonntags vom lieben Gott erwischt wurden, wie sie sich am süßen Nektar des Roten Wiesen-Klees gütlich taten, verwehrte dieser ihnen den Zugang zum Nektar, indem er die Kleeblüte mit einer langen Blütenröhre versah. Fortan konnten die Bienen mit ihren kurzen Rüsseln den süßen Nektar am Grunde der Röhre nicht mehr erreichen. Seither wird die Kleeblüte von Hummeln und Schmetterlingen besucht, weil diese einen langen Rüssel haben. Natürlich nur werktags!

Stickstoffbinder und Proteinlieferant

Der Rote Wiesen-Klee wird heute als Gründüngung auf Äckern ausgesät, da die Wurzelknöllchen des Schmetterlingsblütlers in der Lage sind, mit Hilfe von Bakterien Stickstoff aus der Luft zu binden und somit für Pflanzen nutzbar zu machen. Der gebundene Stickstoff wird mit dem Klee untergepflügt und steht damit nachfolgenden Ackerfrüchten zur Verfügung. Zur Zeit, als die Drei-Felder-Wirtschaft gang und gäbe war, wurde der Rote Wiesen-Klee häufig während des Brachestadiums auf das jeweils unbewirtschaftete Feld gesät. So wird das Feld gedüngt und es fällt proteinhaltiges Futter für das Vieh an.

Ähnliche Kleearten

Weißklee, der besonders gern auf Rasenflächen wächst, lässt sich in der Wildkräuterküche wie der verwandte Rote Wiesen-Klee verwenden, ist allerdings nicht ganz so wohlschmeckend.
Der zu den Sauerkleegewächsen zählende Wald-Sauerklee (siehe Lebensraum Wald) weist ebenfalls dreiteilige, kleeähnliche Blätter auf. Seine säuerlich schmeckenden Blätter sind ebenfalls essbar.

Über den grünen Klee

„Über den grünen Klee loben" ist eine Redewendung, die bedeutet, dass etwas noch mehr gelobt wird, als es die Dichter immer schon über diese schon seit jeher bedeutende Glücks-, Futter- und stickstoffbindende Pflanze getan haben.

Gesundheit

Die Blüten des Roten Wiesen-Klees gelten in der Volksheilkunde als Mittel gegen Husten und zur Blutreinigung. Die Blütenköpfchen werden in der Mittagssonne gepflückt und als Ganzes getrocknet.
Die Pflanze enthält Phytohormone und wird daher zunehmend in der Frauenheilkunde zur Linderung von Wechseljahresbeschwerden eingesetzt.

Inhaltsstoffe: Gerbstoffe, Phytohormone

Rotklee-Hustensirup (S. 280)

Verwendung in der Küche

Die mild-würzig schmeckenden Blätter werden vorwiegend im Frühjahr und Frühsommer geerntet und mit anderen Wildkräutern zu Wildkräutersalaten, -gemüse oder -suppen verarbeitet. Einzeln gezupft und ohne grüne Teile eignen sich die Blüten als essbare Dekoration für Salate und Gemüsegerichte. Um den Hummeln zuvorzukommen, ist der Vormittag die beste Zeit, Kleeblüten zu sammeln. Aufgrund des süßen Geschmackes der Blüten wird die Pflanze mancherorts auch "Zuckerbrot" genannt.

Früchtesalat mit Kleeblüten (S. 328)
Klee-Butter (S. 339)

In allen Wildkräuter-Rezepten verwendbar.

Gewöhnliche Schafgarbe

Achillea millefolium

KORBBLÜTLER

J	F	M	A	M	J	J	A	S	O	N	D

Die mehrjährige Schafgarbe ist an sonnigen Wegrändern und auf Wiesen und Weiden weit verbreitet. Da sich das bis zu 60 cm hohe Kraut nicht nur über Samen, sondern auch durch ober- und unterirdische Ausläufer vermehrt, sind die Blätter auch auf häufig geschnittenen Rasenflächen zu finden. Zur Blüte kommt sie hier nicht.

Ansonsten blüht der Korbblütler ab Juni in scheinbar doldenartigen Blütenständen mit weißen, manchmal auch rosafarbenen Zungenblütchen und gelblichen Röhrenblütchen. Zur Verbreitung der Samen trägt auch das Weidevieh bei. Dort wo die unverdauten Samen ausgeschieden werden, mangelt es den Keimlingen nicht an Dünger.

Schafe bevorzugen die Blätter und lassen die abgeknabberten Stängel meist als auffällige Gebilde auf den Weiden stehen.

Heilwirksames Tausendblatt

Millefolium ist die lateinische Bezeichnung für „Tausendblatt" – das erklärt sich von selbst, schaut man sich die Blätter einmal genauer an. Schon Achilles, der Held des Trojanischen Krieges, soll um die wundheilende und

blutstillende Wirkung dieses Krautes gewusst haben (Gattungsname: *Achillea*). Er ließ die Wunden seiner Krieger mit zerriebenen Schafgarbenblättern oder dem Presssaft behandeln. Die Gewöhnliche Schafgarbe wird auch „Zimmermannskraut“ genannt, weil gerade in diesem Berufszweig Verletzungen auftreten, die blutstillende Maßnahmen erfordern.
Bis heute wird die Schafgarbe auch in der Frauenheilkunde eingesetzt: „Schafgarbe im Leib, tut wohl jedem Weib“.

Nasenbluten

Nasenbluten kann durch Aufziehen von Schafgarben-Tee gestillt werden. Steckt man sich Schafgarbenblätter in die Nase und schlägt mit dem Finger auf dieselbe, wird andererseits Nasenbluten ausgelöst. Bei Schulkindern war dieser Trick früher sehr beliebt; so manch eine Schulstunde wurde durch ihn versäumt.

Bierwürze und Färbemittel

Vor der Verwendung von Hopfen bedienten sich die Benediktinermönche der Schafgarbe als Bierwürze. Als Färbemittel färbt sie Wolle je nach Beizmittel gelb, olivgrün oder braun.

Gesundheit

Die Schafgarbe wird in der Frauenheilkunde als menstruationsregulierendes Mittel eingesetzt wie auch als ausgleichendes Mittel in den Wechseljahren. Sie ist appetit- und gallefördernd, hilft gegen Verdauungsstörungen und fördert die Wundheilung. Fette Speisen werden durch die Beigabe von Schafgarbe leichter verdaulich. Zum Trocknen wird das blühende Kraut verwendet.

Inhaltsstoffe: ätherische Öle, Bitterstoffe, Flavonoide, Gerbstoffe, Kieselsäure, Phytohormone

Wichtig

Berührung oder Anwendung kann bei manchen Menschen zu Überempfindlichkeitsreaktionen der Haut durch Sonneneinstrahlung führen. Schwangere Frauen sollten auf den Verzehr von Schafgarbe verzichten, da sie wehenfördernd wirken kann.

Schafgarben-Tee (S. 283)
Tee gegen Menstruationsbeschwerden (S. 268)
Schafgarben-Schnaps (S. 292)
Auflage gegen geplatzte Äderchen (S. 275)

Verwendung in der Küche

Blätter und Blüten der Schafgarbe schmecken recht herb und bitter und sollten daher bei der Verarbeitung nur als Gewürz eingesetzt werden. Die Blätter der Grundrosette werden vor allem im Frühjahr geerntet, die zarten Blätter unterhalb des Blütenstandes bis in den Herbst hinein. Salate, Suppen und Eintöpfe erhalten durch sie einen pfeffrigen Geschmack. Aus Schafgarbenkraut lässt sich Tee, Schnaps und Likör herstellen.

Kartoffelgratin mit Schafgarbe (S. 326)
Wildkräuter-Quark (S. 340)
Schafgarben-Kräutersalz (S. 346)

In allen Wildkräuter-Rezepten sparsam als Gewürz verwendbar.

J	F	M	A	M	J	J	A	S	O	N	D

Wiesen-Schaumkraut

Cardamine pratensis

KREUZBLÜTLER

Der Verbreitungsschwerpunkt des Wiesen-Schaumkrautes liegt in Feucht- oder Nasswiesen; der Kreuzblütler ist aber auch an Grabenrändern, auf Weiden und auf feuchten Rasenflächen von Parkanlagen und Gärten zu finden. Auf letzteren wird das mehrjährige Wiesen-Schaumkraut jedoch meist übersehen. Rücken die Gärtner den Pflanzen mit dem Rasenmäher zu Leibe, bilden sie nur Grundblätter aus und keine Blütenstände. Dass sich das Wiesen-Schaumkraut auch ohne Samenausbildung reichlich vermehren kann, liegt an der vegetativen Vermehrung durch Brutpflänzchen. Diese bilden sich an den gefiederten Grundblättern und können sich zu eigenständigen Pflanzen entwickeln.

Kuckucksspeichel

Im Frühsommer scheinen manche Wiesen richtig zu schäumen. Jedoch nicht vor Wut, sondern eher vor Freude darüber, dass der Lenz sie geküsst hat. Ob diese überschäumende Pracht dem Wiesen-Schaumkraut den Namen gegeben hat oder die Tatsache, dass an dem Kreuzblütler nicht selten wie Speichel aussehende, schaumartige Massen hängen? Doch wer sollte auf die Pflanzen gespuckt haben? Man hielt den

Kuckuck für den Übeltäter, weil sein Ruf zu Beginn des Frühjahrs zeitgleich mit dem Erscheinen des „Speichels" zu hören war. Letzterer wird im Volksmund daher auch „Kuckucksspeichel" genannt, das Wiesen-Schaumkraut „Kuckucksblume". Die Schaumnester haben mit dem Kuckuck allerdings nichts zu tun. Sie beherbergen die Larven von Schaumzikaden, die in der schaumigen Masse vor Sonne und Feinden geschützt sind.

Für die Vase nicht geeignet

Die hellviolette bis mitunter weiße Blütenpracht verleitet dazu, große Sträuße des Wiesen-Schaumkrautes zu pflücken. Die Enttäuschung ist jedoch groß, weil schon am zweiten Tag die Blütenblätter abfallen. Einst galt es sogar als gefährlich, diese Pflanze zu pflücken, sollte diese Tat doch Gewitter und Blitzeinschlag auslösen. So glaubte man!

Aurorafalter

Die große Bedeutung des Wiesen-Schaumkrautes als Futterpflanze für den Aurorafalter kommt schon in dem wissenschaftlichen Namen des Schmetterlings zur Geltung *(Anthocharis cardamines)*. Die grünen Raupen machen sich über das Kraut her, der ausgewachsene weißliche Falter mit den orangefarbenen Flügelspitzen labt sich an der reichhaltigen Nektarproduktion des Wiesen-Schaumkrautes.

Gesundheit

Wie die meisten Kreuzblütler weist das Wiesen-Schaumkraut Bitterstoffe und schwefelhaltige Senföle auf, die den leicht bitteren Geschmack und vor allem die kresseartige Schärfe bewirken (mittelalterlich: *Cardamine* = Kresse). Senföle regen die Leber- und Gallentätigkeit an. In der Volksmedizin wird das Kraut als erfrischendes und anregendes Blutreinigungsmittel empfohlen.

Inhaltsstoffe: Bitterstoffe, Vitamin C, Senföle

Frühlings-Fitnesstrank I, II und III (S. 269/270)

Für eine Frühjahrskur geeignet.

Verwendung in der Küche

Junge Triebe und Blätter schmecken zwar nicht ganz so scharf wie Kresse, dafür aromatischer. Sie werden vor der Blüte gesammelt und eignen sich vor allem roh als Beigabe zu Kräuterquark oder Salaten, wie zum Beispiel zu einem Tomaten-Salat. Auch in Suppen und Gemüsegerichten können die Blätter verwendet werden. Die milder schmeckenden Blüten lassen sich gut zur Dekoration von Blattsalaten, aber auch von Obstsalaten verwenden.

Obstsalat mit Wiesen-Schaumkrautblüten (S. 328)

In allen Wildkräuterrezepten als Gewürz verwendbar.

Tipp

Manch ein Gartenbesitzer wäre erstaunt über die sich einstellende Blütenpracht, ließe er (zumindest einen Teil) seines Rasens bis nach der Wiesen-Schaumkrautblüte wachsen.

Wiesen-Bärenklau

Heracleum sphondylium

DOLDENBLÜTLER

J	F	M	A	M	J	J	A	S	O	N	D

Der zwei- bis mehrjährige Wiesen-Bärenklau ist häufig auf nährstoffreichen Wiesen, an Wegrändern und in Hochstaudenfluren zu finden. Dort, wo die bis zu 1,50 m hohe Pflanze in großen Beständen auftritt, ist der Boden meist überdüngt (Überdüngungszeiger). Ein gutes Erkennungsmerkmal ist der gefurchte, steif behaarte Stängel: „Ist der Stängel hart und rau, handelt`s sich um Bärenklau". Die Stängel sind hohl und bieten im Winter so manch einem Insekt ein Quartier.

Die breiten, gefiederten Blätter sind auf der Oberseite ebenfalls rau behaart. Sie sitzen sowohl als Rosette in Bodennähe als auch am Stängel. Sehr auffällig sind die bauchig aufgetriebenen Blattscheiden, die den Blatt- und Blütenknospen als Schutz dienen.

Blütenpracht

Aus den bauchigen Tüten treiben ab Mai die auffälligen, tellerförmigen, weißen Blütendolden. Die äußeren Blütchen der einzelnen Dolden sind vergrößert. Den ganzen Sommer über lässt sich eine Unzahl von Insekten-

arten auf den Dolden beobachten. Bienen, Hummeln, Schwebfliegen und auch Wanzen machen sich über den reichlich abgesonderten Nektar her. Aus den Blüten entwickeln sich zum Herbst hin breit geflügelte ovale Früchte.

Wiesendermatitis

Bei empfindlichen Menschen löst der Saft des Wiesen-Bärenklaus „Wiesendermatitis" aus. Verantwortlich dafür sind Furocumarine, die die Haut gegen Sonnenstrahlung empfindlich machen und unangenehme Rötungen und Schwellungen hervorrufen können.

Verwandter Riesen-Bärenklau

Der Wiesen-Bärenklau ist im Jugendstadium leicht mit dem verwandten Riesen-Bärenklau *(Heracleum mantegazzianum)* zu verwechseln. Das aus dem Kaukasus stammende Doldengewächs wurde als dekorative Gartenpflanze bei uns eingeführt und verwilderte bald. Heute tritt der Neubürger mancherorts in so großen Beständen auf, dass er die heimische Vegetation völlig verdrängt. Diese Pflanze wird bis zu 3 m hoch und hat im Gegensatz zum Wiesen-Bärenklau unbehaarte Blätter mit spitz zulaufenden Blattlappen. Zudem riecht er unangenehm und hat häufig rot überlaufene Stängel.

Auch der Riesen-Bärenklau löst Wiesendermatitis aus. Diese kann bei Berührung von starken Hautrötungen bis zu gefährlichen Brandblasen führen. Äußerste Vorsicht ist mit dieser stark giftigen Pflanze geboten!

Gesundheit

Der Wiesen-Bärenklau zeichnet sich durch einen hohen Gehalt an wertvollen Inhaltsstoffen wie zum Beispiel Vitamin C aus. Früher wurde die Pflanze hauptsächlich gegen Durchfall und Husten eingesetzt.

Inhaltsstoffe: ätherisches Öl, Calcium, Eisen, Furocumarine, Kalium, Magnesium, viel Vitamin C

Wichtig

Bei Kontakt mit dem Pflanzensaft reagieren manche Menschen in Verbindung mit Sonnenlicht allergisch (Wiesendermatitis).
Nicht verwechseln mit dem stark giftigen, verwandten Riesen-Bärenklau!

Verwendung in der Küche

Die jungen, mild-süßlich schmeckenden Blätter werden im Frühjahr geerntet und zu Gemüse, Salaten und Suppen verarbeitet. Wenn sie noch zusammengefaltet und frischgrün sind, können sie auch roh gegessen werden. Die Blütenstände stecken vor dem Aufblühen in bauchigen Tüten und lassen sich in diesem Stadium wie Brokkoli dünsten. Aus den noch grünen Früchten kann fein gehackt ein interessantes, sehr aromatisches Gewürz für Kartoffel- und Getreidegerichte wie auch für Süßspeisen hergestellt werden.

Wildkräuter-Gemüse (S. 322)
Gedünstete Bärenklau-Blütenknospen (S. 320)

Die jungen Blätter sind in allen Wildkräuter-Rezepten verwendbar.

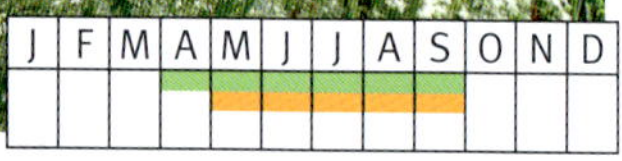

Wiesen-Labkraut

Galium mollugo

RÖTEGEWÄCHS

Das Wiesen-Labkraut ist nicht nur auf Wiesen zu finden, wie der Name weismachen will, auch an Weg-, Wald- und Heckenrändern und auf Brach- und Ruderalflächen trifft man das Kraut an. Rund um den Stängel sitzen quirlförmig je 6 bis 9 Blättchen, die an der Spitze einen kleinen Stachel aufweisen. Die vierkantigen Stängel der Pflanze sind reich verzweigt und können zur Blütezeit bis zu 80 cm hoch werden.

Von Mai bis in den September erscheinen kleine, nach Honig duftende Blüten in rispenartigen Blütenständen. Aus den 4 weißen, winzigen Kronenblättern der einzelnen Blütchen ragen jeweils 2 Staubblätter hervor.

Ähnlich aussehende Verwandte

Waldmeister, Kletten-Labkraut und Echtes Labkraut sind nur drei der zahlreichen verwandten Arten des Wiesen-Labkrautes. Sie zählen zur Familie der Rötegewächse, für die die quirlförmig stehenden Blätter und die rispenartigen Blütenstände typisch sind. Waldmeister *(Galium odoradum* / siehe Lebensraum Wald) ist durch seinen Duft allseits bekannt. Mit den anhänglichen Früchten des Kletten-Labkrautes *(Galium aparine)* ist jeder schon einmal in Berührung gekommen. Diese, wie auch alle übrigen oberirdischen Pflanzenteile sind mit kleinen Widerhaken besetzt, die an der Kleidung der Menschen oder aber auch am Fell vorbeistreifender Tiere haften bleiben. Das Kraut lässt sich wie das Wiesen-Labkraut in der Wildkräuterküche verwenden.

Roter Farbstoff

Kennzeichnend und namensgebend für die Pflanzenfamilie der Rötegewächse ist der in den Wurzeln vorkommende rote Farbstoff Alizarin, der zum Färben eingesetzt werden kann. Eine der bedeutendsten rot färbenden Pflanzen dieser Familie ist die gelb blühende Färberröte, auch „Krapp" genannt. Sie ist schon seit 4000 Jahren als Färbepflanze bekannt und wurde in Europa ab dem 16. Jahrhundert vor allem in Frankreich, den Niederlanden und in Deutschland eine Zeit lang feldmäßig angebaut.

Labkräuter

Innerhalb der Rötegewächse gibt es die Gattung der Labkräuter. Sie fasst die Pflanzenarten der Familie zusammen, die Labenzyme enthalten. Wie die Labfermente aus dem Kälbermagen sind diese Enzyme in der Lage, Milch zum Gerinnen zu bringen (griech. *gala* = Milch). Das Echte Labkraut *(Galium verum)* enthält einen sehr hohen Anteil dieses Enzyms. Es blüht gelb und weist nadelförmige, spitze Blätter auf. Schon die alten Griechen setzten das Kraut zur Käsebereitung ein. Englischer Chesterkäse wird noch heute mit dem Echten Labkraut hergestellt und erhält dadurch seine gelbe Färbung.

Gesundheit

Das frische Kraut der Labkräuter (Wiesen- und Kletten-Labkraut) galt früher in der Volksheilkunde als harntreibendes und entschlackendes Mittel.

Inhaltsstoffe: ätherisches Öl, Gerbstoffe

Labkraut-Entschlackungstee (S. 270)
Frühlings-Fitnesstrank I, II und III (S. 269/270)

Für eine Frühjahrskur geeignet.

Verwendung in der Küche

Die im April und Mai geernteten frischen, zarten Triebspitzen des Wiesen-Labkrautes erinnern in ihrem Geschmack an Kopfsalat. Vor der Entwicklung der Blüten kann fast der gesamte Trieb geerntet und allein oder mit anderen Kräutern zu Salaten oder Wildgemüsegerichten verarbeitet werden. Die Triebspitzen eignen sich noch bis in den Herbst hinein zur Verwertung in der Küche.

Zur Aromatisierung von Getränken, wie auch als essbare Dekoration können die nach Honig duftenden, süßlich schmeckenden Blüten verwendet werden.

Labkraut-Salat (S. 316)

In allen Wildkräuter-Rezepten verwendbar.

Tipp

Die zarten Blütenrispen lassen sich wie Schleierkraut in Blumensträußen einsetzen.

Gewöhnlicher Frauenmantel

Alchemilla vulgaris

ROSENGEWÄCHS

J	F	M	A	M	J	J	A	S	O	N	D

Der Gewöhnliche Frauenmantel wächst in feuchten Wiesen und Weiden, wie auch an Weg- und Grabenrändern. An langen, grundständigen Stielen sitzen die markanten, fast kreisförmigen, gefächerten Blätter. Ab Mai erscheinen die kleinen, gelblich-grünen, in Doldenrispen beisammensitzenden Blüten. Sie duften nach Honig und scheinen Tag und Nacht geöffnet zu sein. Tatsächlich fehlen ihnen jedoch die Kronblätter. Sie täuschen mit den Kelchblättern eine Blüte vor. Da sich die Pflanze auch ungeschlechtlich vermehren kann, ist sie auf eine Insekten anlockende Blütenpracht nicht angewiesen.

Schönheitswasser

Nicht nur in den frühen Morgenstunden, nein, bis weit in den Tag hinein können an den Blatträndern des Frauenmantels kleine Wassertröpfchen entdeckt werden. Sie funkeln wie Edelsteine in der Sonne. Dabei handelt es sich nicht um die allgemein übliche Verdunstung über die Spaltöffnungen der Blätter. Auch Tautropfen wären längst verdunstet. Der Frauenmantel scheidet über Nacht aktiv Wasser aus Wasserspalten aus, die in den Winkeln der gezähnten Blattränder sitzen.

Dieser Vorgang wird Guttation genannt. Er tritt auf, wenn die Pflanze eine hohe Boden- und Luftfeuchtigkeit mit der normalen Transpiration durch Wasserdampf nicht ausgleichen kann. Häufig sammelt sich dieses Wasser in der Mitte des Blattes, wozu auch die Wasser abweisende Beschichtung des Blattes beiträgt.
Alchimisten schrieben diesem speziellen Wasser Wunderkräfte zu. Auf der Suche nach den Bestandteilen zur Herstellung von Gold und dem Stein der Weisen war es hoch geschätzt. Als Lebenswasser sprach man dem Wasser besondere Heil- und Schutzkräfte zu. Es soll sogar schön machen. Wer denn meint, es nötig zu haben, saugt die Tropfen mit einem Taschentuch auf und betupft damit das Gesicht!

Viele Namen

„Die Alten kannten die Heilkraft dieser Pflanze ganz wohl und gaben ihr den Namen Alchymilla (Zauberkraut)." So schreibt Kräuterpfarrer Künzle (1857 bis 1945). Der Frauenmantel hat viele weitere Namen! Auf mittelalterlichen Darstellungen trägt Maria meist einen Mantel, der ähnlich aussah wie die gefalteten jungen Blätter dieser Pflanze. Daher wird sie auch „Marienmantel" oder „Liebfrauenmantel" genannt. Namen wie „Aller Fraue Heil" oder „Frauehilf" gehen auf die große Bedeutung als Frauenheilkraut zurück.

Damit der Namen nicht genug! Auf das Phänomen der Guttation beziehen sich Bezeichnungen wie „Perlkraut" oder „Tränenschön" und „*Sinau*" (*sin* = immer / *au* = Wasser, bzw. Tau).

Gesundheit

So wie ein Mantel schützend den Körper umhüllt, so wirkt auch der Frauenmantel auf den gesamten weiblichen Organismus. Das Kraut kann sowohl bei Menstruationsbeschwerden, bei der Geburt und in den Wechseljahren angewendet werden. Aber auch bei Magen-Darm-Beschwerden, vor allem bei Durchfallerkrankungen, zeigt das vielseitige Heilkraut Wirkung.
Die zahlreichen Garten-Zierformen des Frauenmantels finden in der Heilkunde keine Verwendung.

Inhaltsstoffe: ätherische Öle, Bitterstoffe, Flavonoide, Gerbstoffe, Phytohormone

Frauenmantel-Tee gegen leichte Durchfallerkrankungen (S. 291)
Tee gegen Menstruationsbeschwerden (S. 268)

Verwendung in der Küche

In der Wildkräuterküche werden die im zeitigen Frühjahr erscheinenden jungen, säuerlich-herben Blätter als Beigabe zu Salaten, Suppen und Soßen verwendet. Die Blütenstände sind essbar und eignen sich zur Dekoration von Speisen.

Wildkräuter-Frischkäse (S. 339)

In allen Wildkräuter-Rezepten sparsam verwendbar.

J	F	M	A	M	J	J	A	S	O	N	D

Kohl-Kratzdistel

Cirsium oleraceum

KORBBLÜTLER

Die Kohl-Kratzdistel wächst in nährstoffreichen Wiesen, wo der bis zu 1,50 m hohe Korbblütler meist in großen Beständen zu finden ist. Feuchte Stellen sind die bevorzugten Standorte (Feuchtezeiger). Nicht verwunderlich ist es daher, dass die Kohl-Kratzdistel auch an Bachufern, feuchten Gräben und in Bruch- und Auenwäldern zu entdecken ist. Den Winter überdauert die Kohl-Kratzdistel mit einem kräftigen Wurzelstock. Während die Blätter der Blattrosette und die unteren Stängelblätter fiederspaltig sind, sind die oberen Stängelblätter ungeteilt und sehen einer Lanzenspitze ähnlich. Auffällig ist der stängelumfassende Blattgrund.

Weiche Stacheln

Im Gegensatz zu den anderen heimischen Kratzdistelarten sind die Blätter der Kohl-Kratzdistel weich und nicht stechend. Kleine weiche, dornige Wimpern am Blattrand und vereinzelt kleine Härchen auf den Blättern lassen eine Verwandtschaft mit den stacheligen verwandten Distelarten erahnen.

Kohlartig

Von Juli bis September erscheinen die auffälligen Blütenköpfe. Wie bei einem Kohlkopf umhüllen gelbgrüne Hochblätter die 2 bis 6 knäuelförmig zusammenstehenden weißblütigen bis blassgelben Distelköpfe. Die Hochblätter überragen die Blütenköpfchen um ein Vielfaches. Die Kohl-Kratzdistel ist mancherorts auch unter dem Namen „Wiesenkohl“ bekannt. Zur Namensgebung hat zudem der kohlartige Geruch und Geschmack beigetragen. Früher war die Kohl-Kratzdistel aufgrund ihres hohen Nährwertes eine beliebte Futterpflanze für das Vieh. Auch bei den Menschen steht die „Kohldistel“, wie sie vereinfacht bezeichnet wird, auf dem Speiseplan. In Japan wird sie sogar als Gemüsepflanze angebaut; in Rumänien sind die Blütenböden als Ersatz für Artischocken beliebt.

Würziges Gemüse

Man glaubt es kaum, aber alle mitteleuropäischen Distelarten lassen sich in der Küche verwerten. Das ist jedoch eine mühsame Arbeit, denn die Stacheln müssen vor der Zubereitung entfernt werden. Am besten geht das mit einer Schere.

In einer Geschichte unbekannter Herkunft heißt es, dass das Jesuskind auf der Flucht nach Ägypten dem Esel mangels alternativem Futter einen Distelstängel zu essen angeboten habe. Wütend habe der Esel daraufhin gesagt: „Gut, so fresse ich eben eine Distel“. Wider Erwarten habe diese nach „süßestem Honigklee und würzigstem Gemüse“ geschmeckt. Vielleicht lassen sich ja nicht nur Esel davon überzeugen, diese Pflanzen in den Speiseplan einzubauen.

Gesundheit

In der Volksmedizin hatte die Kohl-Kratzdistel kaum eine Bedeutung. Alte Heilpflanzenbücher empfehlen unter anderem eine Abkochung der Wurzel gegen Gicht und Rheuma.

Inhaltsstoffe: ätherisches Öl, Flavonoide, Gerbstoffe

Verwendung in der Küche

Im Frühjahr gesammelte zarte, mild schmeckende Kohldistelblätter können roh zu Salaten, gekocht zu Suppen oder Wildgemüsegerichten verarbeitet werden. Größere Blätter eignen sich wie Kohlblätter zum Einwickeln von Bratlingen oder Wurst. Blanchiert lassen sich die Blätter gut einfrieren. Vom Sommer bis in den Herbst hinein können die Böden der Blütenköpfchen wie Artischocken zubereitet werden, was jedoch sehr arbeitsaufwändig ist.

Die einjährigen Wurzeln wurden früher ab September geerntet und gekocht, gebraten oder frittiert. Getrocknet lassen sie sich zu Mehl verarbeiten.

Kohldistel-Gemüse **(S. 322)**
Kohldistel-Kartoffelpüree **(S. 326)**

Die Blätter sind in allen Wildkräuter-Rezepten verwendbar.

Wald-Engelwurz

Angelica sylvestris

DOLDENBLÜTLER

J	F	M	A	M	J	J	A	S	O	N	D

Der Name Wald-Engelwurz lässt vermuten, dass die Pflanze vor allem in Wäldern zu finden ist. Das Doldengewächs kommt zwar auch in Auenwäldern vor, die bevorzugten Standorte sind jedoch vor allem feuchte Wiesen, Weg- und Uferränder. Die Bezeichnung „Wald“ stammt vermutlich von „wild“ ab, im Gegensatz zu kultivierten Verwandten.

Die mehrjährige Wald-Engelwurz ist mit den bis über 1,50 m hohen, rötlich überlaufenen, weißlich bereiften Stängeln nicht zu übersehen. Besonders auffällig ist der tütenförmig aufgeblasene Blattgrund, der die Knospen schützend umhüllt. Die Blätter sind mehrfach gefiedert und weisen einen oberseits rinnigen Blattstiel auf. Wo ein Fiederblättchen in einen Stiel übergeht, ist eine dunkelrote Färbung sichtbar.

Die reich verzweigte Staude trägt im Sommer zahlreiche halbkugelige Dolden mit weißen bis rötlichen Blütchen. Diese produzieren reichlich Nektar und Lockstoffe, so dass auf ihnen eine Vielzahl von Insekten zu beobachten ist. Die Samen sind breit geflügelt und werden bis zu 5 mm groß.

Arznei-Engelwurz

Die verwandte Echte Engelwurz *(Angelica archangelica)* wird bedeutend höher als die Wald-Engelwurz und weist im Gegensatz zu dieser einen stielrunden Blattstiel und fast kugelige Dolden mit grünlichen Blütchen auf. In der freien Natur ist sie nicht so häufig zu finden wie die verwandte Wald-Engelwurz. Beide Arten lassen sich gleichermaßen in der Küche verwerten.

Engelsbotschaft

Von der Heilkraft dieser Pflanzen soll einst ein Engel den Menschen verkündet haben – daher der Name Engelwurz! Die größte Heilkraft wird der Wurzel der Echten Engelwurz nachgesagt, weshalb sie auch „Arznei-Engelwurz" oder „Erzengelwurz" genannt wird. Auch der wissenschaftliche Name nimmt Bezug auf diese himmlische Botschaft (lat. *angelus* = Engel).

Süße Stängel und bittere Schnäpse

Als Süßigkeit sind kandierte Engelwurzstängel bekannt. Die Zubereitung des klassischen Rezeptes dauert mehrere Tage; es gibt jedoch auch schnelle Varianten mit ähnlich schmackhaftem Ergebnis. Mancherorts wird das Leckerli „Angelika" genannt. Bitterliköre oder Kräuterweine werden vor allem aus den bitteren Samen und Wurzeln der Echten Engelwurz hergestellt.

Vorsicht! Giftig!

Engelwurz ist leicht mit dem äußerst giftigen Gefleckten Schierling zu verwechseln. Dieser hat jedoch wesentlich zarter gefiederte Blätter.

Gesundheit

Die Engelwurz ist allgemein stärkend und gilt als Magen- und Erkältungsmittel. Die größte Heilkraft weisen die Wurzeln auf.

Inhaltsstoffe: Ätherische Öle, Bitterstoffe, Furocumarine, Gerbstoffe, Vitamin C

Wichtig

Der Inhaltsstoff Furocumarin bewirkt, dass bei empfindlichen Menschen durch Berührung und Lichteinwirkung Hautreizungen hervorrufen werden.

Verwendung in der Küche

Fast die ganze Pflanze kann mit ihrem süßlich scharfen Geschmack in der Küche verarbeitet werden. Die würzig riechenden, jungen Blätter und Triebe, wie auch die geschälten Blattstängel, eignen sich im Frühjahr roh zum Beispiel als Zugabe zu Salaten. Später werden sie nur gekocht oder als Gewürz verwendet. Noch geschlossene Blütenknospen werden roh gegessen, gebraten oder gedünstet. Die kleinen Blütchen eignen sich als essbare Dekoration, die noch grünen Früchte als Gewürz. Die Wurzeln können zu Wurzelgemüse verarbeitet werden.

Panierte Engelwurzblüten (S. 320)
Kandierte Engelwurzstiele (S. 331)

Junge Blätter und Triebe sind in allen Wildkräuter-Rezepten verwendbar.

Hecke, Waldrand und Gebüsch

Hecken und Gebüsche sind Gehölzbestände, die in erster Linie aus Sträuchern bestehen; im Waldrand sind neben Sräuchern vereinzelt auch Bäume zu finden. Im Übergangsbereich zu den angrenzenden Nutzungen wie zum Beispiel Grünland, Acker und Wegen, finden sich mehr oder weniger stark ausgeprägte Säume aus Wildkräutern. Im Schattenwurf der Heckengehölze wachsen Arten, die Halbschatten vertragen, daran angrenzend viele Arten, die auch an Wegrändern oder in Wiesen zu finden sind.

Hecke

Hecken sind meist geradlinig wachsende, bis etwa 10 m breite Gehölzstreifen, die regelmäßig beschnitten

oder kurz über dem Boden geschnitten, bzw. „auf den Stock gesetzt“, werden. Gehölze wie Weißdorn, Schlehe und Haselnuss schlagen nach dem Schnitt gut wieder aus. Gelegentlich werden einige Gehölze vom Schnitt verschont und können sich daher zu höheren Bäumen, den sogenannten „Überhältern“ entwickeln.
Grünland- und Ackerflächen wurden früher mit Hecken eingezäunt. Das Vieh sollte in den Weiden gehalten oder von den Ackerflächen fern gehalten werden. Das geschnittene Holz wurde unter anderem für Zaunpfähle und als Brennholz genutzt; Früchte wurden zum Verzehr geerntet, Gehölze wie auch die Wildkräuter der Saumbereiche als Heilpflanzen genutzt. In offenen Landschaftsräumen wurden Hecken angepflanzt, um einer Bodenerosion durch Windverwehung entgegen zu wirken.
Heutzutage werden landwirtschaftlich genutzte Flächen nicht mehr mit Hecken eingezäunt; die Rolle übernehmen meist Drahtzäune. In den letzten Jahrzehnten hat zudem großtechnischer Maschineneinsatz große Ackerflächen erfordert, was dazu geführt hat, dass zahlreiche Hecken gerodet wurden. Zunehmend wird jedoch der hohe ökologische Wert dieser Gehölzstrukturen für unsere Kulturlandschaft geschätzt. Hecken beeinflussen das Kleinklima der Landschaft in positiver Weise, bieten zahlreichen Pflanzenarten einen Lebensraum und damit einer Vielzahl heimischer Tierarten Nahrung und Unterschlupf.

Waldrand

Waldränder sind die Nahtstellen zwischen dem Wald und der offenen Landschaft. Hier fällt Sonnenlicht bis zum Boden und lässt eine üppige Strauch- und Krautschicht wachsen, die in ihrer Zusammensetzung und Struktur Hecken und Gebüschen vergleichbarer Standorte ähneln. Heutzutage wird diesem natürlichen Übergangsbereich zu den angrenzenden Nutzungen jedoch nur selten Raum gelassen. Forstliche Baumnutzung und angrenzende Acker- und Grünlandnutzung wie auch Bebauung gehen meist nahtlos ineinander über.

Gebüsch

In kleinen Gruppen zusammenstehende Sträucher und kleine Bäume werden als Gebüsch bezeichnet.

Wildpflanzen der Hecken, Waldränder und Gebüsche

Brombeere, Echte (S. 123)
Eberesche, Gewöhnliche (S. 132)
Erdbeere, Wald- (S. 110)
Giersch, Gewöhnlicher (S. 101)
Haselnuss (S. 135)
Himbeere (S. 120)
Hopfen, Gewöhnlicher (S. 126)
Holunder, Schwarzer (S. 113)
Scharbockskraut (S. 98)
Knoblauchsrauke, Gewöhnliche (S. 104)
Kirsche, Vogel- (S. 117)
Nelkenwurz, Gewöhnliche (S. 107)
Rose, Hunds- (S. 138)
Schlehe (S. 141)
Veilchen, März- (S. 95)
Weißdorn (S. 129)

Echte Brombeere

Gewöhnliche Eberesche

Wald-Erdbeere

Gewöhnlicher Giersch

Haselnuss

Himbeere

Gewöhnlicher Hopfen

Schwarzer Holunder

Scharbockskraut

Gewöhnliche Knoblauchsrauke

Vogelkirsche

Gewöhnliche Nelkenwurz

Hunds-Rose

Schlehe

März-Veilchen

Weißdorn

Weitere Wildpflanzen der Hecken, Wandränder und Gebüsche

» Beinwell, Gewöhnlicher (S. 31)
» Birke, Hänge- (S. 160)
» Braunelle, Gewöhnliche (S. 252)
» Brennnessel, Große (S. 16)
» Buche, Rot- (S. 166)
» Eiche, Stiel- (S. 169)
» Dost, Gewöhnlicher (S. 37)
» Goldrute, Kanadische (S. 222)
» Günsel, Kriechender (S. 43)
» Gundermann (S. 249)
» Kornelkirsche (S. 258)
» Labkraut, Wiesen- (S. 78)
» Sauerklee, Wald- (S. 148)
» Waldmeister (S. 157)
» Taubnessel, Weiße (S. 28)

März-Veilchen

Viola odorata

VEILCHENGEWÄCHS

J	F	M	A	M	J	J	A	S	O	N	D

In unserer heimischen Natur sind mehrere Veilchenarten zu finden – darunter März-, Wald-, Sumpf- und Hain-Veilchen. Sie sehen sich alle sehr ähnlich und sind deshalb nicht leicht zu unterscheiden. Das März-Veilchen tritt jedoch durch eine besondere Eigenschaft deutlich hervor. Schon seit der Antike wird es aufgrund seines Duftes geschätzt und daher auch „Wohlriechendes Veilchen" genannt (lat. *odoratus* = duftend).

Die unmittelbar aus dem Boden sprießenden rundlichen bis nierenförmigen, lang gestielten Blättchen bilden eine wintergrüne Blattrosette. Sowohl unterirdische als auch oberirdische Ausläufer sind für die häufig rasenförmig auftretenden Veilchenbestände verantwortlich. Aus der Rosette entspringen im zeitigen Frühjahr die gespornten, dunkelvioletten Blüten, die wie die Blätter einzeln an langen Stielen sitzen. Verneigt man sich demütig vor den ersten zarten Frühjahrsboten, lässt sich auch gleich eine Duftprobe machen.

Unschuld und Erotik

Im frühen Mittelalter kam das März-Veilchen aus seiner ursprünglich südeuropäischen Heimat in unsere Gärten. Von dort aus ist die kleine Halbschattenpflanze in die freie Landschaft verwildert und heute an Hecken-, Wald- und Bachrändern wie auch in lichten

Wäldern zu finden. Selbst Poesiealbumsprüche wie „Dem kleinen Veilchen gleich, das im Verborgnen blüht, sei immer fromm und gut, auch wenn dich niemand sieht“ weisen auf die eher unscheinbaren Standorte dieser Frühlingsblume hin.

In Mythologie, Kunst und Literatur wie auch im Brauchtum hat das Veilchen schon immer eine große Rolle gespielt. Je nach Kulturkreis symbolisiert es Demut, Unschuld und Bescheidenheit, aber auch Erotik oder Trauer.

Napoleons Liebling

Besonders im galanten 18. Jahrhundert erfreute sich das kleine duftende Veilchen einer ungeahnten Beliebtheit. Als Napoleon sich auf einem Ball unsterblich in Josephine de Beauharnais verliebte, trug sie einen Veilchenkranz zu ihrem Ballkleid. Selbst von Schlachtfeldern aus und sogar noch nach der Scheidung soll Napoleon ihr daraufhin Veilchenbuketts zum Hochzeitstag geschickt haben.

Duftplagiat

Auch in der Schönheitspflege ist der Veilchenduft sehr beliebt. Interessant ist, dass das Aroma für diese Zwecke früher nicht allein aus Veilchen gewonnen wurde, sondern auch aus der nach Veilchen duftenden Wurzel der Deutschen Schwertlilie *(Iris x germanica)*. Heute wird Veilchenduft meist auf synthetischem Weg hergestellt.

Gesundheit

Rezeptbücher aus dem Mittelalter empfehlen den Verzehr der ersten drei Veilchenblüten, die man im Frühjahr findet. Für den Rest des Jahres sollte man dadurch vor Krankheit geschützt sein.
In der Volksheilkunde sind Veilchen schon seit alters her wegen ihrer schleimlösenden Wirkung bekannt. Aus dem blühenden Kraut lässt sich mit anderen Frühlingskräutern ein Hustentee herstellen.

Inhaltsstoffe Blüten: ätherisches Öl
Inhaltsstoffe Blätter: Alkaloide, Bitterstoffe, Saponine

Frühlings-Hustentee (S. 277)

Verwendung in der Küche

Die zarten Blütenknospen und Blüten können roh verzehrt oder als essbare Dekoration zum Verzieren von Salaten und Desserts verwendet werden. Kandierte Blüten sehen auf Desserts oder Torten besonders zauberhaft aus. Mit Veilchenblüten lassen sich Speisen und Getränke färben und aromatisieren. Auch die Blätter sind zum Verzehr geeignet.

Veilchen-Eis (S. 329)
Kandierte Veilchenblüten (S. 331)
Veilchen-Zucker (S. 345)
Veilchen-Essig (S. 347)

J	F	M	A	M	J	J	A	S	O	N	D

Scharbockskraut

Ranunculus ficaria

HAHNENFUSSGEWÄCHS

Eines der ersten Frühlingskräuter ist das Scharbockskraut. Es wächst vorwiegend auf feuchten, nährstoffreichen Lehmböden und ist in krautreichen Laubwäldern, in Hecken und Säumen wie auch an Bachufern zu finden. Meist bildet es mit seinen rundlichen bis herzförmigen Blättern und den goldgelben, glänzenden Blüten großflächige, bodenbedeckende Bestände aus.

Frühblüher

Das Scharbockskraut nutzt die unbeschatteten Gehölzstandorte bis zur Belaubung im Mai. Den Rest des Jahres überdauert es als Knolle im Boden. Solche „Frühblüher" werden auch „Frühjahrsgeophyten" oder „Erdpflanzen" genannt. Erwärmt sich an sonnigen Frühlingstagen der Boden auf über 20°C, treiben die dicht unter der Streuschicht liegenden Erneuerungsknospen aus. Doch nach nur wenigen Wochen, wenn kaum noch Sonnenstrahlen den Wald- oder Heckenboden erreichen, ist nicht nur die Blütenpracht, sondern meist auch die ganze Pflanze wieder verschwunden. Dann haben die Frühblüher die Nährstoffe wieder in ihre unterirdischen Organe eingezogen und sind im wahrsten Sinne des Wortes „wie vom Erdboden verschluckt" – bis zum nächsten Frühjahr.

Himmelsbrot

Geschlechtliche Vermehrung über Befruchtung und Samenbildung kommt beim Scharbockskraut nur selten zum Zuge. Die Pflanze vermehrt sich fast ausschließlich vegetativ durch zwei ungeschlechtliche Fortpflanzungsmethoden. Aus „Bulbillen", etwa getreidekorngroßen, weißen Knöllchen, die in den Achseln der unteren Blätter entstehen und aus Wurzelknöllchen, die sich unterhalb der Erdoberfläche bilden, können sich funktionsfähige Pflanzen entwickeln. Wenn sich das Scharbockskraut Ende Mai in den Erdboden zurückzieht, bleiben nur die Bulbillen zurück. Werden diese vom Regen zusammengespült, sieht es mitunter aus, als hätte es Getreidekörner geregnet. Im Volksmund wird das Scharbockskraut daher auch „Himmelsbrot" oder „Himmelsgerste" genannt.

Gegen Skorbut und Warzen

Schon im frühen Mittelalter hat das Scharbockskraut vor allem aufgrund des hohen Vitamin-C-Gehaltes eine Rolle in der Volksmedizin gespielt. Die Pflanze wurde als erstes frisches Frühlingsgrün und auch getrocknet als Reiseproviant, zum Beispiel auf Schiffsreisen, gegen Skorbut (= Scharbock) eingesetzt.
Da die Wurzelknollen ähnlich wie Feigwarzen aussehen, wurden sie früher gegen Warzen eingesetzt. Mancherorts wird die Pflanze daher auch „Feigwurz" genannt.

Giftige Stoffe

Die Blätter des Scharbockskrautes dürfen nur vor der Blüte zum Verzehr geerntet werden. Während der Blütezeit weisen sie das schwach giftige Protoanemonin auf, welches in größeren Mengen zu Vergiftungen führen kann. Auch wenn die Blättchen vor der Blütezeit geerntet werden, sollte nicht zu viel von diesem Kraut gegessen werden.

Gesundheit

Das Scharbockskraut weist einen hohen Gehalt an Vitamin C auf und wirkt blutreinigend. Früher wurde die Pflanze gegen Hautunreinheiten und Hämorrhoiden eingesetzt.

Inhaltsstoffe: Gerbstoffe, viel Vitamin C

Wichtig

Blätter nur vor der Blüte ernten, da sie während der Blütezeit giftiges Protoanemonin entwickeln!

Frühlings-Fitnesstrank I, II und III (S. 269/270)

Verwendung in der Küche

Die leicht scharf und etwas säuerlich schmeckenden Blätter des Scharbockskrautes können zeitig im Frühjahr geerntet werden. Sie eignen sich als Beigabe zu Salaten oder zum Würzen von Suppen, Omelett oder Möhrensalat.

In Notzeiten wurde früher aus den Wurzelknöllchen Mehl gemahlen und zum Brotbacken verwendet. Das „Himmlische Manna“ soll jedoch bitter geschmeckt haben.

Die Blätter sind in allen Wildkräuter-Rezepten zu verwenden.

Gewöhnlicher Giersch

Aegopodium podagraria

DOLDENGEWÄCHS

J	F	M	A	M	J	J	A	S	O	N	D

Der Gewöhnliche Giersch wächst vor allem auf nährstoffreichen Böden an halbschattigen Standorten. An Hecken-, Wald- und Gebüschrändern, aber auch im Garten tritt er meist großflächig auf. Ab Juni erscheinen die weißen Dolden, auf denen zahlreiche Insekten beim Nektarsammeln beobachtet werden können.

Dreikantige Blattstängel

Die Blätter sprießen schon ab März einzeln an dreikantigen Stängeln aus dem Boden. Die Blattspreiten, wie die flächigen Teile oberhalb vom Blattstiel genannt werden, zeichnen sich durch markante, unsymmetrische Blattabschnitte aus. Sie sind dreizählig gefiedert, teilweise zweispaltig und ähneln einem Ziegenfuß. Die Pflanze wird daher auch Gewöhnlicher Geißfuß genannt (griech. *aigos* = Ziege, *podion* = Füßchen).

Römische Speise

Bereits die Römer sollen vom Gewöhnlichen Giersch reichlich gegessen haben und dafür verantwortlich sein, dass sich diese Pflanze durch die Legionäre in Europa ausgebreitet hat. Sehr zum Leidwesen vieler Garten-

besitzer, die sich über das "lästige Unkraut" ärgern. Die starke Vermehrung beruht auf der lebhaften unterirdischen Ausbreitung des Wildkrautes durch weit kriechende, weiße Ausläufer. Aus diesen sprießen neue Pflanzen, selbst aus kleinsten Teilstücken heraus.

Gichtpflanze

Der Giersch hat sich seit alters her in der traditionellen Volksheilkunde als Gichtpflanze bewährt (griech. *podagra* = Gicht der großen Zehe). Jacobus Theodorus Tabernaemontanus schreibt in seinem 1625 erschienenen Kräuterbuch: „Wiewol der Geyßfuß ein veracht unnd unachtsam Kraut ist/ so hat es doch auch seinen gebrauch in der Artzeney uberkommen/ und wird insonderheit höchlich gelobt zu dem Zipperlein/ Gliedsucht und Hüfftwehe. Deßgleichen zu den faulen Fiebern in Wein gesotten/ unnd morgens und abendts darvon getruncken/ oder sonst zun Geträncken gebraucht..."

Giftige Verwandte

Viele Doldengewächse in unserer heimischen Flora sind giftig. Wer kennt nicht den Schierlingsbecher, durch den das Leben von Sokrates ein Ende genommen hat. Beim Einsatz von Doldengewächsen in der Küche sollte man daher Vorsicht walten lassen. Gierschblätter sind jedoch kaum mit giftigen Blättern von verwandten Arten zu verwechseln, wenn beim Sammeln auf die dreikantigen Blattstängel und die markante Blattform geachtet wird.

Gesundheit

Eine Frühjahrskur aus Giersch-Salat und -Wildgemüse oder eine Kur mit Giersch-Essig oder -Tee ist nicht nur gegen Gicht zu empfehlen, der ganze Körper wird entschlackt. Umschläge mit zerquetschten Blättern können auf befallene Gichtstellen gelegt werden.

Inhaltsstoffe: ätherisches Öl, Kalium, Kalzium, Magnesium, Vitamin A und C.

Wichtig

Nicht mit giftigen Doldenblütlern verwechseln!

Giersch-Tee (S. 286)
Frühlings-Fitnesstrank I, II und III (S. 269/270)
Giersch-Essig-Entschlackungskur (S. 270)
Mittel gegen Insektenstiche und Brennnesselquaddeln (S. 281)

Für eine Frühjahrskur geeignet.

Verwendung in der Küche

Der „lästige“ Giersch lässt sich hervorragend in der Küche verarbeiten. Sehr delikat schmecken die frisch aus dem Boden sprießenden, noch kaum entfalteten Blätter. Sie können mit den Blattstielen roh, zum Beispiel als Beigabe zu Salat, verwendet werden. Der milde, feinwürzige Geschmack erinnert an Möhre. Aus den jungen, wie auch aus den entfalteten, etwas härteren Blättern lässt sich ein schmackhafter Kräuterspinat herstellen, sehr lecker auch in Kombination mit jungen Brennnessel- oder Löwenzahnblättern. Aufläufe, Pfannkuchen und Suppen lassen sich mit Giersch verfeinern.

Gurkensalat mit Giersch und Gundermann (S. 314)
Römischer Giersch (S. 321)
Giersch-Brennnessel-Gemüse (S. 321)
Wildkräuter für's Butterbrot (S. 338)
Giersch-Cashew-Pesto (S. 343)

In allen Wildkräuter-Rezepten verwendbar.

Gewöhnliche Knoblauchsrauke

Alliaria petiolata

KREUZBLÜTLER

J	F	M	A	M	J	J	A	S	O	N	D

In der freien Landschaft ist die zwei- bis mehrjährige Gewöhnliche Knoblauchsrauke weit verbreitet und wächst mit Vorliebe auf nährstoffreichen Böden im Halbschatten von Hecken und Waldrändern. Sie kann bis zu einem Meter hoch werden, an extremen Standorten aber auch nur wenige Zentimeter klein bleiben. Dort, wo die Pflanze wächst, kommt sie meist in großen Beständen vor. Sie vermehrt sich nicht nur über Samen, sondern auch lebhaft über unterirdische Ausläufer und Wurzelsprosse.

Sich verlängernder Blütenstand

Die im April erscheinenden Blüten stehen am Anfang ihrer Entwicklung dicht gedrängt beieinander. Bis zur Fruchtreife verlängert sich der traubenförmige Blütenstand jedoch um ein Beträchtliches. Die Blüten entwickeln sich innerhalb des Blütenstandes von unten nach oben. Während im unteren Bereich bereits schotenförmige Früchte vorhanden sind, sieht man darüber noch Blüten stehen und an der Spitze sogar noch Blütenknospen. Reif sind die bis 6 cm langen, schotenförmigen Früchte ab Juni.

Beliebtes Aroma

Während die unteren Blätter herzförmig und lang gestielt sind (lat. *petiolatus* = mit gestieltem Blatt), erinnern die an den Stängeln sitzenden Blätter an Brennnesselblätter. Zerreibt man die Blätter der Knoblauchsrauke zwischen den Fingern, ist die Frage nach der Herkunft des Namens beantwortet. Sie riechen nach Knoblauch! An diesem Merkmal ist der Kreuzblütler eindeutig zu erkennen (lat. *allium* = Knoblauch).

Aufgrund ihrer vielseitigen Verwendung wurde die Knoblauchsrauke schon im Mittelalter als Gewürz- und Heilpflanze in den Gärten angebaut.

Gesundheit

Die heilende, gesundheitsfördernde Wirkung der Knoblauchsrauke ist nicht zu verachten. Sie wirkt nicht nur antiseptisch und wundheilend, sondern auch blutreinigend und harntreibend. Daher ist sie für Frühjahrskuren geeignet.

Inhaltsstoffe: ätherisches Öl, Knoblauchöl, Provitamin A, Senföle, Vitamin C

Frühlings-Fitnesstrank I, II und III (S. 269/270)
Mittel gegen Insektenstiche und Brennnesselquaddeln (S. 281)

Für eine Frühjahrskur geeignet.

Verwendung in der Küche

Der an Knoblauch erinnernde Geschmack der Knoblauchsraukenblätter lässt sich wunderbar im Speiseplan einbauen. Das gilt jedoch nur für die Verwendung im rohen Zustand, denn gekocht verlieren sie das typische Aroma. Vor der Blüte gesammelt und frisch verwertet schmecken sie am besten. Kleingehackt unter Salate, Quarkspeisen oder Kräuterbutter gemischt verleihen sie diesen Gerichten eine dem echten Knoblauch vergleichbare Würze.

Die Blüten weisen einen scharf-bitteren Nachgeschmack auf und lassen sich als essbare Dekoration verwenden. Ein Butterbrot, mit den Blüten und / oder noch grünen Früchten belegt, ist eine Delikatesse für Menschen, die den Geschmack von Kresse mögen. Reife Samen werden wie Senfkörner verwendet. Zum Ernten werden die Pflanzen kopfüber in eine Tüte gesteckt um so die reifen Samen heraus zu schütteln.

Wildkräuter-Salat (S. 316)

In allen nicht erhitzten Wildkräuter-Rezepten verwendbar.

Tipp

- Ein Strauß Knoblauchsrauke auf der Küchenfensterbank sieht nicht nur hübsch aus, er liefert einige Tage frische Blätter und Blüten für den Speiseplan.
- Wer die vielseitige Knoblauchsrauke im eigenen Garten anbauen möchte, sollte die starke Ausbreitung durch die unterirdischen Ausläufer bedenken.

Gewöhnliche Nelkenwurz

Geum urbanum

ROSENGEWÄCHS

J	F	M	A	M	J	J	A	S	O	N	D

Obwohl sie bei uns sehr häufig vorkommt, gehört die Gewöhnliche Nelkenwurz nicht zu den weithin bekannten Wildkräutern. Sie wächst an beschatteten Wegrändern, entlang von Hecken, an Waldrändern oder -wegen, aber auch in Siedlungsbereichen wie Gärten und vor allem an „gestörten" Stellen (lat. *urbanus* = städtisch). Nährstoffreiche Standorte werden bevorzugt besiedelt.

Die ausdauernde Pflanze kann bis über einen Meter hoch werden. An den unpaarig gefiederten Blättern sitzen am Übergang vom Blattstiel zum Stängel auffällige Nebenblätter. Kleine, relativ unscheinbare gelbe Blüten erscheinen von Mai bis August. Die Pflanze ist „dreihäusig", weist also neben Zwitterblüten mit Staubbeuteln und Stempeln auch Blüten auf, die nur männliche oder nur weibliche Blütenorgane besitzen.

Klettfrüchte

Aus den Fruchtknoten entwickeln sich Nüsschen mit Widerhaken, die sich

durch Krümmung aus den Griffeln entwickelt haben. Allen Hundebesitzern sind die purpurfarbenen Klettfrüchte bekannt. Für Kinder sind es ideale Wurfgeschosse, die an der Kleidung haften bleiben.

Gewürznelkenersatz

Es sind nicht die Wurzeln der Nelkenwurz, sondern die Rhizome, die den Geschmack von echten Gewürznelken aufweisen. Ein Rhizom ist ein unterirdisch verlaufendes Sprosssystem, aus dem Wurzeln und Pflanzentriebe entspringen. Die Rhizome der Nelkenwurz enthalten ein ätherisches Öl, welches dem der Gewürznelke ähnelt. Fast vergessen ist, dass sie früher tatsächlich als Nelkenersatz verwendet wurden, da die Einfuhr von echten Gewürznelken aus den Tropen sehr teuer war.

Nelkenwurz war früher auch unter dem Namen „Weinwurz" bekannt. Mit ihr wurde Wein und Bier nicht nur aromatisiert, sie bewahrte die Getränke auch vor dem Sauerwerden.

Gurgelmittel

Während auch heute noch bei Zahnschmerzen oder Zahnfleischentzündungen gelegentlich Gewürznelken gekaut werden, setzte man dazu früher ersatzweise die Rhizome der Nelkenwurz ein. Um den Atem zu erfrischen, wurde vor manch einem Rendezvous ein Stückchen davon gekaut oder mit verdünnter Nelkenwurz-Tinktur gegurgelt.

Verwechslungsmöglichkeiten

Die Gewöhnliche Nelkenwurz kann mit der verwandten Bach-Nelkenwurz verwechselt werden, die jedoch rosafarbene Blüten aufweist. Diese ist ebenfalls essbar, jedoch gebietsweise geschützt.

Gesundheit

Wie echte Nelken wirken die Rhizome der Nelkenwurz schmerzstillend und keimtötend. Innerlich wurden sie früher bei Verdauungsbeschwerden, äußerlich bei Entzündungen im Mund- und Rachenraum angewendet.

Inhaltsstoffe: ätherisches Öl, Bitterstoffe, Gerbstoffe

Wichtig

Nelkenwurz-Zubereitungen dürfen nicht in Eisengefäßen aufbewahrt werden, da die Wurzeln Gerbstoffe enthalten, die mit Metall unliebsame Verbindungen eingehen.

Verwendung in der Küche

Die frischen, leicht herb-bitter schmeckenden Blätter eignen sich von März bis Mai als Beigabe zu Gemüsegerichten und Salaten, die Blüten und Knospen von Mai bis August als essbare Dekoration. Die im Herbst und Winter geernteten, frischen oder getrockneten Rhizome können als Gewürznelkenersatz in Suppen und Soßen wie auch Desserts verwendet werden.

Werden getrocknete Rhizome im Mörser zermahlen, erhält man ein haltbares, geschmacksintensives Gewürz mit Nelkenaroma. Es sollte in einem dunklen Gefäß aufgehoben werden.

Wildkräuter-Klößchen (S. 327)

Blätter in allen Wildpflanzen-Rezepten sparsam verwendbar.

J	F	M	A	M	J	J	A	S	O	N	D
		▬	▬	▬	▬	▬					
						▬	▬				

Wald-Erdbeere

Fragaria vesca

ROSENGEWÄCHS

Die ausdauernde Wald-Erdbeere wächst vor allem an Wald-, Hecken- und Gebüschrändern, manchmal auch an sonnigen Böschungen und Mauern. Die dreiteiligen Blätter sind zu einer Rosette zusammengesetzt, aus der von Mai bis Juni die weißen Blüten auf langen Stielen sprießen. Bei den ab Juli reifenden Erdbeeren handelt es sich im botanischen Sinn nicht um echte Beeren, sondern um „Sammelnussfrüchte". Schaut man sich die rote Erdbeere genauer an, erkennt man zahlreiche kleine gelblich-grüne Nüsschen auf der Oberfläche. Das sind die eigentlichen Früchte, in denen winzige Samen stecken. Was gemeinhin als „rote Frucht" bezeichnet und mit Genuss gegessen wird, ist der fleischig gewordene Blütenboden.

Ausbreitungsstrategien

Vor allem Vögel sind für die Verbreitung der Früchte verantwortlich. Sie haben es auf die vollreifen, roten, süßen Blütenböden (im Folgenden wieder umgangssprachlich „Erdbeeren“ genannt!) abgesehen. Die kleinen Nüsschen werden unverdaut wieder ausgeschieden und können zu neuen Pflanzen auswachsen (Verdauungsausbreitung).

Wie die Kultur-Erdbeere im Garten vermehrt sich auch die Wald-Erdbeere durch oberirdische Ausläufer. Sie können bis zu 2,5 m lang werden. An diesen entwickeln sich zahlreiche neue Pflänzchen mit Wurzeln, die zu bodendeckenden Beständen führen können.

Kultursorten

Auch der Mensch hat es auf die süßen Erdbeeren abgesehen, die bis zu 10 % Zucker beinhalten. Die Wald-Erdbeere wird seit dem 14. Jahrhundert in Gärten kultiviert. Im Laufe der Jahrhunderte wurden durch intensive Züchtungen zahlreiche Kultursorten mit wesentlich größeren, aber nicht unbedingt aromatischeren Früchten entwickelt.

Mundwasser und Stärkungsmittel

Viele unserer Vorfahren lobten die Wald-Erdbeere als Heilpflanze. Wie zum Beispiel Hieronymus Bock (1498 – 1554), der in seinem Kräuterbuch vermerkte: „Erdbeerkraut zerstossen und den safft daraus gewunnen / dienet wohl den hitzigen bösen wunden / dringet sie zusammen das sie heilen. Erdbeerwasser ist gut für das essen im mund / zum halsgeschwär /.../ und stercket das zanfleisch / und vertreibet den bösen geschmack des athems /”.

Sebastian Kneipp empfahl schwächlichen Kindern einen Blättertee mit Milch und Zucker.

Gesundheit

Die Blätter der Wald-Erdbeere wirken in erster Linie harntreibend, blutreinigend und blutbildend. Erdbeerblätter-Tee klärt und reinigt die Haut, vor allem bei jungen Menschen mit Akne-Problemen. In Kombination mit Himbeer- und Brombeerblättern eignen sie sich auch für die Herstellung eines guten Haustees. Die Blätter werden im Frühjahr und Frühsommer geerntet und getrocknet.
Die süßen, delikaten Erdbeeren lassen sich zur Zahnsteinentfernung und als natürliches Bleichmittel für die Zähne verwenden. Dazu zerdrückt man einige von ihnen und putzt sich mit der Masse die Zähne.

Inhaltsstoffe Blätter: ätherisches Öl, Flavonoide, Gerbstoffe, Vitamin C
Inhaltsstoffe Früchte: Anthocyane, Eisen, Kalium, Kalzium, Kupfer, Magnesium, viel Vitamin C, Zink

Wichtig

Manche Menschen reagieren beim Genuss von Wald-Erdbeeren allergisch!

Blätter-Haustee (S. 272)
Erdbeer-Gesichtsmaske (S. 273)

Verwendung in der Küche

Im Frühjahr lassen sich die ganz jungen, leicht säuerlich schmeckenden Blätter als Zutat in Salaten oder Kräuterquark verwenden, später geerntet, sind sie für die Teebereitung noch geeignet. Die ab Juli erscheinenden aromatischen Wald-Erdbeeren werden am besten roh verzehrt, wie zum Beispiel auf einem Vanillepudding. Sie können aber auch zu Marmelade oder Gelee verarbeitet werden.

Wildfrüchte-Rumtopf (S. 313)
Beeren mit Bananensahne (S. 329)

Schwarzer Holunder

Sambucus nigra

GEISSBLATTGEWÄCHS

J	F	M	A	M	J	J	A	S	O	N	D

Der „Hollerbusch“ ist sehr anspruchslos. Mit seinem weitreichenden Wurzelwerk besiedelt er Laubwälder, Hecken und Gebüsche, oft in der Nähe von Siedlungen. Bauern wagten es früher nicht, einen auf dem Hof selbst aufgegangenen Schwarzen Holunder zu beseitigen. Dies geschah nicht nur aus Achtung vor seiner großen Heilkraft, war das Gehölz doch auch Wohnsitz der guten Geister, die Haus und Hof vor Dämonen und Hexen schützten. Musste man ihn dennoch fällen, bat man den Strauch vorher auf den Knien um Verzeihung.

Im Winter ist der Strauch als Wohnsitz von guten Geistern kaum vorstellbar, sieht er mit seinen krummen Ästen und der rissigen, warzenbedeckten Rinde zu dieser Zeit doch eher wie ein alter Greis aus.

Fliederblüten und -beeren

Entfaltet der Holunder im Frühsommer sein prächtiges, betörend duftendes Blütenkleid, gleicht er einer holden Fee. Ab Ende Mai bis in den Juni erschei-

nen unzählige, bis über 20 cm breite Doldenrispen, die mit ihrem Duft vor allem Fliegen und Käfer anlocken. Die schwarzen, saftigen Steinfrüchte künden im August den Frühherbst an. Der Holunderstrauch wird im Volksmund auch „Falscher Flieder“ genannt, die Blütenstände somit „Fliederblüten“, die Früchte „Fliederbeeren“.

Große Heilkraft

“Ein Holunderbusch im Garten ist so wertvoll wie eine ganze Apotheke”, so hieß es früher. Seit Urzeiten weiß der Mensch den Schwarzen Holunder als Heilpflanze zu schätzen. Blüten, Früchte, Blätter, Holz, Rinde, Mark und Wurzeln wurden gegen eine Vielzahl von Leiden als Heilmittel verwendet. Noch heute gelten Holunderblüten-Tee und Holunderbeeren-Saft als hervorragende Hausmittel zur Vorbeugung von Erkältungskrankheiten.

Flöten und Färben

Holunderzweige eignen sich gut zur Anfertigung von Flöten und Blasrohren, da sich das helle Mark leicht entfernen lässt. Mit den Früchten wurden früher nicht nur Speisen, sondern auch Haare und Leder gefärbt.

Gesundheit

Holunderblüten-Tee steigert die Abwehrkräfte, bringt den Körper zum Schwitzen und wirkt vorbeugend und heilend bei Erkältungskrankheiten und Grippe. Auch eine heiße Zitrone mit Holunderblüten-Sirup ist eine leckere und wirksame Alternative zu mancherlei Medikamenten.
Die voll erblühten Dolden werden geerntet, von groben Stängeln befreit und einige Tage zum Trocknen in den Schatten gelegt. Holunderbeeren-Saft wirkt leicht abführend und steigert wie die Blüten die Abwehrkräfte.

Inhaltsstoffe Blüten: ätherisches Öl, Flavonoide, Gerbstoffe
Inhaltsstoffe Beeren: Anthocyane, ätherisches Öl, Flavonoide, Gerbstoffe, Vitamin A, B1, B2, B6 und C

Wichtig

Unreife Früchte beinhalten leicht giftige Inhaltsstoffe und sollten nicht geerntet werden.
Reife Früchte sind roh wenig bekömmlich. Es empfiehlt sich, sie gekocht zu verarbeiten.

Fliederblüten-Tee (S. 266)
Holunder-Fiebertee (S. 267)

Verwendung in der Küche

Aus den Blütendolden können vielerlei schmackhafte Gerichte und Getränke zubereitet werden, wie zum Beispiel Holunderblüten-Gelee, -Essig, -Limonade oder -Sekt (Armeleutesekt). Aus den saftigen, herb aromatischen „Trauben des kleinen Mannes“, wie man die Holunderbeeren einst nannte, lässt sich Saft, Wein, Likör, Sirup und Fliederbeer-Suppe herstellen.

Holler-Milch (S. 308)
Holler-Milch-Shake (S. 308)
Holunderbeeren-Saft (S. 308)
Holler-Glühwein (S. 313)
Fliederbeer-Suppe (S. 317)
Holler-Kücherl (S. 323)
Apfel-Holunder-Mus (S. 329)
Holunderbeeren-Quark (S. 330)
Holler-Torte (S. 332)
Hollerblüten-Gelee (S. 335)
Holunderblüten-Sirup (S. 345)

Tipp

Bei den vielen positiven Eigenschaften des Hollerbusches möchte man ihn doch am liebsten gleich in den eigenen Garten pflanzen!

Vogelkirsche

Prunus avium

ROSENGEWÄCHS

J	F	M	A	M	J	J	A	S	O	N	D

Die Vogelkirsche ist in krautreichen Laubwäldern, an Waldrändern und in Hecken zu finden. Sie ist zu jeder Jahreszeit an der glänzend rötlich-braunen Borke zu erkennen, die sich horizontal in schmalen Streifen ablöst. Von April bis Mai entfaltet der Baum reichlich schneeweiße Blüten, die bei Insekten als eine der ersten Nahrungsquellen im Jahr beliebt sind. Die Folge dieser Bestäubung sind dunkelrote Kirschen. Im Herbst fällt der Baum durch seine attraktive orange- bis feuerrote Laubfärbung auf.

Nicht umsonst trägt die Vogelkirsche ihren Namen. In großer Zahl fallen zur Fruchtzeit die Vögel über die Kirschen her (lat. *avis* = Vogel). Aber auch Eichhörnchen und Mäuse sind im Kirschbaum beim Verzehren der Früchte zu beobachten.

Süße Kirschen

Die Kirschen sind kleiner als unsere kultivierten Süßkirschen, aber nicht weniger schmackhaft. Vom Speiseplan des Menschen wurde die „Wildkirsche“ nach der Einfuhr der „Edelkirsche“ durch die Römer weitgehend verdrängt. Die Vogelkirsche ist jedoch der Stammbaum der kultivierten Süßkirschen, die heute fast in jedem Obstgarten zu finden sind.

Polizistenfutter

Was hat eine Vogelkirsche mit dem Füttern von Polizisten zu tun? Die Hüter des Gesetzes können natürlich die schmackhaften Kirschen verzehren. Diese sind allerdings nicht gemeint, wenn im Zusammenhang mit der Vogelkirsche von „Polizistenfutter" gesprochen wird.

An den Blattstielen der Vogelkirsche sitzen nahe des Blattgrundes zwei rote Nektarien, die einen süßen Saft absondern. Der Nektar zieht Ameisen an, die nicht nur über das Futter herfallen, sondern auch wie Polizisten über die Larven vieler Schädlinge, die vor allem für das erste frische Blattgrün gefährlich werden können. Raffinierte Natur!

Katzengold und Heiratsorakel

Das schön gemaserte, rötliche Holz der Vogelkirsche ist eines der wertvollsten heimischen Nutzhölzer für Schreiner, Drechsler und Instrumentenbauer. Das von den Stämmen abgesonderte Harz, auch „Kirschgummi" oder „Katzengold" genannt, wurde früher zum Versteifen von Filzhüten verwendet. In Wein aufgelöst sprach man ihm als Hustenmittel große Heilwirkung zu.

Noch heute werden nach einem alten Brauch am 4. Dezember, dem Barbaratag, Kirschzweige geschnitten und in Vasen gestellt. Erblühen diese „Barbarazweige" bis Weihnachten, so bringt dies Glück. Erblühen sie nicht, gilt es als schlechtes Omen für das kommende Jahr. Jungen heiratswilligen Mädchen gab man einst den Tipp, jedem Kirschzweig den Namen eines möglichen Heiratskandidaten zu geben. Derjenige, dessen Zweig zuerst blühte, sollte wohl der Richtige sein.

Gesundheit

Die Früchte der Vogelkirsche enthalten zahlreiche für den Menschen wichtige Inhaltsstoffe. Kirschwasser bzw. -likör wird vielerorts zur besseren Verdauung von schweren Käsegerichten wie zum Beispiel Käse-Fondues angeboten.

Die Kirschkerne eignen sich zum Befüllen von Kirschkern-Kissen.

Inhaltsstoffe Früchte: Anthozyane, Eisen, Phospor, Provitamin A, Vitamin B1, B2, B6, E und C, Zink

Kirsch-Likör (S. 291)

Verwendung in der Küche

Ganz junge Blätter wie auch die Kirschblüten erinnern im Geschmack an Mandeln und können in der Wildpflanzenküche verwertet werden. Die Blüten eignen sich zur Bereitung von Tee und Blütenlimonade oder als essbare Dekoration. Die Früchte werden von Juni bis Juli geerntet. Nicht nur frisch vom Baum, als Kuchenbelag oder in Form von Marmelade, Gelee oder Saft sind sie zu verwenden, auch zur Herstellung von Wein, Likör oder Essig.

Wildfrüchte-Rumtopf (S. 313)

J	F	M	A	M	J	J	A	S	O	N	D

Himbeere

Rubus idaeus

ROSENGEWÄCHS

Die Himbeere – eine süße Delikatesse, die am besten frisch gepflückt schmeckt. Im Sommer zieren sie so manch einen Tortenboden, als Marmelade werden sie auf Frühstücksbrötchen gestrichen. Dabei handelt es sich jedoch zumeist um die großen Früchte der Kulturformen.

Der in der freien Natur vorkommende Himbeerstrauch weist kleinere Früchte auf. Schon seit der Steinzeit begleitet die Himbeere den Menschen als Nahrungsmittel, was Funde aus Siedlungsstätten belegen.

Die bis zu 1,50 m langen, meist bogenförmig überhängenden Ruten des Rosengewächses sind auf sonnigen Waldlichtungen, Böschungen und Kahlschlägen sowie an Waldrändern zu finden. Die Früchte entwickeln sich erst im 2. Jahr an den Seitentrieben. Danach sterben die Ruten ganz ab und der Strauch überwintert lediglich mit seinen Rhizomen. Aus diesen treiben im darauffolgenden Jahr wieder neue Ruten aus. Da die Pflanze in der Lage ist, unterirdische Ausläufer zu bilden, kommt sie häufig in großen Beständen vor.

Himbeerblätter sind mehrfach gefiedert und auf der Unterseite grau- bis weißfilzig. Die grünen Kelchblätter der von Mai bis Juni erscheinenden, duftlosen Himbeerblüten sind länger als die weißen Kronblätter.

Keine echte Beere

Botanisch betrachtet ist die Himbeere keine echte Beere, sondern eine sogenannte „Sammelsteinfrucht". Viele kleine Früchtchen mit jeweils einem Samen setzen sich zu einer Himbeere zusammen. Eine echte Beere, wie zum Beispiel die Johannisbeere, schließt dagegen mehrere Samen ein. Pflückt man eine vollreife Himbeerfrucht, bleibt ein weißes Hütchen am Strauch zurück, der sogenannte „Blütenboden". Bei der Brombeere sitzt dieser fest an der Frucht und wird mitgegessen.

Graue Füchse

Ein Märchen von Henning Buchhagen erzählt vom Fuchs Ferdinand, der statt Fleisch lieber die Früchte der Himbeere verspeiste. Zu seiner Zeit waren Füchse noch grau wie Mäuse, doch je mehr Himbeeren der kleine Fuchs aß, umso roter wurde sein Fell. Himbeeren – eine märchenhafte Konkurrenz für Henna?

Verwandte Brombeere

Im Gegensatz zum Brombeerstrauch weist die Himbeere nur dünne Stacheln auf. Die Blätter der Himbeere sind gefiedert, die der Brombeere meist 5-zählig gefingert. Zur Fruchtzeit sind die beiden Verwandten kaum zu verwechseln.

Gesundheit

Himbeeren wurden früher unter anderem gegen Durchfall, Magen- und Darmbeschwerden, zur Blutreinigung und äußerlich zur Wundbehandlung eingesetzt. Heute spielt die Pflanze in dieser Hinsicht keine Rolle mehr. Himbeerblätter mit Brombeer- und Erdbeerblättern vermengt, sind heute Grundlage für einen schmackhaften Haustee, der auch täglich über einen längeren Zeitraum getrunken werden darf. Die Früchte lassen sich getrocknet für Früchteteemischungen verwenden.

Inhaltsstoffe Blätter: Flavonoide, Gerbstoffe, Vitamin C
Inhaltsstoffe Früchte: Anthocyane, Eisen, Fruchtsäuren, Kalium, Kalzium, Magnesium, Phosphor, Provitamin A, Schleimstoffe, Vitamin B

Blätter-Haustee (S. 272)

Verwendung in der Küche

Die süßen Früchte schmecken sowohl roh als auch gekocht. Neben Marmelade und Kompott lassen sich auch Produkte wie Saft, Essig, Sirup oder Wein herstellen. Als Tortenauflage sind Himbeeren sehr beliebt. Frisch oder getrocknet ergeben im zeitigen Frühjahr geerntete Blätter einen schmackhaften, an Apfel erinnernden Tee.

Himbeeren sind sehr druckempfindlich, daher beim Sammeln lieber mehrere kleine Gefäße benutzen. Die Früchte lassen sich gut einfrieren.

Himbeer-Likör (S. 310)
Wildfrüchte-Rumtopf (S. 313)
Himbeer-Essig (S. 347)

Echte Brombeere

Rubus fruticosus agg.

ROSENGEWÄCHS

Die Echte Brombeere ist bei uns sehr häufig in Hecken und Gebüschen, in Wäldern und an Waldrändern zu finden. Steht der Strauch frei, wird er lediglich bis zu 2 m hoch. Rückwärts gerichtete Stacheln an den Zweigen und Blättern ermöglichen es ihm jedoch, sich an anderen Pflanzen oder Zäunen zu verhaken und so mehrere Meter hoch zu klettern. Weit überhängende Zweige bilden dort, wo sie den Boden berühren, Wurzeln aus und entwickeln sich zu neuen Pflanzen. Auch die zahlreichen Wurzelsprosse tragen dazu bei, dass sich großflächige Brombeerdickichte (lat. *fruticosus* = strauchig) entwickeln. Häufige Bastardierung hat unzählige Kleinarten entstehen lassen (*agg.* = lat. *aggregare* = zu-, beigesellen).

Der Strauch ist wintergrün, das heißt, er verliert die im Sommer gebildeten Blätter erst im darauffolgenden Jahr. Daher fällt der Strauch im Winter mit seinen noch grünen, häufig auch rötlich überlaufenen Blättern auf.

Blüten und Früchte

Ab Mai erscheinen weiße bis rosafarbene, duftlose Blüten in endständigen Rispen oder Trauben. Sie werden von Insekten bestäubt und werden wie bei der Himbeere zu Sammelsteinfrüchten –

20 bis 50 einzelne Steinfrüchtchen sitzen dicht gedrängt beieinander. Die durch Anthocyane tiefblau gefärbten Früchte der Brombeere sind nicht nur bei den Tieren beliebt. Der Mensch hat sie seit jeher in den Speiseplan einbezogen.

Schwarzteeersatz

In Notzeiten wurde eine Teemischung aus fermentierten Blättern von der Echten Brombeere, der Himbeere und der Wald-Erdbeere unter dem Namen „Deutscher Tee“ als Ersatz für Schwarztee gehandelt. Zum Fermentieren werden junge Blätter kräftig zerdrückt, mit Wasser besprengt, in ein Tuch eingerollt und einige Tage an einem warmen Ort zum Gären gebracht. Danach müssen die Blätter getrocknet werden.

Färbemittel

Den Sud von Brombeerblättern, die in Aschenlauge kräftig ausgekocht wurden, nutzten Frauen früher zum Schwarzfärben ihrer Haare. Zu blass geratener Rotwein erhält durch Zusatz von Brombeersaft eine kräftige Farbe.

Brombeer-Kur

Nach alten Überlieferungen wurde kranken Menschen eine „Brombeer-Kur“ verordnet. Dabei mussten die Leidenden vorwärts und rückwärts durch die überhängenden Brombeerzweige kriechen, damit das „Übel an den Stacheln hängen bleibe“. Ob diese Kur jemandem genutzt hat? Geschadet jedenfalls nicht, sieht man einmal von zerkratzter Haut und zerrissenen Kleidern ab!

Gesundheit

Schon die antiken Schriftsteller und Ärzte, zum Beispiel Plinius der Ältere (etwa 23 bis 79 n. Chr.) und Dioskurides (1. Jahrhundert), lobten die heilwirksamen Kräfte der Brombeere. Junge Blätter oder Triebe können aufgrund des Gerbstoffgehaltes getrocknet als Tee gegen Durchfall eingesetzt werden. Die Blätter werden ohne die stacheligen Stielchen gesammelt, getrocknet und für die Teezubereitung fein zerrieben. Vollreife, aber noch feste Früchte eignen sich zum Trocknen für Früchtetees.

Inhaltsstoffe Blätter: ätherisches Öl, Gerbstoffe, Flavonoide, Vitamin C
Inhaltsstoffe Früchte: Anthocyane, Fruchtsäuren, Kalcium, Kalium, Mineralstoffe, Vitamin A und C

Blätter-Haustee (S. 272)
Brombeerblätter-Tee gegen Durchfall (S. 291)
Spülung gegen Zahnschmerzen (S. 286)

Verwendung in der Küche

Die Früchte können zu Mus, Marmelade, Gelee, Soße, Chutney oder Saft, Wein und Likör verarbeitet werden. Früher halfen die getrockneten Früchte die vitaminarme Winterzeit zu überbrücken, heute sind sie unter anderem in Waldbeer-Müslimischungen zu finden.

Brombeer-Likör (S. 309)
Wildfrüchte-Rumtopf (S. 313)
Brombeeren süß-sauer (S. 343)
Brombeer-Chutney (S. 343)

Gewöhnlicher Hopfen

Humulus lupulus

HANFGEWÄCHS

J	F	M	A	M	J	J	A	S	O	N	D

Erstaunliche Leistung! Der Gewöhnliche Hopfen schafft es jedes Jahr erneut, von 0 auf bis über 6 m in die Höhe zu wachsen, besser gesagt, zu klettern. Gehölze von Hecken und Waldrändern bodenfeuchter Standorte wie auch von Ufersäumen werden dafür als Stütze genutzt. Jeden Herbst zieht die Staude sich vollständig zurück, um im nächsten Frühjahr wieder neu auszutreiben. Die Blätter sind tief 3- bis 7-spaltig, die oberen manchmal auch ungeteilt.

Rechtswindend hoch hinaus

Der Gewöhnliche Hopfen ist ein „Schlinger“, bzw. eine „Windepflanze“. Vom Inneren der Pflanze gesteuert, kreisen die Triebe in einem Radius von 50 cm im Uhrzeigersinn (Rechtswinder) um die eigene Achse. Treffen sie so auf andere Pflanzen oder Zäune, werden diese umwunden und als Stütze in Beschlag genommen. Dabei sieht man nicht selten, dass die Hopfentriebe sich um ihresgleichen winden. Kleinste Wiederhaken an den Trieben unterstützen den Kletterprozess.

In zwei Häusern

Der zur Familie der Hanfgewächse gehörende Hopfen ist zweihäusig: männliche und weibliche Blüten wachsen auf verschiedenen Pflanzen; beide blühen von Juli bis August. Wenig bekannt sind die männlichen

Blüten, die in relativ unscheinbaren blattachselständigen Trauben an den männlichen Pflanzen erscheinen. Die auffälligen, zapfenförmigen weiblichen Blütenstände wurden früher als „Hopfen“ bezeichnet. Diese Bezeichnung übertrug man später auf die ganze Pflanze.

Hopfenmehl

An den Zapfenschuppen sitzen Drüsen, die das begehrte gelbe „Hopfenmehl“ liefern. Die harzige Substanz enthält die Bittersäuren Humulon und Lupulon, die die bekannte entspannende und einschläfernde Wirkung des Hopfens auslösen. Ein großer Teil der weltweiten Produktion des Hopfenmehls wird in Bayern gewonnen. Dafür werden allein weibliche Kultur-Hopfenpflanzen angebaut.

Bierwürze

Schon im 8. Jahrhundert setzten Mönche den Hopfen als Bierwürze ein, aufgrund der keimtötenden Wirkung auch als Haltbarkeitsmittel. Nach dem deutschen Reinheitsgebot darf Bier nur aus Hopfen, Gerste und Wasser gebraut werden. Auch heute noch ist Hopfen die bevorzugte Bierwürze.

Gesundheit

Hopfen-Tee beruhigt, entspannt und fördert den Schlaf. Für die Teebereitung werden die weiblichen Hopfenzapfen von Juli bis September gepflückt und getrocknet. Dies geschieht, bevor sie braun werden und solange das gelbe, harzig-klebrige Drüsenpulver noch zwischen den schuppigen Blättchen liegt.

Die Pflanze enthält Phytohormone, die bei Wechseljahresbeschwerden hilfreich sein können.

Inhaltsstoffe: ätherische Öle, Bittersäuren (Humulon und Lupulon), Flavonoide, Gerbstoffe, Phytohormone

Wichtig

Manche Menschen reagieren bei Hautkontakt mit den frischen Hopfenzapfen allergisch (Hopfenpflückerkrankheit). Kopfschmerzen, Schläfrigkeit und Hautausschläge können auftreten.

Hopfen-Tee gegen Schlafstörungen (S. 265)
Hopfen-Likör (S. 265)
Hopfen-Schlafkissen (S. 265)

Verwendung in der Küche

Hopfen-Spargel war früher ein Arme-Leute-Essen. Im Frühjahr bilden die Pflanzen eine Vielzahl von Trieben, von denen beim Hopfenanbau zahlreiche beseitigt werden müssen. Der „Abfall" wurde von den Landarbeitern wie Spargel als Gemüse oder wie Spinat zubereitet.

Auch roh können die Triebspitzen verzehrt werden, zum Beispiel als Beigabe in Salaten.

Hopfen-Spargel (S. 321)

Tipp

Gartenlauben oder Drahtzäune lassen sich mit Hopfenpflanzen dekorativ begrünen.

Weißdorn

Crataegus

ROSENGEWÄCHS

Der Weißdorn ist in fast jeder wildwachsenden Hecke wie auch im Wald, an Waldrändern und in Gebüschen zu finden. Mit Vorliebe besiedelt er kalkhaltige, trockene Lehm- oder Tonböden. Das bis zu 4 m hohe, dornige Gehölz wächst meist strauchförmig, bisweilen baumartig.

Es gibt den Eingriffeligen *(Crataegus monogyna)* und den Zweigriffeligen Weißdorn *(Crataegus laevigata)*, wobei der Eingriffelige stärker gelappte Blätter aufweist. Im Mai und Juni ist der Weißdorn von unzähligen weißen Blüten übersät, die einen starken Duft ausströmen. Während der Blütezeit, aber auch noch zur Fruchtreife ist die Anzahl der Griffel als Unterscheidungsmerkmal der beiden Arten gut zu erkennen.

J	F	M	A	M	J	J	A	S	O	N	D

Mehlfässchen

Im August und September reifen die scharlachroten, beerenartigen Apfelfrüchte. Die mehlige Konsistenz hat den Früchten mancherorts den Namen „Mehlfässchen" eingebracht. In Notzeiten dienten sie tatsächlich getrocknet und gemahlen als Mehlersatz, die Kerne gemahlen als Kaffee-

Ersatz. Die Früchte weisen einen hohen Pektingehalt auf und wurden früher als Geliermittel zur Gelee- und Marmeladenbereitung anderer Früchte verwendet.

Hecken- und Vogelschutzgehölz

Im Volksmund wurde der Weißdorn früher auch „Hagedorn“ genannt. Ein Hag ist ein von Hecken umstandenes Gelände, vor allem von Weideflächen. Der dichte, dornenbewehrte Weißdorn ist als lebender Zaun besonders gut geeignet, da er eine hohe Schnittverträglichkeit aufweist und gut wieder austreibt. So manch ein Werkzeugstiel wurde nach dem Heckenschnitt aus dem harten Holz hergestellt (griech. *krataios* = hart).

Der Weißdorn ist ein hervorragendes Vogelschutzgehölz. In den dichten, dornigen Büschen können die Vögel nicht nur ungestört ihren Brutgeschäften nachgehen, das Gehölz steht bei mehr als 30 heimischen Vogelarten auf der Hitliste der Futtersträucher.

Herzmittel

Weißdorn ist seit Alters her ein geschätztes Herzmittel. Es wird nicht bei akuten Herzproblemen eingesetzt, sondern zur Stärkung des Herzens als Kur über mehrere Wochen bis Monate empfohlen.

Volksglaube

Ein alter Volksglaube sagt, dass Kranke gesunden, wenn sie unter einem Tor aus Weißdornzweigen hindurch gehen. Setzen sollte man sich jedoch niemals unter einen Weißdorn, denn dann könnten Hexen Gewalt über den Betreffenden bekommen!

Verwechslungsmöglichkeiten

Die Gattung Weißdorn bildet zahlreiche Kleinarten und Bastarde aus, so dass eine sichere Bestimmung schwierig ist. Essbar sind die Früchte alle! Der Mehlbeerbaum *(Sorbus aria)* weist ähnliche Früchte auf, ist aber aufgrund der ganzrandigen Blätter gut zu unterscheiden.

Gesundheit

Zur allgemeinen Herz- und Kreislaufstärkung wird Tee aus den getrockneten, blühenden Sprossspitzen empfohlen. Die Früchte weisen einen hohen Vitamin-C-Gehalt auf und galten früher in Form von Mus als Stärkungsmittel.

Inhaltsstoffe Blätter und Blüten: hoher Gehalt an Flavonoiden, Gerbstoffe
Inhaltsstoffe Früchte: Flavonoide, Vitamin C

Weißdorn-Herztee (S. 277)
Weißdorn-Herzlikör (S. 276)

Verwendung in der Küche

Frische Blüten und ganz junge, nach Mandeln schmeckende Blätter können Salaten beigegeben werden. Aus den Mehlfässchen lassen sich Desserts und Liköre herstellen, wegen ihres hohen Pektingehaltes auch Marmeladen, Gelees und Kompotte, kombiniert mit Äpfeln, Holunder oder anderen Früchten.

Tipp

Besonders der Eingriffelige Weißdorn verträgt jeden Schnitt und lässt sich zu hohen, undurchdringlichen Schnitthecken ziehen.

J	F	M	A	M	J	J	A	S	O	N	D

Gewöhnliche Eberesche

Sorbus aucuparia

ROSENGEWÄCHS

Die Gewöhnliche Eberesche ist ein kleinwüchsiger, anspruchsloser Baum und vor allem auf sauren Böden in Wäldern, Hecken und Gebüschen zu finden. Das Pioniergehölz ist sehr lichtbedürftig. Nicht nur durch Samen verbreitet es sich, austreibende Wurzelsprosse können eine einzige Pflanze wie eine Gruppe von Ebereschen erscheinen lassen.

Die gefiederten Blätter werden bis zu 20 cm lang und weisen 9 bis 15 gezähnte Nebenblättchen auf. Im Mai und Juni steht der Baum in voller Blüte. Unzählige Doldenrispen mit jeweils Hunderten von kleinen weißen Blüten verströmen einen Duft, den manche Menschen als unangenehm empfinden. Auf Tiere wirkt dieser Duft anziehend – Fliegen, Käfer und vor allem Bienen tummeln sich auf den unzähligen Blüten.

Bitterherbe Früchtchen

Im Herbst erscheinen die bitterherb schmeckenden, von Karotinoiden knallrot gefärbten Früchte. Sie enthalten die für Menschen unbekömmliche, schwach giftige Parasorbinsäure und sollten daher roh nicht in größeren Mengen verzehrt werden. Beim Kochen und Trocknen wird dieser Wirkstoff weitgehend zerstört. Die Bitterkeit der Früchte wird durch die ersten Fröste, alternativ durch Einfrieren vermindert. Bei der Herstellung von Spirituosen sind sie sehr beliebt.

Herbstliche Farbenpracht

Im Herbst besticht der Baum durch die bunte Farbenpracht der Blätter und Früchte. „Wenn ich ein Stückchen Land besäße, / ich würde mir ein kleines Wäldchen von Ebereschen pflanzen. / Ein einziger der glühenden Bäume / könnte schon das Glück eines Spätsommers ausmachen und verklären ...“ (Else Lasker-Schüler, 1869 – 1945).

Viele Namen

Über 100 Volksnamen zeigen, dass dieser Baum in der Vergangenheit sehr stark in das Leben der Menschen eingebunden war. Sehr geläufig ist die Bezeichnung „Vogelbeere“. Der Baum ist geradewegs ein „Lustgebüsch für Vögel“, da über 60 verschiedene Vogelarten beim Verzehr der Früchte beobachtet wurden. Da verwundert es nicht, dass der Baum auch nach den Vogelarten benannt wird, die seine Beeren besonders gern fressen, wie zum Beispiel „Drosselbeere“ und „Krametsbeerbaum“ (Krammet = Wacholderdrossel).

Zum Anlocken und Fangen von Vögeln wurden früher Früchte der Vogelbeere eingesetzt (lat. *avis* = Vogel, *capere* = fangen). Der Name Eberesche geht vermutlich auf die ehemalige Nutzung als Schweinemast (Eber) zurück und darauf, dass die Fiederblätter entfernt an Eschenblätter erinnern.

Gesundheit

Vogelbeeren zählen zu den Vitamin-C-reichsten Wildfrüchten, weshalb sie früher auch gegen Skorbut eingesetzt wurden. In kleinen Mengen wirken sie frisch gekaut abführend; getrocknet helfen sie gegen Durchfall.

Inhaltsstoffe: Bitterstoffe, Gerbstoffe, Karotinoide, Parasorbinsäure, Pektin, Vitamin C

Wichtig

Die Früchte der Eberesche sollten roh nicht in größeren Mengen verzehrt werden, da sie unbekömmlich sind.

Verwendung in der Küche

Aus den vollreifen Früchten der Eberesche lassen sich bitterherbe Marmeladen und Gelees herstellen wie auch Mus, Saft, Essig und Likör. Die bittere Marmelade schmeckt gut zu Wildgerichten. Erst nach dem Frost werden die Früchte geerntet oder zum Entbittern eine Zeit lang eingefroren. Auch das etwa 24-stündige Einlegen in eine Lösung aus einem Drittel Essig und zwei Drittel Wasser trägt zum Entbittern bei.

Vogelbeer-Likör (S. 311)
Vogelbeer-Gelee (S. 336)
Vogelbeer-Marmelade (S. 337)
Vogelbeer-Mus (S. 348)

Tipp

- Die Früchte der Mährischen Eberesche, einer Unterart der Eberesche, schmecken weniger bitter. Sie wird in Baumschulen auch als „Süße Eberesche" angeboten.
- Die roten Früchte der Eberesche sind Blickpunkt herbstlicher Dekorationen.

Haselnuss

Corylus avellana

BIRKENGEWÄCHS

Die Haselnuss, auch einfach „Hasel" genannt, hat einst weite Teile Mitteleuropas bedeckt. Nach der letzten Eiszeit waren Kiefern und Birken die ersten Bäume, die nach dem Rückzug der Gletscher in die eisfreien Gebiete wieder eingewandert sind. Diese Gehölzarten wurden jedoch nach und nach von der konkurrenzstärkeren Haselnuss verdrängt, die den Jungwuchs der lichtbedürftigen Arten unterdrückte. In der Waldgeschichte Mitteleuropas wird der Zeitabschnitt von etwa 7000 bis 6000 v. Chr., als die Haselnuss ihre größte Ausdehnung erreichte, sogar „Haselzeit" genannt. Danach wurde der Strauch selber von den aufkommenden Eichenmischwäldern zurückgedrängt. Bis heute ist die Haselnuss jedoch eine der häufigsten heimischen Wildstraucharten unserer Wälder, Hecken und Gebüsche.

J	F	M	A	M	J	J	A	S	O	N	D

Frühe Blüte

Weibliche und männliche Blüten des Haselnussstrauches reifen schon zeitig im Jahr, meist von Februar bis April. Sie sind getrennt, aber auf einer Pflanze zu finden. Die männlichen Kätzchen werden schon im Herbst des Vorjah-

res angelegt. Bei den unscheinbaren weiblichen Blüten ragen nur die roten Narben aus den Knospen hervor.

Schwarzbraun ist die Haselnuss ...

Aber nur, wenn man sie durch eine ganz dunkle Brille betrachtet! Reife Haselnüsse sind eher hellbraun bis braun. Reif sind sie dann, wenn sie fast von allein vom Strauch fallen. Sie werden mit Vorliebe von Eichhörnchen, Spechten und Eichelhähern verspeist. Die Tiere tragen zur sogenannten „Speicherausbreitung" des Haselstrauches bei. Nüsse, die zum Beispiel von Eichhörnchen als Wintervorrat vergraben und dann vergessen werden, treiben im Frühjahr zu neuen Pflanzen aus. Zahlreiche weitere Tierarten nutzen den Strauch als Nahrungspflanze. Das selten gewordene Haselhuhn ernährt sich zum Beispiel von den Blättern, die Larve des Haselnussbohrers vom Fruchtfleisch. Die Weibchen dieses Rüsselkäfers bohren Löcher zur Eiablage in die Nussschale.

Vielseitige Nutzung

Auch der Mensch hat sich schon seit jeher den Strauch zu Nutze gemacht. Von der Steinzeit bis heute ist die Haselnuss als kalorien- und fettreiches, gut lagerfähiges Nahrungsmittel von Bedeutung. Heute sind es jedoch meist die größeren Früchte der Kultursorten, die verzehrt werden. Haselnuss-Öl wird zu wertvollem Speiseöl, Malfarben und kosmetischen Artikeln verarbeitet. Getrocknete Haselnussblätter dienten früher als Tabakersatz.

Die biegsamen Zweige finden als Korbmacher- und Wünschelruten Verwendung. Aus den Stämmen wurden früher Werkzeugstiele gefertigt, aus dem Holz Holzkohle, Malergrafit oder Schießpulver hergestellt. Auch als Brennholz findet es Verwendung.

Schutz vor dem Bösen

Haselnusssträucher wurden früher auf den Hof gepflanzt, glaubte man doch, dass sie alles Böse, wie zum Beispiel Hexen und Schlangen, abwehren könnten.

Gesundheit

Die gehaltvollen Haselnüsse dienen als Stärkungs- und Nervennahrung. 1 oder 2 gut gekaute Haselnüsse binden überschüssige Magensäure und verschaffen so Linderung bei Sodbrennen.

Inhaltsstoffe: Eiweiß, Fettsäuren, Kalzium, Kalium, Magnesium, Mangan, viel fettes Öl, Phosphor, Vitamin B1, B2, C und E

Wichtig

Die nahrhafte Frucht kann bei manchen Menschen Allergien auslösen!

Verwendung in der Küche

Über den Einsatz der Haselnüsse in der Küche finden sich in jedem Kochbuch zahlreiche Rezepte. Sie werden roh oder geröstet verzehrt und ganz, gehackt oder gemahlen vor allem in Backwaren verarbeitet. Da sie lange haltbar sind, können sie auch für selbst gemachte Müslimischungen verwendet werden.

Haselnuss-Plätzchen (S. 334)
Haselnuss-Marmelade (S. 337)
Haselnuss-Butter (S. 338)

J	F	M	A	M	J	J	A	S	O	N	D

Hunds-Rose

Rosa canina

ROSENGEWÄCHS

Die heimische Hunds-Rose ist in Hecken, Gebüschen, in lichten Laubwäldern und an Waldrändern zu finden. Sie wird auch „Hecken-Rose“ genannt. Es gibt bei uns mehr als 30 verschiedene Wildrosenarten, die teilweise schwer voneinander zu unterscheiden sind. Die Hunds-Rose erhielt diesen Namen als Ausdruck für ihre Minderwertigkeit gegenüber den Edelrosen, obwohl man sich doch bei der Wildrose des Duftes sicher ist. Der Duft, der anmutige Wuchs und die Blütenpracht haben schon manch einen Dichter inspiriert. Die überhängenden Zweige vermögen von Mai bis Juni nicht nur zauberhafte weiß bis rosafarbene Blüten mit fünf unterschiedlich gestalteten Kelchzipfeln hervorzubringen – die Zweige sind grün und dadurch in der Lage, Photosynthese zu betreiben.

Keine Rose ohne Stachel

„..Dass keine Rose ohne Dorn, / Bringt mich nicht aus dem Häuschen...“ So schreibt Wilhelm Busch (1832 – 1908) in seinem Gedicht „Duldsam“. Unter den vielen Dichtern, die die Rose besungen haben, gibt es kaum einen, der dabei die Dornen auslässt. Botaniker stimmen nicht ein, weil Rosen im wissenschaftlichen Sinn keine Dornen, sondern Stacheln aufweisen. Dornen sind umgebildete Teile der Rinde, Stacheln dagegen umgebildete Spross- oder Blattansätze. Mit ihrer Hilfe ist die Rose in der Lage an anderen Pflanzen emporzuklettern.

„Ein Männlein steht im Walde…

…Es hat von lauter Purpur ein Mäntlein um…“. Bei diesem Lied handelt es sich nicht um den Fliegenpilz, wie oft vermutet, sondern um die Hagebutte. Ab September leuchten die roten, wie kleine Fässchen aussehenden Sammelnussfrüchte (Butte = Fass) an den grünen Zweigen und bleiben dort bis weit in den Winter hinein stehen. In Notzeiten wurden sie gemahlen und dem Getreidemehl beigemischt.

Juckpulver

An den Nüsschen der Hagebutten sitzen kleine, mit Widerhaken besetzte Härchen, die als Juckpulver eingesetzt werden können.

Gesundheit

Rosenblüten wirken mit ihren Inhaltsstoffen entzündungshemmend und wundheilend. Aufgrund des hohen Vitamin-C-Gehaltes stärkt die Hagebutte die körpereigenen Abwehrkräfte und ist somit ein bewährtes Mittel gegen Erkältungskrankheiten und Grippe. Ein Großteil der Vitamine bleibt nach dem Kochen erhalten. Getrocknetes Fruchtfleisch und getrocknete Nüsschen (Kerne) werden zu wohlschmeckenden Tees (Hagebutten-Tee und sogenannten Kernlestee) aufgebrüht. Zum Trocknen werden die Früchte nach dem ersten Frost geerntet, geviertelt und von den Kernen und Haaren befreit.

Inhaltsstoffe Blüten: ätherische Öle, Flavonoide, Gerbstoffe

Inhaltsstoffe Hagebutten: Anthocyane, ätherische Öle, Eisen, Mangan, Natrium, Vitamine A, B, E und K, viel Vitamin C (300 bis 3000 mg pro 100 g Fruchtfleisch)

Hagebutten-Tee (S. 289)
Entspannendes Rosenblüten-Bad (S. 266)
Rosenblüten-Gesichtsdampfbad (S. 274)

Verwendung in der Küche

Die frisch aufgeblühten, leicht säuerlich schmeckenden Blütenblätter eignen sich zum Kandieren, zum Aromatisieren von Getränken und Essig oder zur Herstellung von Gelee. Hagebutten werden am besten nach dem ersten Frost geerntet und sollten nicht zu weich sein. Von den Stiel- und Blütenansätzen, den Nüsschen und den feinen Härchen befreit, lassen sie sich zu Mus (Mark) verarbeiten, als Basis für Hagebutten-Marmelade, Soßen, Desserts und Kuchenfüllungen. Das Mus lässt sich gut einfrieren und schmeckt köstlich über Eis oder zu Wildgerichten. Mit den ganzen Früchten kann Hagebuttenlikör und -wein angesetzt werden.

Hagebutten-Likör (S. 310)
Hagebutten-Wein (S. 312)
Rosenblüten-Gelee (S. 335)
Rosenblüten-Zucker (S. 344)
Rosenblüten-Essig (S. 347)

Tipp

Hagebutten lassen sich vielseitig für Dekorationen einsetzen.

Schlehe

Prunus spinosa

ROSENGEWÄCHS

Die Schlehe ist auf nährstoffreichen Böden in sonnigen Hecken und an Waldrändern zu finden. Aufgrund der im Alter dunkler werdenden Rinde wird das Gehölz auch „Schwarzdorn“ genannt. Die intensive Vermehrung durch Wurzelsprosse wie auch die in spitze Dornen auslaufenden Seitenzweige lassen undurchdringliche Dickichte entstehen, in denen zahlreiche Vogelarten ungestört ihren Brutgeschäften nachgehen können.

J	F	M	A	M	J	J	A	S	O	N	D
		▬	▬	▬				▬	▬	▬	

Vorlaufende Blüten

Ab März wagt die Schlehe als eine der ersten unserer heimischen Wildstraucharten ihre Blüten zu zeigen, vor der Entwicklung der Blätter. Unzählige, wie kleine Sternchen aussehende, schneeweiße Blüten bieten den Bienen somit schon früh im Jahr reichlich Nahrung. Im Unterschied zum ähnlich blühenden Weißdorn stehen Schlehenblüten an nackten Zweigen, die Blüten des Weißdorns einige Wochen später dagegen an schon begrünten.

Wertvolle Nahrung

Ab September reifen die kugeligen, schwarzblau bereiften Steinfrüchte. Bis weit in den Winter hinein sind sie an den Ästen zu finden und bieten somit Vögeln den ganzen Winter über Nahrung. Auch der Mensch hat schon seit jeher die Schlehenfrüchte als Nahrungsmittel geschätzt. In Siedlungsstätten der Jungsteinzeit wurden ganze Karrenladungen von Kernen entdeckt.

Vielseitige Nutzung

Nicht nur als Nahrungsmittel begleitet das Rosengewächs die Menschen. Als Hecke umrahmte der dichte, dornenbewehrte Strauch Viehweiden und Gehöfte. Aus dem harten, hellen Holz mit den häufig dunklen Streifenzeichnungen wurden früher Spazierstöcke hergestellt, mit den Dornen Wurstdärme verschlossen. In zahlreichen Kurorten wird bis heute das sparrige Geäst zum Aufbau von Gradierwerken genutzt.

Aus der Rinde lässt sich ein roter Farbstoff zum Färben von Wolle und Leinen gewinnen. Zur Herstellung von schwarzer Tinte wurde die Rinde durch wiederholtes Einweichen und Aufkochen mit Wasser ausgelaugt. Mit Rotwein eingekocht und getrocknet erhielt man ein haltbares Pulver, welches zum Schreiben wieder in Rotwein aufgelöst als „Dornentinte“, auch „Dornrindentinte“, genutzt wurde. Schlehen-Wein wurde früher zum Strecken und Färben von schlechtem Rotwein verwendet, die Blätter dienten in Notzeiten als Schwarztee- oder Tabakersatz. Nicht zuletzt steht eine Züchtung aus Schlehe und Kirschpflaume in unseren Gärten – der Pflaumenbaum.

Gesundheit

Schlehenblüten-Tee aus frischen oder getrockneten Blüten bezeichnete Pfarrer Sebastian Kneipp (1821 – 1897) als das „schuldloseste Abführmittel". Heute weiß man, dass die Blüten in geringen Mengen giftige Blausäureglykoside enthalten. Schlehen-Saft und -Marmelade können als Mittel gegen Appetitlosigkeit und als Abführmittel eingesetzt werden. Die Samen sollten bei der Verarbeitung des Fruchtfleisches schonend behandelt werden, da auch sie Blausäureglykoside enthalten.

Inhaltsstoffe Früchte: Anthocyane, Gerbstoffe, Vitamin C

Wichtig

In den Samen sind giftige Blausäureglykoside enthalten.

Verwendung in der Küche

Die Früchte der Schlehe eignen sich hervorragend zur Herstellung von Marmelade, Gelee, Saft, Likör oder Wein. Sie sind zusammenziehend und schmecken herb, nach den ersten Frösten etwas milder. Vor dem Frost gepflückte Früchte sollten einige Tage eingefroren werden. Zur Herstellung von Marmelade werden die Schlehen zu Mus verarbeitet und mit milder schmeckendem Obst wie Birnen oder Äpfel oder zum Beispiel nur mit Apfelsaft eingekocht.

Schlehen-Saft (S. 308)
Schlehen-Likör (S. 311)
Schlehen-Birnen-Marmelade (S. 337)
Schlehen-Sirup (S. 346)

Wald

Der Wald hat sich nach den Eiszeiten Schritt für Schritt wieder unsere Landschaften erobert. Lässt man der Natur ihren Lauf, entwickeln sich in unseren Breiten je nach den Standortbedingungen und Klimaverhältnissen Laub-, Nadel- oder Mischwälder. Den größten Anteil nehmen dabei Buchenwälder ein. Diese Entwicklung wird „potenzielle natürliche Vegetation" genannt.

Nun gibt es aber den Menschen, der seit einigen Tausend Jahren durch sein Wirken in das Waldgefüge eingreift. Als dieser sich sesshaft machte und begann, Ackerbau und Viehzucht zu betreiben, wurde der Wald auf vielfältige Art und Weise genutzt. Ganze Wälder mussten für Acker-, Grünland- und Siedlungsflächen weichen. Bau- und Möbelholz wie auch Brennholz für den Hausbrand forderten immer größere Mengen gefällter Bäume. Kalk- und Ziegelbrennereien wie auch die Herstel-

lung von Holzkohle, die für die Eisenverhüttung unentbehrlich war, ließen die Waldflächen schrumpfen.

Wirtschaftsformen wie „Waldweide“, „Niederwald-„ und „Schneitelwirtschaft“ führten dazu, dass viele Waldbereiche immer lichter wurden. Das Vieh wurde in den Wald getrieben, wo es sich von Waldkräutern, Gehölzjungwuchs und Waldfrüchten ernährte. Bei der Niederwaldnutzung werden Bäume zur Holzgewinnung nicht gefällt, sondern dicht über dem Boden geschlagen. Die offenen Flächen wurden mancherorts zwischenzeitlich mit Feldfrüchten bestellt, bis die erneut austreibenden Gehölze den Boden wieder beschatteten. Bei der Schneitelwirtschaft werden Bäume zur Gewinnung von Laub beschnitten, welches früher als Einstreu für die Ställe oder als Viehfutter für den Winter genutzt wurde.

Vom Mittelalter bis zum 18. Jahrhundert erreichte der Waldanteil in zahlreichen Landschaften Deutschlands seine tiefsten Werte. Die „potenzielle natürliche Vegetation“ war weitgehend verdrängt worden. Die tatsächlich vorhandene, vom wirtschaftenden Menschen beeinflusste Pflanzendecke wird als „reale Vegetation“ bezeichnet. Bilder von Landschaftsmalern des 18. und 19. Jahrhunderts zeigen, wie Wälder früher ausgesehen haben.

Aufgrund der „Waldverwüstung“ liegt seit etwa der 2. Hälfte des 18. Jahrhunderts die Entwicklung unseres Waldes in den Händen der Forstwirtschaft, die ihre Aufgabe zunächst aus wirtschaftlichen Gesichtspunkten wahrgenommen hat, heute jedoch mehr und mehr auch die Bewahrung und Wiederherstellung naturnaher Waldbereiche berücksichtigt.

Wildpflanzen der Wälder

Sauerklee, Wald- (S. 148)
Bärlauch (S. 151)
Ahorn, Spitz- (S. 154)
Waldmeister (S. 157)
Birke, Hänge- (S. 160)
Fichte, Gewöhnliche (S. 163)
Buche, Rot- (S. 166)
Eiche, Stiel- (S. 169)

Wald-Sauerklee

Bärlauch

Spitz-Ahorn

Waldmeister

Hänge-Birke

Gewöhnliche Fichte

Rot-Buche

Stiel-Eiche

Weitere Wildpflanzen der Wälder

- Brombeere, Echte (S. 123)
- Eberesche, Gewöhnliche (S. 132)
- Erdbeere, Wald- (S. 110)
- Esskastanie (S. 236)
- Giersch, Gewöhnlicher (S. 101)
- Gundermann (S. 249)
- Haselnuss (S. 135)
- Himbeere (S. 120)
- Holunder, Schwarzer (S. 113)
- Kirsche, Vogel- (S. 117)
- Linden (S. 230)
- Nelkenwurz, Gewöhnliche (S. 107)
- Rose, Hunds- (S. 138)
- Scharbockskraut (S. 98)
- Veilchen, März- (S. 95)
- Weißdorn (S. 129)

J	F	M	A	M	J	J	A	S	O	N	D

Wald-Sauerklee

Oxalis acetosella

SAUERKLEEGEWÄCHS

Der Wald-Sauerklee wächst auf sauren, eher nährstoffarmen Böden in krautreichen Laub- und Nadelwäldern. Blätter und Blüten sind grundständig, das heißt, sie sitzen nicht an Stängeln, sondern scheinen direkt aus dem Boden zu sprießen. Sie sehen unseren heimischen Kleearten, zum Beispiel dem Wiesen-Klee sehr ähnlich. Aber die Blüten zeigen deutlich, dass der Wald-Sauerklee nicht zur Familie der Schmetterlingsblütler mit den typischen „Schiffchenblüten" zählt. Der Wald-Sauerklee gehört zu den „Scheibenblumen". Das sind Pflanzen, deren Blütenkronen mehr oder weniger flach ausgebreitet sind. Staubblätter und Narben sind für die bestäubenden Insekten frei zugänglich. Der Wald-Sauerklee hat 5 weiße, rotviolett geäderte Blütenblätter.

Schattenpflanze

Kaum eine andere Waldpflanze erträgt tieferen Schatten. Wird es der Pflanze zu dunkel oder auch zu hell, kommt es gar zu Erschütterungen in ihrer Nähe oder zu einer Berührung, klappt sie ihre ansonsten waagerecht stehenden Blätter nach unten; auch die Blüten schließen sich. In dieser Schlafstellung wird die Transpiration verringert, ungünstige Lebensbedingungen werden energiesparend überbrückt.

Frühblüher

Wie viele andere Frühblüher, zum Beispiel das Scharbockskraut, gehört der Wald-Sauerklee zu den „Geophyten“ (Erdpflanzen). Bei ihm sind es unterirdische Sprosse, auch Rhizome genannt, in denen die Reservestoffe gespeichert werden (Rhizom-Geophyt). Während von den meisten Frühblühern außerhalb der Blüte- und Fruchtzeit oberirdisch kaum etwas zu sehen ist, ist der Wald-Sauerklee wintergrün. Die Blätter sind also das ganze Jahr über zu finden.

Kleesäure

1769 wurde erstmalig Oxalsäure im Wald-Sauerklee entdeckt. Dieser Inhaltsstoff ist verantwortlich für den sauren Geschmack der Pflanze. Oxalsäure, auch „Kleesäure“ genannt, ist eine sehr verbreitete Pflanzensäure und findet sich zum Beispiel auch im Rhabarber. Wie allgemein bekannt ist, sollten größere Mengen davon vom menschlichen Körper nicht aufgenommen werden, da die Säure den Kalziumstoffwechsel und die Eisenaufnahme behindert. Der wissenschaftliche Name *Oxalis acetosella* geht auf Oxalsäure und ihre Salze zurück (griech. *oxys* = sauer, *halis* = Salz, *acetosellus* = säuerlich). Kleesäure und -salz werden als Fleckentfernungsmittel, sowie als Beiz- und Bleichmittel eingesetzt. Synthetisch wurde Oxalsäure im Jahre 1824 hergestellt.

Gesundheit

Der Wald-Sauerklee ist reich an Vitamin C und wurde früher für den Wintervorrat in Honig oder Zucker eingelegt.

Inhaltsstoffe: Oxalsäure, Vitamin C

Wichtig

Wald-Sauerklee beinhaltet Oxalsäure und sollte daher nicht regelmäßig in größeren Mengen gegessen werden.

Verwendung in der Küche

Wanderer machen sich den angenehm säuerlichen Geschmack der kleeartigen Blättchen als Erfrischung zu Nutze. Auch in der Küche kann die Pflanze verwertet werden. Vor allem roh als Zutat zu Salaten, in Kräuterquark oder gehackt auf dem Butterbrot ist das Kraut zu empfehlen, aber auch als Beigabe zu Suppen und Gemüse. Zum Trocknen ist es nicht geeignet.

Zerquetschte Blätter für zwei oder drei Stunden in Wasser eingelegt, ergeben ein erfrischendes Getränk. Die Blüten eignen sich als essbare Dekoration.

Sauerklee-Quark (S. 340)

In allen Wildkräuter-Gerichten zu verwenden.

Tipp

Wald-Sauerklee – ein hübscher Bodendecker für ein schattiges Plätzchen im eigenen Garten!

Bärlauch

Allium ursinum

LILIENGEWÄCHS

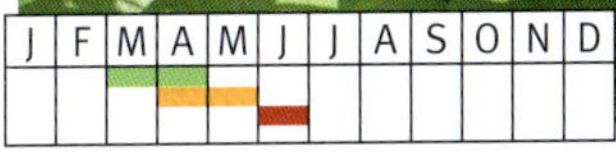

Der Bärlauch wächst in schattigen, feuchten, humusreichen Laubwäldern, Bruch- und Auenwäldern. Da er sich nicht nur über Samen, sondern auch über Zwiebeln auszubreiten vermag, tritt er meist in großen Beständen auf. Die lanzettförmigen Blätter sprießen schon Ende März aus dem Boden. Wie bei allen anderen Liliengewächsen verlaufen die Blattnerven parallel. Im Mai steht der Bärlauch mit seinen hübschen, sternförmigen Blütenständen in voller Blüte. Nach der Fruchtreife zieht die Pflanze ihre Nährstoffe wieder in die Zwiebeln ein (Zwiebel-Geophyt).

Kraut der Großen und Starken

Schon Kaiser Karl der Große wusste die Vorzüge des Bärlauchs zu schätzen und ließ ihn in seinen königlichen Gärten anbauen. Angeblich soll die Pflanze Bärenkräfte verleihen, erhielt sie doch ihren Namen aufgrund der Beobachtung, dass Bären sich nach dem Winterschlaf über den „Bär"lauch hermachen.

Modewildkraut

Heute ist der Bärlauch im wahrsten Sinne des Wortes in aller Munde. Ein Modewildkraut, welches in keiner Fernsehkochsendung fehlt, in vielen Restaurants auf der Speisekarte und in zahlreichen

Lebensmittelgeschäften in den Regalen zu finden ist. Ganze Kochbücher widmen sich dem „Wilden Knoblauch".

Verwechslungsgefahr mit giftigen Arten

In der Nachbarschaft vom Bärlauch wächst häufig der giftige Aronstab. Junge Blätter sehen denen vom Bärlauch relativ ähnlich, weisen jedoch netzförmige Blattnerven und zwei Zipfel am Blattgrund auf; beim Bärlauch verjüngt sich der Blattgrund in den Stiel. Beim giftigen Maiglöckchen sitzen die Blätter zu zweit an einem Stiel, beim Bärlauch sprießen sie einzeln aus einer Rosette heraus. Zu mehreren sitzen die Blätter der ebenfalls giftigen Herbstzeitlosen am Stiel.
Das sicherste Merkmal ist der Geruch; nach Knoblauch duften nur die Blätter des Bärlauchs.

Gesundheit

Wie der Knoblauch reinigt der Bärlauch das Blut und lässt es besser fließen, senkt den Blutdruck und den Cholesterinspiegel. Er hemmt das Wachstum schädlicher Darmbakterien und unterstützt die Ausscheidung von Quecksilber. Kräuterpfarrer Johann Künzle schreibt im 19. Jahrhundert: „Wohl kein Kraut der Erde ist so wirksam zur Reinigung von Magen, Gedärmen und Blut wie der Bärlauch."

Inhaltsstoffe: Eisen, Flavonoide, Kalium, Lauchöl, Magnesium, Mangan, Vitamin C

Wichtig

Vorsicht bei der Ernte! Die Blätter sollten nicht mit denen von Aronstab, Maiglöckchen oder Herbstzeitlose verwechselt werden.

Bärlauch-Schnaps gegen Gedächtnisschwäche (S. 288)
Frühlings-Fitnesstrank I, II und III (S. 269/270)

Für eine Frühjahrskur geeignet.

Verwendung in der Küche

Bärlauchblätter werden vor der Blüte geerntet, wenn sie frisch und knackig sind. Sie lassen sich zu Bärlauch-Butter, -Pesto, -Öl oder -Essig verarbeiten, wie auch roh und erhitzt als Beigabe zu Salaten, Suppen oder Gemüse verwenden. Die Blätter halten sich ein paar Tage im Kühlschrank, in Öl eingelegt einige Wochen. Sie lassen sich auch gut einfrieren. Nach dem Auftauen sind sie zwar matschig, können aber in vielen Gerichten weiterverarbeitet werden. Die süßlichen, zart nach Knoblauch schmeckenden Blüten eignen sich als essbare Dekoration. Noch grün geerntet, werden die scharfen Samen wie grüner Pfeffer in der Küche eingesetzt.

Bärlauch-Suppe (S. 316)
Pfannkuchen mit Bärlauch und Lachs (S. 324)
Bärlauch-Brot mit Ziegenkäse (S. 319)
Bärlauch mit Schafskäse (S. 341)
Bärlauch-Pesto mit Walnüssen (S. 343)
Bärlauch-Öl (S. 348)

Die Blätter lassen sich in allen Wildkräuter-Rezepten verwenden.

Tipp

Pflanzen und Samen der alten Heil- und Nutzpflanze sind für den Anbau im Garten im Handel erhältlich.

Spitz-Ahorn

Acer platanoides

AHORNGEWÄCHS

Der Spitz-Ahorn wächst in unseren Wäldern, ist aber auch in den Auen von Bächen und Flüssen anzutreffen. „Spitz“-Ahorn heißt er deshalb, weil seine 5 Blattlappen spitz zulaufen, während diejenigen vom verwandten Bergahorn rundlich sind. Die Blätter vom Feldahorn sind wesentlich kleiner; er ist allein schon an dem strauchförmigen Wuchs von seinen baumförmig wachsenden Verwandten zu unterscheiden.

Ahorne (nicht Ahörner!) weisen gegenständige Zweige auf, das heißt, jeweils zwei Zweige an einem Ast stehen sich gegenüber; auch die Blätter sind gegenständig. Dieses Merkmal erleichtert die Bestimmung des Baumes auch im unbelaubten Zustand. Im Herbst wartet der Spitz-Ahorn mit einer dekorativen Laubfärbung auf.

J	F	M	A	M	J	J	A	S	O	N	D

Bienenweide und Nasenzwicker

Schon zeitig im Frühjahr fällt der Spitz-Ahorn weithin durch die zahlreichen gelbgrünen Blütenstände auf. Die Doldenrispen sitzen an den noch unbelaubten Bäumen, zuerst aufrecht, später „lassen sie sich hängen“. Die einzelnen gelb-grünlichen Blüten sind relativ unscheinbar, aufgrund des frühen Blühtermins jedoch eine wichtige und gut besuchte Bienenweide. Nach der Befruchtung entwickeln sich aus jedem Blütchen zwei Früchte mit jeweils einem Flügel. Der Winkel zwischen den beiden Flügeln ist annähernd waagerecht. Wie kleine Propeller fliegen sie mit schraubenförmigen Drehbewegungen zu Boden. Bei Wind können sie weit verbreitet werden. Doch bis dahin vergehen Monate, denn die Früchte fallen in der Regel erst ab Oktober vom Baum. Propellerflügel landen gelegentlich auf Nasen von spielenden Kindern. Ahornfrüchte werden deshalb auch „Nasenzwicker" oder „Nasenklemmer" genannt.

Begehrtes Holz

Holzschnitzer und Drechsler wissen das harte, feinfaserige Holz zu schätzen. Möbel, Tischplatten und Musikinstrumente werden daraus hergestellt. Aufgrund seiner Widerstandsfähigkeit gegen Abgase wird der Spitz-Ahorn gern als Straßenbaum angepflanzt. Das leuchtende Herbstlaub macht den Baum zudem als Parkbaum attraktiv. „...Am Stamme des Ahorn lehn ich im Schatten des Efeus und sende mein Lied nach dir aus." So endet ein Gedicht von Paula Ludwig (1900 – 1974).

Ahornsirup

Ahornsirup ist ein weithin bekanntes Süßungsmittel. Zu seiner Gewinnung werden mindestens 40 Jahre alte Ahorn-Bäume im Frühjahr mittels kleiner Bohrlöcher angezapft, um den aufsteigenden Saft zu gewinnen. Dieser wird gesammelt und zu Sirup eingekocht. Unsachgemäßes Anzapfen kann den Bäumen aufgrund der Rindenverletzungen sehr schädigen, weshalb die Gewinnung von Ahornsirup Fachleuten überlassen werden sollte.

Gesundheit

Der Saft aus gequetschten, frischen Spitz-Ahornblättern lindert den Juckreiz von Insektenstichen.

Inhaltsstoffe: Eisen, Kalium, Kalzium, Magnesium, Zucker

Mittel gegen Insektenstiche und Brennnesselquaddeln (S. 281)

Verwendung in der Küche

Wenig bekannt ist, dass die jungen Blütenstände des Spitz-Ahorns gegessen werden können, roh oder Gemüse- und Suppengerichten beigemischt. Mit den Blütenbüscheln verzierte Salate sehen nicht nur gut aus, sie weisen einen besonderen Geschmack auf. Auch die noch ganz jungen, zarten Blätter eignen sich als Beigabe für Salate, Suppen und Gemüse. Eine Handvoll Spitz-Ahornblätter in einen grünen Salat gemischt, verleiht diesem eine angenehm säuerliche Richtung, die sich beim Kauen in eine frische Süße verwandelt.

Spitz-Ahornblätter sehen Weinblättern nicht nur ähnlich, sie wurden früher auch wie diese verwendet. Sie dienten zum Einrollen verschiedenster Gerichte, die so verzehrt oder frisch gehalten wurden.

Ahornblüten-Salat (S. 314)
Ahornblüten-Essig (S. 347)

Waldmeister

Galium odoratum

RÖTEGEWÄCHS

Zur Blütezeit im Mai ist der in krautreichen, schattigen Wäldern auf nährstoffreichen Böden wachsende Waldmeister besonders auffällig. Das kleine Kraut ist an den unverzweigten, vierkantigen Stängeln zu erkennen, auf denen in mehreren Etagen 6 oder 8 zuerst hellgrüne, später dunkler werdende Blättchen in Scheinquirlen sitzen. Die kleinen weißen, trichterförmigen Blütchen sind nur etwa 2 mm groß. Die kugeligen Klettfrüchte verhaken sich in das Fell vorüberstreifender Tiere und werden von diesen verbreitet.

J	F	M	A	M	J	J	A	S	O	N	D

Waldmeisterduft Cumarin

Ein frisches Sträußchen Waldmeister duftet nicht! Das Kraut muss erst zerrieben werden oder welken, bevor es seinen typischen Duft nach frischem Heu ausströmt. Dafür verantwortlich zeigt sich der Inhaltsstoff Cumarin, der allerdings bei reichlichem Genuss zu Übelkeit, Benommenheit und vor allem zu Kopfschmerzen führen kann. Ob nun die Kopfschmerzen nach dem Genuss von Waldmeister-Bowle wirklich auf den Cumaringehalt zurückzuführen sind oder vielleicht doch auf den Alkoholspiegel im Blut, steht auf einem anderen Blatt.

Schon Paracelsus (1493 – 1541) prägte den noch heute gültigen Satz: „Allein die Menge macht das Gift". Da manchmal Gleiches mit Gleichem behandelt werden kann, wird Waldmeister auch als Mittel gegen Kopfschmerzen eingesetzt.

Beliebtes Aroma

Bevor man den Waldmeister für die Bowle entdeckte, wurde das Kraut in Wein verabreicht. „Schütte perlenden Wein auf das Waldmeisterlein...", so schreibt Wandalbert von Prüm im Jahre 854. Likör, Götterspeise, Eis und andere Desserts wurden früher mit Waldmeister aromatisiert. Aufgrund der Giftigkeit sind heute nur künstlich hergestellte Waldmeister-Aromastoffe im Lebensmittelhandel erlaubt.

Als es Raumsprays in Dosen noch nicht zu kaufen gab, wurden Waldmeistersträußchen in den Zimmern aufgehängt; Motten wurden durch Auslegen des Krautes aus den Kleiderschränken vertrieben.

Verwandte Art

Das Wald-Labkraut sieht dem Waldmeister sehr ähnlich und wächst an gleichen Standorten. Es wird wesentlich größer, ist blaugrün in der Farbe und duftet beim Zerreiben nicht nach Cumarin.

Gesundheit

Früher galt Waldmeister in der Volksheilkunde als krampflösendes und beruhigendes Mittel.

Weithin verbreitet heißt es, dass Waldmeister nur vor der Blüte zum Aromatisieren verwendet werden darf, weil es ansonsten giftig ist. Das stimmt nicht! Vor der Blütezeit ist das Aroma am stärksten entwickelt, die Pflanze kann aber auch während der Blüte geerntet werden. Ein Kräuterkissen mit getrocknetem Waldmeister gefüllt, hat eine wohltuende, schlaffördernde Wirkung. Mit einem Waldmeisterstraußchen holt man sich den frischen Duft des Frühlings ins Haus!

Inhaltsstoffe: Alkaloide, Cumarin, Gerbstoffe, Flavonoide

Wichtig

Der Inhaltsstoff Cumarin kann bei Überdosierung zu Kopfschmerzen führen.

Verwendung in der Küche

Bevor Waldmeister in der Küche zum Aromatisieren verwendet wird, sollte man das Kraut klein schneiden, zerdrücken oder einige Stunden welken lassen. Erst dann kommt der für den Waldmeisterduft verantwortliche Inhaltsstoff Cumarin zur Entfaltung. Um eine Überdosierung zu vermeiden, werden bei der Zubereitung von Waldmeistergetränken pro Liter Flüssigkeit nicht mehr als 13 Stängel verwendet.

Kinder-Waldmeister-Bowle (S. 307)
Waldmeister-Limonade (S. 307)
Mai-Bowle (S. 313)
Waldmeister-Likör (S. 311)
Erdbeeren mit Waldmeister-Sahne (S. 329)
Waldmeister-Gelee (S. 336)

Tipp

Waldmeister kann in schattigen Gartenbereichen als Bodendecker angepflanzt werden. Er sieht nicht nur schön aus, sondern liefert im Mai den beliebten Duftstoff für Bowle und Kräuterkissen.

J	F	M	A	M	J	J	A	S	O	N	D

Hänge-Birke

Betula pendula

BIRKENGEWÄCHS

Die überhängenden Zweige verleihen der Hänge-Birke einen melancholisch traurigen Zug, dennoch ist sie ein Kind des Lichts. Das lichtliebende Gehölz wächst auf mageren Standorten in lichten Laub- und Nadelwäldern, in Moor- und Bruchwäldern, vereinzelt auch in Hecken. Die Hänge-Birke besiedelt als Pioniergehölz magere Neu- und Ödlandflächen, wird jedoch im Laufe der Jahre von anderen Laubgehölzen überschattet und verdrängt. Typisch für die Hänge-Birke ist die weiße Rinde, auf die sich auch der Name „Birke", als alte germanische Bezeichnung für „hell" bezieht. Während sie in jungen Jahren recht glatt ausgebildet ist, schält sie sich später in Streifen ab; im Alter verwandelt sie sich in eine dunkle, aufgerissene Borke.

Die männlichen, hängenden Kätzchen werden schon im Vorjahr angelegt, die weiblichen, aufrecht stehenden Kätzchen erst im Jahr der Blüte. Bestäubt werden sie vom Wind. Ab August sind die kleinen, breit geflügelten Nüsschen eine wichtige Nahrungsquelle für zahlreiche Singvogelarten.

Symbol des Neubeginns und der Liebe

Das zarte und anmutig wirkende Pioniergehölz gilt auch sonst als Symbol des Neubeginns. Der „Maibaum", Sinnbild des Frühlingserwachens, wird noch heute auf Dorfplätzen aufgestellt und mit Bändern und Eiern verziert. Nach alter Überlieferung wurden früher Wiegen für Neugeborene aus Birkenholz gebaut.

Der Baum ist auch ein Symbol der Liebe, des Lebens und des Glücks. Fand eine junge Frau am 1. Mai ein Birkenbäumchen vor der Haustür vor, galt dies als Liebesbeweis und Heiratsantrag des Verehrers.

Schreibpapier, Juchtenleder und Birkenmehl

Die weiße, sich ablösende Rinde der Birke diente früher als Schreibpapier. Da sie wasserundurchlässig ist, wurden aus ihr Trinkgefäße, Dosen, Matten oder Dachschindeln hergestellt. Bereits „Ötzi", dem Mann aus dem Eis, muss diese Eigenschaft bekannt gewesen sein, denn er trug einen Trinkbecher aus Birkenrinde bei sich. Indianerfrauen schabten die zarte gelbe Innenrinde ab, trockneten sie und verarbeiteten sie zu „Birkenmehl", aus dem sie dann eine Art Pfannkuchen backten. Mit Birkenrinde lässt sich Leder gerben (Juchtenleder).

Birkenwasser

Der zuckerhaltige Saft, der im zeitigen Frühjahr durch die Birke fließt, kann „gemolken" und als Birkenhaarwasser verwendet werden. Es verleiht dem Haar Glanz und soll es bei denjenigen, die keines mehr haben, sogar wieder zum Wachsen bringen. Wilhelm Busch (1832 – 1908) geht in der Strophe eines Gedichtes darauf ein: „Man zapfet aus der Birke sehr angenehmen Wein. Man reibt sich, dass es wirke, die Glatze damit ein."

Moor-Birke

Die verwandte, ähnlich aussehende Moor-Birke *(Betula pubescens)* ist weniger weit verbreitet. Die Blätter sind wie die der Hänge-Birke verwendbar.

Gesundheit

Da Birkenblätter-Tee die Nierenfunktion anregt und zur Vorbeugung gegen Nierengrieß eingesetzt werden kann, wird die Birke auch als „Nierenbaum" bezeichnet. Harnsäure und Giftstoffe werden ausgeschieden, wodurch auch Rheuma- und Gichtbeschwerden gelindert werden. Die Blätter werden von April bis Mai zum Trocknen geerntet.

Inhaltsstoffe: Bitterstoffe, Flavonoide, Gerbstoffe, Kalium, Kalzium, Saponine

Durchspülender Birkenblätter-Tee (S. 284)
Frühlings-Teekur (S. 269)
Frühlings-Fitnesstrank I, II und III (S. 269/270)

Für eine Frühjahrskur geeignet.

Verwendung in der Küche

Ganz junge, noch klebrige Blätter, die etwas bitter schmecken, können im April und Mai geerntet und frisch als Salatzugabe verwendet oder zum Beispiel in Öl ausgebacken werden.

Baumblätter-Salat (S. 314)
Gebackene Birkenblätter (S. 320)

Gewöhnliche Fichte

Picea abies

KIEFERNGEWÄCHS

Die natürlichen Standorte der immergrünen Gewöhnlichen Fichte sind in höheren Lagen der Mittelgebirge und der Alpen zu finden. Ab Ende des 18. Jahrhunderts wurde der schnellwüchsige, bis über 50 m hohe Nadelbaum auch im Hügel- und Tiefland angepflanzt und damit zu einem der forst- und holzwirtschaftlich wichtigsten Nadelbäume Europas. Fichtenholz wird als Bau- und Konstruktionsholz wie auch als Zellstofflieferant in der Papierindustrie verwendet. Als Zierbaum ist die Fichte in vielen Gärten und Parks zu finden.

J	F	M	A	M	J	J	A	S	O	N	D

Der Wind, der Wind ...

Der zur Hauptblütezeit von Mai bis Juni aus den männlichen Zapfen vom Winde verwehte, gelbe Pollen wird mancherorts als „Schwefelregen“ bezeichnet. Mit häutigen Flügeln ausgestattet, fliegen auch die Samen, die sich in den anfangs rötlichen Zapfen entwickeln, mit Hilfe des Windes fort.

Fichtenhonig

Der Name „Fichtenhonig“ steht für zwei unterschiedliche, honigartige Produkte. Beim „Echten Fichtenhonig“ handelt es sich um ein Produkt aus den Ausscheidungen der Blattläuse, die auf den Nadeln sitzen. Bienen sammeln diese Absonderungen und stellen daraus einen Honig her. Der „Falsche Fichtenhonig“ ist auch unter dem Namen „Fichtenspitzen-

Sirup“ bekannt und lässt sich aus den frischen Maitrieben mit viel Zucker herstellen.

Vanilleersatz

Hin und wieder fällt bei einem Spaziergang durch Fichtenwälder ein zarter, angenehmer Duft auf. Dieser rührt daher, dass angeschlagene Fichtenstämme, die der Sonne ausgesetzt sind, nach Vanille duften. Aus dem Harz der Fichte wurde früher sogar künstliche Vanille hergestellt.

Fichte oder Tanne?

Die Germanen haben die immergrüne Fichte dem Lichtgott Baldur geweiht. Heute steht die Fichte wie die ähnlich aussehende Edeltanne zu Weihnachten mit Lichterketten in unseren Wohnzimmern und wird mit „O Tannenbaum“ besungen. Da heißt es: Fichte oder Tanne? Ein einfacher Test verschafft Klarheit. Bleibt beim Abreißen einer Nadel ein kleines v-förmiges Stückchen von der Rinde des Zweiges am Nadelstielchen hängen, handelt es sich um eine Fichte. Bei der Tanne sitzen die Nadeln mit kleinen runden Näpfchen nur auf der Rinde auf, sind also nicht Teil der Rinde.

Die Gewöhnliche Fichte weist eine rotbraune Borke auf und wird auch „Rottanne“ genannt. Sie trägt hängende Zapfen, die als Ganzes vom Baum fallen. Bei der Weißtanne (Abies alba) stehen die Zapfen aufrecht und fallen nicht als Ganzes ab.

Gesundheit

Die frischen, hellgrünen Maitriebe der Fichte sind reich an Vitamin C. Frisch oder getrocknet wird daraus ein Husten- und Erkältungstee aufgebrüht. Auch Fichtenspitzen-Sirup hilft gegen Husten, er lässt sich für kommende Wintermonate auf Vorrat herstellen. Getrocknete Maitriebe geben Kräuterteemischungen eine säuerlich erfrischende Note.

Inhaltsstoffe: ätherische Öle, Flavonoide, Gerbstoffe, Vitamin C

Wichtig

Junge Fichtentriebe sollten nicht mit denen der giftigen Eibe verwechselt werden. Fichtennadeln stehen rund um die Triebe herum, Eibennadeln zweizeilig.
An Keuchhusten und Asthma erkrankte Menschen sollten vor der Anwendung einen Arzt zu Rate ziehen!

Frühlings-Hustentee (S. 277)
Fichtenspitzen-Tee (S. 278)
Fichtenspitzen-Honig, schnell gemacht (S. 278)
Fichtenspitzen-Sirup (S. 278)
Belebender Fichtenspitzen-Badezusatz (S. 289)

Verwendung in der Küche

Die Maitriebe schmecken leicht säuerlich. Sie können roh gegessen oder zum Würzen von Salaten und anderen Gerichten eingesetzt werden. Fichtenspitzen-Sirup schmeckt auch als Brotaufstrich köstlich.

Fichtenwipfel-Geist (S. 310)

Tipp

Wer Fichtenspitzen im Wald sammeln möchte, sollte vorher beim Förster eine Genehmigung einholen.

J	F	M	A	M	J	J	A	S	O	N	D
			Blüte	Blüte							
								Frucht	Frucht		

Rot-Buche

Fagus sylvatica

BUCHENGEWÄCHS

Nach der Mittleren Wärmezeit, als das Klima kühler und feuchter wurde, herrschten optimale Bedingungen für das Wachstum von Buchen. Nach und nach breiteten sie sich über ganz Mitteleuropa aus. Deutschland wäre noch heute hauptsächlich von Buchenwäldern bedeckt, wenn nicht der Mensch schon seit der Steinzeit in das Waldgefüge eingegriffen und die Waldlandschaft verändert hätte. Waldweidenutzung und der Bedarf an Holz für den Bau von Häusern, zur Werkzeugherstellung und für Brennmaterial führten zum Rückgang der Wälder. Heute nehmen Buchenwälder etwa 15 % des deutschen Waldes ein. Das Holz wird vor allem in der Möbel- und Bautischlerei, als Rohstoff für die Zelluloseindustrie sowie als wertvolles Brennholz verwendet.

Die Rot-Buche kann bis über 35 m hoch werden und ein Alter von über 500 Jahren erreichen. Aus den langen, spitzen Blattknospen sprießen im zeitigen Frühjahr die eiförmigen Blätter. Von April bis Mai erscheinen die Blüten, bis in den Herbst die stacheligen Fruchtbecher mit mehreren einsamigen Nüsschen, bzw. Bucheckern.

Bucheckern

„Alles hat zwei Seiten, nur die Buchecker hat deren drei." Eichhörnchen, Eichelhäher und Mäuse fressen die Früchte oder horten sie für den Winter in Vorratslagern. So sorgen sie dafür, dass sich die Buche vermehrt, denn Bucheckern sind nur dann keimfähig, wenn sie mit Laub und Erde bedeckt sind.

Wegen der nahrhaften Früchte wurden früher Schweine zur Bucheckernmast in den Wald getrieben. Konrad von Megenberg (1309 – 1374) schrieb in seinem „Buch der Natur": „Des baumes Frucht (der Buche) macht nicht so keckes fleysch an dem schwein, als die aicheln (Eicheln)."

Auch der Mensch weiß den nussartigen Geschmack zu schätzen. Dabei lernte er schnell, dass die Bucheckern für ihn schlecht verträgliche Inhaltsstoffe aufweisen.

Buchenöl und Kaffee-Ersatz

In Notzeiten wurden die Kinder in den Wald geschickt, um Bucheckern zu sammeln. Da die Samen bis zu 25 % Buchenöl enthalten, wurde Öl daraus gepresst, welches als Speise- oder Lampenöl Verwendung fand. Die giftigen Inhaltsstoffe bleiben im Presskuchen zurück. In Kriegszeiten dienten geröstete Bucheckern als Kaffee-Ersatz.

Ohne Buche keine Bücher

Die Wörter „Buch" und „Buchstabe" gehen auf die Buche zurück. Schreibtafeln wurden früher aus Buchenholz angefertigt und in Buchenholzstäbchen wurden Runen geschnitzt.

Gesundheit

In den Nüssen befindet sich das schwach giftige Fagin und ein hoher Gehalt an Oxalsäure. Nimmt man größere Mengen davon zu sich, können Kopfschmerzen und Übelkeit die Folge sein. Durch Erhitzen oder Rösten werden die unverträglichen Inhaltsstoffe zerstört, das Aroma wird sogar verbessert.

Inhaltsstoffe Bucheckern: Eiweiß, Fagin, fettes Öl, Oxalsäure, Stärke, Vitamin B6 und C

Wichtig

Aufgrund der schwach giftigen Inhaltsstoffe Fagin und Oxalsäure sollten roh nicht mehr als etwa 40 Nüsschen verzehrt werden.

Verwendung in der Küche

Die ganz frisch ausgetriebenen, etwas säuerlich schmeckenden Buchenblätter eignen sich als Salatbeigabe oder zur Herstellung von Buchenlikör. Die Nüsschen erinnern im Geschmack an Mandeln. Sie werden geröstet, ganz oder gehackt über Salate und Desserts gestreut zum Backen von Kuchen, Plätzchen und Brot verwendet. Man kann sie auch einfach so knabbern.

Werden Bucheckern mindestens vierzehn Tage getrocknet und kurz in der Pfanne angeröstet, lassen sich die Schalen leichter lösen.

Buchenblätter-Likör (S. 310)
Bucheckern-Kugeln (S. 341)

Stiel-Eiche

Quercus robur

BUCHENGEWÄCHS

J	F	M	A	M	J	J	A	S	O	N	D

Nach den Eiszeiten begann die Stiel-Eiche sich vor etwa 7000 Jahren wieder bei uns auszubreiten und ist heute ein typischer Vertreter vieler heimischer Wälder. Seit jeher wusste der Mensch das Buchengewächs für sich zu nutzen. Das feste und dauerhafte Eichenholz ist in der Möbel- und Bauholzindustrie unter den einheimischen Hölzern ohne Konkurrenz. Die Rinde wurde als Heilmittel verwendet, aus ihr wurden Gerbstoffe zum Gerben von Leder und zum Färben von Textilien gewonnen. Aus Eichengallen wurde Tinte hergestellt.

Die sommergrüne Stiel-Eiche wird bis zu 50 m hoch und weist die typischen, buchtig gelappten Blätter auf. Nach der Braunfärbung im Herbst verbleiben sie meist noch bis ins nächste Frühjahr am Baum. Die kätzchenförmigen männlichen und die unscheinbaren knospenförmigen weiblichen Blüten erscheinen ab April getrennt an denselben Zweigen. Sie werden von Wild- und Honigbienen bestäubt und entwickeln sich zum Herbst hin zu den bekannten Eicheln.

Eichelmast

„Auf den Eichen wachsen die besten Schinken" hieß es im Mittelalter. Früher wurden die Schweine zur Mast in den Wald getrieben, da sie, mit Eicheln gefüttert, gutes Fleisch und festen Speck lieferten.

Stärkende Früchte

Bevor der Mensch die Eicheln den Säuen vorgeworfen hat, aß er die nahrhaften, reichlich Stärke, Öl und Eiweiß enthaltenden Früchte selber (lat. *robur* = Stärke). Schon Plinius der Ältere (etwa 23 bis 79 n. Chr.) hat über die Eichel als erste und ursprünglichste Nahrung des Menschen geschrieben. Die Früchte weisen einen zusammenziehenden, bitteren Geschmack auf, der vor der Verarbeitung durch Auswaschen gemildert werden kann. Früher wurden gekochte, zerstoßene Früchte tagelang in Netzen in einen Bach gelegt. Eichelmehl wurde zum Brotbacken verwendet, geröstete Eicheln als Kaffee-Ersatz.
Heute werden Eicheln fast nur noch in der Wildfütterung eingesetzt; mancherorts wird Eichel-Kaffee im Handel angeboten.

Hochverehrtes Alter

Bis 700 Jahre können Stiel-Eichen durchschnittlich alt werden, das sind umgerechnet mehr als 10 Menschenleben. Kaum vorstellbar, was eine alte Eiche alles erzählen könnte: von Rittern, Kriegen, Epidemien, Jahrhundertsommern und -wintern, aber sicher auch von zahlreichen heimlichen Rendezvous im Mondschein.

Die Langlebigkeit des Gehölzes hat dazu beigetragen, dass Eichen früher allen Völkern, die in ihrem Wuchsgebiet lebten, heilig waren. Der Baum war dem germanischen Gott Thor geweiht, fungierte als Gerichts-, Grenz- und Friedensbaum. Bis heute ist die hohe Wertschätzung der Eiche in Wappen, auf Fahnen und in Münzprägungen dokumentiert. Zahlreiche alte Eichen sind heute als Naturdenkmale geschützt.

Trauben-Eiche

Neben der Stiel-Eiche ist in unseren Breiten vielerorts die Trauben-Eiche *(Quercus petraea)* verbreitet. Sie weist im Gegensatz zur Stiel-Eiche nur kurz gestielte Fruchtstiele auf. Auch ihre Eicheln können verzehrt werden.

Gesundheit

Die junge Eichenrinde war früher aufgrund ihres hohen Gerbstoffgehaltes in der Volksheilkunde ein geschätztes Heilmittel gegen verschiedene Haut- und Durchfallerkrankungen.

Inhaltsstoffe Eicheln: Eiweiß, fettes Öl, Gerbstoffe, Stärke

Verwendung in der Küche

Damit sich die Schalen besser lösen, werden Eicheln überbrüht oder im Backofen geröstet. Zum Entbittern legt man die Samen einige Tage in kaltes Wasser ein, welches mehrmals abgegossen und durch frisches ersetzt wird. Die herb nussig schmeckenden Samen können püriert oder gemahlen zu Desserts, Gebäck oder Bratlingen, geröstet zu Eichel-Kaffee verarbeitet werden.

Eichel-Kaffee-Ersatz (S. 309)

Bach und Graben

Bäche wie auch größere Flüsse durchziehen als natürliche Lebensadern die gesamte Landschaft. Im Gegensatz zu Stillgewässern weisen Fließgewässer eine ständige Strömung auf, die durch das Gefälle von der Quelle bis zur Mündung bedingt ist. Durch Strömung und wechselnde Wasserstände ist das Gewässerbett ständigen Veränderungen ausgesetzt. Überflutungen, Ausräumungen und Ablagerungen beeinflussen sowohl die Gewässersohle als auch die Ufer- und Auenbereiche.

Fließgewässer nehmen wichtige Funktionen im Naturhaushalt ein. Sie führen das ober- und unterirdisch ihnen zufließende Niederschlagswasser ab, sind Lebensraum für zahlreiche Pflanzen- und Tiergemeinschaften, dienen der Trinkwasserversorgung wie auch der Ableitung des gereinigten Abwassers aus Kläranlagen; nicht zuletzt sind sie Freizeit- und Erholungsraum für den Menschen.

In der Vergangenheit wurden die meisten Fließgewässer technisch ausgebaut, mit dem vorrangigen Ziel, Siedlungen vor Hochwasser zu schützen und die Nutzung angrenzender landwirtschaftlicher Flächen zu ermöglichen. Bachläufe wurden begradigt und dabei verkürzt, das Querprofil auf langen Strecken gleichmäßig neu gestaltet. Natürliche Auwälder und Ufergehölze wurden beseitigt, zur Uferbefestigung tote Baustoffe eingesetzt. Vielerorts wurde durch diese Maßnahmen ein schneller Abfluss des Hochwassers erreicht, der jedoch anderenorts zu katastrophalen Über-

schwemmungen führte. Gewässerverrohrungen und Stauwehre stellen für wandernde Fischarten unüberwindbare Barrieren dar.

Glücklicherweise haben sich diese Zeiten geändert. Naturschutzbehörden sehen heute die Erhaltung naturnaher Gewässer und die Wiederherstellung ausgebauter Wasserläufe in einen naturnahen Zustand (Renaturierung) als vorrangiges Ziel.

Gräben sind vom Menschen künstlich angelegte Fließgewässer, die meist der Entwässerung von landwirtschaftlichen Flächen oder der Ableitung von Niederschlagswasser dienen, mancherorts werden sie auch zur Bewässerung von Flächen angelegt. Meist handelt es sich dabei um mehr oder weniger tiefe Rinnen, die sich mit geringer Fließgeschwindigkeit des Wassers geradlinig durch landwirtschaftliche Nutzflächen oder entlang von Straßen und Wegen ziehen.

Wildpflanzen an Bächen und Gräben

Baldrian, Echter **(S. 178)**
Mädesüß, Echtes **(S. 175)**
Springkraut, Drüsiges **(S. 181)**

Echter Baldrian

Echtes Mädesüß

Drüsiges Springkraut

Weitere Wildpflanzen an Bächen und Gräben

- Ahorn, Spitz- (S. 154)
- Bärlauch (S. 151)
- Beinwell, Gewöhnlicher (S. 31)
- Brennnessel, Große (S. 16)
- Brombeere, Echte (S. 123)
- Eiche, Stiel- (S. 169)
- Engelwurz, Wald- (S. 87)
- Frauenmantel, Gewöhnlicher (S. 81)
- Giersch, Gewöhnlicher (S. 101)
- Gundermann (S. 249)
- Haselnuss (S. 135)
- Holunder, Schwarzer (S. 113)
- Hopfen, Gewöhnlicher (S. 126)
- Knoblauchsrauke, Gewöhnliche (S. 104)
- Kratzdistel, Kohl- (S. 84)
- Scharbockskraut (S. 98)
- Schaumkraut, Wiesen- (S. 72)
- Taubnessel, Weiße (S. 28)
- Veilchen, März- (S. 95)

Echtes Mädesüß

Filipendula ulmaria

ROSENGEWÄCHS

J	F	M	A	M	J	J	A	S	O	N	D

In vielen Nasswiesen, Bruch- und Auenwäldern, in Hochstaudenfluren und an Ufern wächst eine bis 1,50 m hohe Staude mit gefiederten Blättern. Die wissenschaftliche Bezeichnung der Art bezieht sich darauf, dass die größeren der Fiederblättchen wie bei den Ulmen asymmetrisch sind *(ulmaria)*. Mancherorts wird das Mädesüß deshalb auch „Rüsterstaude" genannt (Rüster = Ulme). Am Grunde der Blätter sitzen zwei stängelumfassende Nebenblätter. Auffällig sind auch die roten Blattstängel der ausgewachsenen Blätter.

Süßer Duft

Die Blütenstände der Staude fallen sofort ins Auge. „Spirren" nennt man diese Art von Rispen, bei denen seitenständige Blütenstände mittelständige überragen. Zahllose Insekten werden von dem duftenden Blütenmeer angelockt.

Schon von weitem ist der intensive, süßliche Duft der Pflanze wahrzunehmen, welcher diesem Rosengewächs den Namen verleiht: Mädesüß. Im Althochdeutschen heißen Mähwiesen „mada". Süßer Duft über Mähwiesen! Vielleicht geht der Name auch darauf zurück, dass früher Honigwein (Met) mit Mädesüß gewürzt wurde. Er stammt jedoch nicht, wie man meinen könnte, von einem „süßen Mädel" ab.

Wintersteher

Im September reifen die interessant aussehenden Früchte heran. Aus jeder einzelnen der zahllosen kleinen Blüten der Spirre entwickeln sich 5 bis 8 Nüsschen, die sich umeinander winden, so dass es aussieht, als handele es sich um nur eine Frucht. Noch lange in den Winter hinein können diese interessanten Gebilde entdeckt werden. Solche Pflanzen werden auch „Wintersteher“ genannt. Solche Pflanzen nennt man auch „Wintersteher“. Die Nüsschen, die jeweils zwei Samen beinhalten, werden vom Wind verweht oder aber aufgrund ihrer Schwimmfähigkeit über Wasser verbreitet. Die Standorte der Pflanze sind ja vorwiegend von Wasser geprägt.

Aspirin

Im Echten Mädesüß wurde im Jahre 1839 die Grundlage eines Wirkstoffs entdeckt, der heutzutage in annähernd jeder Hausapotheke zu finden ist. Es handelt sich um Salicylsäure, ein Mittel gegen Kopfschmerzen. Etwa 60 Jahre später konnte die ähnlich wirkende Acetyl-Salicylsäure synthetisch hergestellt werden, die Grundlage der Aspirin-Tablette. Der Name Aspirin entstand aus „A“-cetyl und „Spir“-aeasäure, da Mädesüß früher auch *Spiraea ulmaria* genannt wurde. Da hatten die alten Germanen, die ihren Met mit Mädesüß würzten, ein gegen den Kater wirkendes Mittel in Form von natürlichem Aspirin gleich mitgetrunken! Ob sie das wussten?

Dämonenabwehr

Traditionell wurde das duftende Mädesüß über die Jahrhunderte als Streugut für den Boden verwendet, um den Raum zu aromatisieren und Dämonen fern zu halten.

Gesundheit

Ein Tee aus den jungen Blättern, Blütenknospen und Blüten kann gegen Fieber, Erkältungskrankheiten, Kopfschmerzen und Rheuma eingesetzt werden. Als Einreibemittel dient eine Tinktur gegen Gelenkschmerzen, Rheuma und Gicht.

Inhaltsstoffe: ätherische Öle, Flavonoide, Gerbstoffe, Schleimstoffe, Salicylsäure

Wichtig

Menschen, die empfindlich auf Salicylsäure reagieren, sollten Mädesüß nicht anwenden.

Mädesüß-Tee gegen Fieber (S. 267)
Mädesüß-Einreibetinktur (S. 286)

Verwendung in der Küche

Die jungen, im Geschmack an Mandeln erinnernden Blätter, können im Frühjahr Gemüsegerichten beigegeben werden. Mit den honigsüßen Blüten werden Limonaden, Liköre, Gelees, Marmeladen und Süßspeisen wie auch Sahne und Tee aromatisiert.

Zitronen-Eis mit Mädesüß-Sahne (S. 329)
Mädesüß-Apfelsaft-Gelee (S. 335)

Tipp

Aufgrund des süß-herben Duftes eignen sich die Blüten des Krautes zur Beimischung in Duft-Potpourris.

Echter Baldrian

Valeriana officinalis

BALDRIANGEWÄCHS

Der Echte Baldrian wächst vor allem auf nährstoffreichen, nassen Böden. Er ist in Feuchtwiesen, an Bächen, Graben- und feuchten Wegrändern zu finden. Die bis über 1,50 m hohe Pflanze wird auch Großer Baldrian genannt und weist unpaarig gefiederte, gegenständige Blätter auf. Sehr auffällig sind die von Juni bis August erscheinenden rispenartigen Blütenstände mit den einzelnen, doldenartigen Teilblütenständen, die wie kleine Schirmchen aussehen. Auch sie stehen sich immer paarweise am Blütenstängel gegenüber. Das endständige Schirmchen an der Spitze bildet eine Ausnahme. Unzählige Insekten sieht man zur Blütezeit auf den kleinen, hellrosafarbenen Blütchen sitzen, die auffällig asymmetrisch sind.

Baldrianwurzel

Dort, wo Baldrian zu finden ist, treten meist viele Pflanzen auf, da er sich durch unterirdische Wurzelsprosse (Rhizome) ausbreitet. Aus den zwar nur kurzen, jedoch zahlreichen Rhizomen entstehen neue Pflanzen. Die unterirdischen Teile der Pflanze weisen den charakteristischen Baldriangeruch auf, sowie heilsame Inhaltsstoffe, die seit alters her gegen nervöse Angst- und Spannungszustände eingesetzt werden. Daher wird die Pflanze auch Arznei-Baldrian genannt.

Gegen Sorgen und Dämonen

Wie heißt es so schön bei Wilhelm Busch: „Wer Sorgen hat, hat auch Likör." Mit Sorgen schläft es sich schlecht. Dagegen wirkt ein Gläschen Baldrian-Likör Wunder. Beim Likörgenuss sollte es einem jedoch nicht so ergehen wie Busch's frommer Helene, die nicht von dem Trank lassen konnte: „Hier sieht man ihre (Helenes) Trümmer rauchen, der Rest ist nicht mehr zu gebrauchen."

Im Mittelalter wurden Pflanzen mit starkem Aroma gegen die Pest und zur Abwehr von Hexen eingesetzt: „Baldrian, Dost und Dill, kann die Hex nicht wie sie will."

Katzenwurz

Auf Kater hat Baldrian eine ganz spezielle Wirkung. Der unangenehme Geruch der Wurzelsprosse ähnelt dem Lockduft läufiger Katzen und wirkt dadurch stark anziehend auf die männlichen Verehrer. Baldrian wird daher mancherorts auch „Katzenkraut" oder „Katzenwurz" genannt.

Verwandte Art

Der Kleine Baldrian, auch Sumpf-Baldrian genannt, weist im unteren Bereich ungeteilte Blätter auf und bleibt mit einer Höhe von etwa 30 cm wesentlich kleiner als der Echte Baldrian. Die Pflanze ist in Moor- und Sumpfwiesen zu finden und wesentlich seltener als ihr großer Verwandter. In den meisten Bundesländern ist sie geschützt.

Gesundheit

Beruhigend wirkende Valerensäuren in den Wurzeln wirken gegen nervöse Angst- und Spannungszustände. Abends eingenommen, verhilft Baldrian zu ruhigen Nächten; tagsüber eingenommen, macht er ruhig und gelassen, aber nicht müde. Auch gegen Krämpfe im Magen-Darm-Trakt und bei Menstruationsbeschwerden ist Baldrian ein Mittel der Wahl.

Inhaltsstoffe: Ätherisches Öl, Alkaloide, Valerensäuren

Wichtig

Eine zu geringe Dosierung kann zu entgegengesetzten Wirkungen wie Unruhe und Schlaflosigkeit führen!

Baldrian-Tee (S. 264)
Baldrian-Tinktur (S. 264)
Baldrian-Beruhigungsbad (S. 264)

Verwendung in der Küche

Vor der Blüte geerntet eignen sich die jungen, bitteren Blätter als Gewürz. Die Blüten können zur Dekoration von Speisen eingesetzt werden. Getrocknete und gemahlene Wurzeln der Baldrianpflanze lassen sich sparsam als leicht bitter schmeckendes Gewürz für Gemüse und Bratgerichte verwenden.

Tipp

Allein der Anblick der hübschen Pflanze am Rande des eigenen Gartenteiches oder an einer anderen feuchten Stelle im Garten kann zur Entspannung beitragen.

Drüsiges Springkraut

Impatiens glandulifera

BALSAMINENGEWÄCHS

J	F	M	A	M	J	J	A	S	O	N	D

Das Drüsige Springkraut wird auch Indisches Springkraut genannt, weil es in der Mitte des 19. Jahrhunderts aus seiner Heimat Ostindien als Gartenzierpflanze nach England kam. Aus den Gärten heraus ist die einjährige Pflanze verwildert und hat sich bis heute als Neubürger über ganz Mitteleuropa ausgebreitet. Sie besiedelt vor allem feuchte und nasse Standorte wie Uferbereiche und Auenwälder, ist aber auch an Weg- und Grabenrändern wie auf Brachland zu finden. Die Bestände sind mancherorts so groß, dass sie die heimische Vegetation vollständig verdrängen. Auch Imker trugen zu dieser Entwicklung bei, da sie die äußerst pollen- und nektarreiche Pflanze als Bienenfutterpflanze aussäten.

Die einjährige Pflanze wird mit ihren durchscheinenden Stängeln bis zu 2,50 m hoch und ist im oberen Bereich verzweigt. Die lanzettlichen, scharf gezähnten Blätter können bis zu 25 cm lang werden. Während sie im unteren Bereich des Stängels gegenständig sind, stehen sie im oberen quirlförmig beieinander.

Rotspitzige Drüsen

Typisch und namensgebend für das Drüsige Springkraut sind die zwischen den Blattstängeln und an den Blattstielen sitzenden kleinen, rotspitzigen Drüsen (lat. *glandulifera* = Drüsen tragend).

Bauernorchidee

Ab Juni erscheinen die blass- bis karminroten, intensiv duftenden Blüten. Sie können bis zu 4 cm lang werden und weisen einen Sporn auf. Weil sie Orchideenblüten ähneln, wird die Pflanze auch „Bauernorchidee" genannt. Nicht allein Bienen, sondern auch Hummeln suchen die intensiv duftenden Blüten auf. Im September und Oktober reifen die dunklen Samenkapseln. Bei der geringsten Berührung rollen sich die Fruchtklappen plötzlich spiralförmig auf und schleudern bis zu 10 Samen über mehrere Meter weit hinaus (lat. *impatiens* = ungeduldig, gespannt). Auf dieser effektiven Vermehrungsstrategie beruht die rasante Ausbreitung aller „Spring"kräuter.

Ernte- und Geschmackserlebnis

Das Ernten der Samen ist eine kitzelige Angelegenheit, wenn die Samenkapseln in der Hand aufspringen! Die Samen weisen ein nussartiges Aroma auf.

Verwandte Arten

In schattigen Wäldern und Hecken finden sich zwei Verwandte des Drüsigen Springkrautes. Das Große Springkraut *(Impatiens noli-tangere)* ist heimisch, blüht gelb und wird bis zu einem Meter hoch. Das Kleine Springkraut *(Impatiens parviflora)* mit einer Größe von nur 60 cm weist wesentlich kleinere

Blüten auf. Letzteres stammt ursprünglich aus Ostasien, büchste in der Mitte des 19. Jahrhunderts aus dem Botanischen Garten in Berlin aus und hat sich ebenfalls einen festen Platz in unserer Vegetation erobert. Beide Arten weisen den typischen Sporn und die „springenden“ Samen auf.

Gesundheit

Über Heilwirkungen des Drüsigen Springkrautes lassen sich in der einschlägigen Literatur nur wenige Einträge finden. Äußerlich, so heißt es, ist es als Teeauszug zur Wundbehandlung einsetzbar.
Samen und Blüten sollten nur in kleinen Mengen verzehrt werden. Vor dem Ernten der Blüten sollten diese auf versteckte Tiere untersucht werden.

Inhaltsstoffe: Öl, Gerbstoffe

Verwendung in der Küche

Die Blüten des Drüsigen Springkrautes lassen sich in kleinen Mengen als essbare Dekoration verwenden. Nicht nur die reifen schwarzen, auch die unreifen, noch weißen Samen weisen ein nussartiges Aroma auf und lassen sich in kleinen Mengen wie Nüsse in Gebäck, Desserts und anderen Gerichten einsetzen oder einfach so knabbern. Aus den Samen lässt sich auch Speiseöl gewinnen.

Nuss-Dessert (S. 330)

Brach- und Ruderalfläche

Brachflächen sind vorübergehend stillgelegte Flächen, die für einen gewissen Zeitraum nicht genutzt oder bewirtschaftet werden. Sie werden auch als „Unland“ oder „Ödland“ bezeichnet.

Zu Zeiten der „Dreifelderwirtschaft“ lag in jedem Jahr ein Drittel der landwirtschaftlichen Fläche turnusgemäß brach. Heute sind es die von Flächenstilllegungsprogrammen betroffenen Acker- und Grünlandflächen, die eine Zeit lang aus der Nutzung herausgenommen werden. In den Randbereichen unserer Siedlungs- und Industriegebiete finden sich vielerorts brachliegende Flächen, die für eine Umnutzung vorgesehen sind. Bei diesen „Bauerwartungsflächen“ handelt es sich meist um ehemalige Acker- oder Grünlandflächen. Forstwirtschaftlich genutzte Flächen, die nach dem Holzeinschlag vorübergehend brach liegen, werden auch als „Schlagfluren“ bezeichnet. Auch ungenutzte Gärten liegen „brach“.

Typisch für alle Brachflächen ist die von menschlichem Einfluss weitgehend ungestörte Entwicklung der Vegetation. Je nach den Standortverhältnissen entwickelt sich mit der Zeit ein meist farbenprächtiger, vielfältiger Pflanzenbewuchs, der auch Lebensraum für eine artenreiche Tierwelt bietet.

Je nach Ausgangssituation sind die Entwicklungen unterschiedlich. Auf Flächen mit offenem Boden, wie zum Beispiel Ackerbrachen, keimt zunächst der im Boden vorhandene Samenvorrat einjähriger Ackerwildkräuter. Diese werden nach und nach von mehrjährigen Stauden und Gräsern verdrängt. Lange bevor das Endstadium der natürlichen Entwicklung, der Wald, erreicht ist, wird die Brache meist wieder der menschlichen Nutzung zugeführt. Ausnahmen können zum

Beispiel Ackerstandorte auf unrentablen Flächen sein, die ganz aus der Nutzung herausgenommen werden und auch langfristig sich selbst überlassen bleiben.

Bei brach liegenden Grünlandflächen geht die Entwicklung zu einem vielfältigen Pflanzenwuchs anders vonstatten. Aufgrund der dichten Grasnarbe fällt das Stadium der Besiedlung mit einjährigen Arten aus; auch Gehölzarten haben es schwer, hier Fuß zu fassen. Es bedarf eines langen Zeitraumes, bis sich aus der vom Menschen beeinflussten wieder eine naturnahe Pflanzendecke entwickelt.

Bei Ruderalflächen handelt es sich um Plätze, die aus Kies, Schotter oder Schutt bestehen (lat.: *rudus* = zerbröckeltes Gestein, Geröll, Schutt), wie zum Beispiel Randbereiche von Schotterwegen, Bahn- und Gleisanlagen, Trümmerhalden oder andere steinhaltige Abbruchgelände. Hier können nur solche Pflanzen wachsen, die an die hier herrschenden extremen Standortbedingungen angepasst sind.

Wildpflanzen der Brach- und Ruderalflächen

Beifuß, Gewöhnlicher (S. 225)
Gänsefuß, Weißer (S. 216)
Goldrute, Kanadische (S. 222)
Hellerkraut, Acker- (S. 198)
Hirtentäschel, Gewöhnliches (S. 195)
Huflattich (S. 189)
Johanniskraut, Echtes (S. 204)
Kamille, Echte (S. 201)
Knopfkraut, Behaartes (S. 207)
Nachtkerze, Gewöhnliche (S. 213)
Schachtelhalm, Acker- (S. 192)
Steinklee, Echter (S. 210)
Weidenröschen, Schmalblättriges (S. 219)

Gewöhnlicher Beifuß

Behaartes Knopfkraut

Weißer Gänsefuß

Kanadische Goldrute

Acker-Hellerkraut

Gewöhnliches Hirtentäschel

Huflattich

Echtes Johanniskraut

Echte Kamille

Gewöhnliche Nachtkerze

Acker-Schachtelhalm

Echter Steinklee

Schmalblättriges Weidenröschen

Weitere Wildpflanzen der Brach- und Ruderalflächen

- Bärenklau, Wiesen- (S. 75)
- Brennnessel, Große (S. 16)
- Dost, Gewöhnlicher (S. 37)
- Fingerkraut, Gänse- (S. 34)
- Labkraut, Wiesen- (S. 78)
- Löwenzahn, Gemeiner (S. 59)
- Meerrettich (S. 52)
- Möhre, Wilde (S. 40)
- Nelkenwurz, Gewöhnliche (S. 107)
- Pastinak (S. 49)
- Schaumkraut, Behaartes (S. 246)
- Springkraut, Drüsiges (S. 181)
- Taubnessel, Weiße (S. 28)
- Vogelmiere (S. 255)
- Wegerich, Breit- (S. 24)
- Wegerich, Spitz- (S. 20)
- Wegwarte, Gewöhnliche (S. 46)

Huflattich

Tussilago farfara

KORBBLÜTLER

Geht es darum, frische Erdanrisse, Aufschüttungen, Äcker oder Schuttplätze zu besiedeln, ist der Huflattich einer der Pioniere. Mit seinen tief reichenden Wurzeln und den bis zu 2 m langen unterirdischen Ausläufern ist er sogar in der Lage, steile Böschungen zu festigen.

Auch Pflanzen können Schuppen haben! In der ersten Frühlingssonne, oft schon im Februar, drängen blattlose, geschuppte Stiele, mit goldgelben löwenzahnähnlichen Blütenköpfchen ans Licht. Der Huflattich ist vorziehend, das heißt, dass die Blüten vor den Blättern erscheinen. Die Schuppen haben also mit den eigentlichen Blättern nichts zu tun.

J	F	M	A	M	J	J	A	S	O	N	D

Zungen- und Röhrenblüten

Die Blütenköpfchen von Huflattich und Löwenzahn sehen sich auf den ersten Blick sehr ähnlich. Der Löwenzahn weist jedoch nur Zungenblüten auf, während der Huflattich neben den am Rande stehenden Zungenblüten noch Röhrenblüten in der Mitte der Köpfchen ausbildet. Bis zur Samenreife können sich die Stiele der Huflattichblüten um das Doppelte verlängern. Die Samen verbreiten sich wie beim Löwenzahn mit Schirmchen.

Des Wanderers Klopapier

Erst wenn die Blütenköpfchen welken, entwickeln sich die Blätter, die vom Umriss her einem Pferdehuf gleichen („Huf"lattich). Es handelt sich dabei um 10 bis 30 cm breite rundlich-herzförmige Blätter, die unterseits grau- bis weißfilzig sind (lat. *far* = Mehl, *ferre* = tragen). Aufgrund der weichen Unterseite werden die Blätter auch „des Wanderers Klopapier" genannt. Verwechseln kann man Huflattichblätter mit denen der Pestwurz und der Klette. Pestwurzblätter werden viel größer; Klettenblätter sind herzförmig zugespitzt.

Ehemals beliebtes Hustenmittel

In der Pflanzenheilkunde galt das Kraut früher als eines der besten Hustenmittel überhaupt (lat. *tussis* = Husten, *agere* = vertreiben). Neuere Untersuchungen haben allerdings ergeben, dass in den Blättern, aber vor allem in den Blüten Pyrrolizidin-Alkaloide enthalten sind, die in größeren Mengen und über längere Zeit eingenommen, Krebs erzeugen und die Leber schädigen können.

Während des ersten Weltkrieges wurden die Blätter als Tabakersatz geraucht. Antike Schriftsteller wie zum Beispiel Plinius der Ältere (etwa

23 – 79 n. Chr.) haben bereits den blauen Dunst des Huflattichs gepriesen – aus gesundheitlichen Gründen, wohlgemerkt: Tabak inklusive Hustenmittel. Genial – wird jeder Raucher jetzt denken. Keine Angst mehr vor dem Raucherhusten! Wenn da nur nicht die Pyrrolizidin-Alkaloide wären!

Gesundheit

In Apotheken und Drogerien wird heute Hustentee aus Huflattichsorten angeboten, die keine Pyrrolizidin-Alkaloide beinhalten. Haarspülungen mit Huflattich-Blättertee verringern das schnelle Nachfetten der Haare. Äußerlich ist Huflattich bei unreiner Haut heilend wirksam.

Inhaltsstoffe: Bitterstoffe, Flavonoide, Gerbstoffe, Pyrrolizidin-Alkaloide, Schleimstoffe

Wichtig

Wegen der leberschädigenden Pyrrolizidin-Alkaloide sollte Huflattich nur in kleinen Mengen verzehrt werden. Schwangere und stillende Frauen, sowie Kinder sollten ihn vorsichtshalber meiden.

Huflattich-Gesichtsdampfbad (S. 273)
Huflattich-Haarspülung (S. 271)

Verwendung in der Küche

Die jungen Blätter sind etwas schleimig und schmecken leicht bitter. In kleinen Mengen können sie zerkleinert als Zugabe zu Salat oder Wildgemüsegerichten verwendet werden. Geerntet werden sie, wenn sie etwa die Größe eines Handtellers aufweisen. Blanchierte Huflattichblätter lassen sich wie Kohl- oder Weinblätter füllen und verpacken.

In allen Wildkräuter-Rezepten in geringen Mengen verwendbar.

Acker-Schachtelhalm

Equisetum arvense

SCHACHTELHALMGEWÄCHS

J	F	M	A	M	J	J	A	S	O	N	D

Vor mehr als 300 Millionen Jahren bedeckten riesige Schachtelhalmwälder die Erde. Die Vorkommen der bei uns heute noch vorhandenen Vertreter der Schachtelhalmgewächse sind dagegen eher unscheinbar. Recht häufig ist der bis zu 40 cm hohe, mehrjährige Acker-Schachtelhalm zu finden. Er wächst an frischen bis feuchten Standorten auf Äckern, Wiesen und Ruderalstellen, wie auch an Wegrändern. Durch unterirdische Ausläufer, die mehrere Meter tief reichen können, vermehrt sich der Acker-Schachtelhalm auch vegetativ. Selbst kleinste, durch Zerhacken entstandene Sprossteile sind in der Lage, wieder neu auszutreiben. Im Garten ist er deshalb sehr unbeliebt. Das Auftreten in größeren Mengen ist ein Zeichen für einen verdichteten Boden mit Staunässe.

Ungeschlechtliche Vermehrung

Ende März sprießen blassbeige Gebilde aus dem Boden, die wie überschlanke Pilze aussehen. Sie besitzen kein Chlorophyll. Schachtelhalmgewächse entwickeln keine Blüten, sondern vermehren sich ungeschlechtlich durch Sporen. Beim Acker-Schachtelhalm sind diese in den kolbenähnlichen Spitzen zu finden. Aus den Sporen bilden sich Vorkeime, aus denen sich die grünen, wie kleine Tannenbäumchen aussehende Sommerpflanzen entwickeln.

Kattenstert und Pferdeschwanz

An den grünen, fein gegliederten Stängeln sitzen quirlig angeordnet die ebenfalls segmentierten Blätter. Stängel- und Blattglieder können wie kleine Schachteln auseinandergezogen und wieder zusammengesetzt werden. In vielen Volksnamen werden sie mit Tierschwänzen verglichen. So wird der Acker-Schachtelhalm zum Beispiel „Kattenstert“ (Katzenschwanz) genannt; der wissenschaftliche Name bezieht sich auf den Pferdeschwanz (lat. *equus* = Pferd, *seta* = Borste, Haar).

Kieselsäure

Der hohe Kieselsäuregehalt von bis zu 10% findet in der Heilkunde Verwendung, vor allem zur Festigung des Bindegewebes. Andererseits wurde das Kraut aufgrund dieses Inhaltsstoffes früher als Schleifmittel zum Reinigen von Metallgefäßen verwendet – daher stammt der volkstümliche Name „Zinnkraut“.

Verwechslungsgefahr

Beim Sammeln ist Vorsicht geboten, da der Acker-Schachtelhalm leicht mit dem stark giftigen Sumpf-Schachtelhalm *(Equisetum palustre)* verwechselt werden kann. Dieser wächst in nassen Wiesen und Sümpfen. Im

Gegensatz zum Acker-Schachtelhalm sind die Stiele der Sporen tragenden Triebe des Sumpf-Schachtelhalmes grün. Die „Tannenbäumchen" sehen sich jedoch sehr ähnlich. Das unterste Blattsegment ist beim Sumpf-Schachtelhalm kürzer als die den Stängel umfassende Scheide des Acker-Schachtelhalmes; die Segmente sind hier länger.

Gesundheit

Ein Tee aus den grünen Trieben des Acker-Schachtelhalmes gilt als harntreibendes Mittel gegen Blasen- und Harnwegsentzündungen und bei Prostatabeschwerden. Er stärkt das Bindegewebe, fördert das gesunde Wachstum von Haaren und Nägeln, regt den Hautstoffwechsel an und hilft gegen rheumatische Beschwerden. Für die Teebereitung werden junge, grüne Triebe zum Trocknen geerntet.

Inhaltsstoffe: viel Kieselsäure, Flavonoide, Kalium, Magnesium

Wichtig

Die grünen Triebe wie auch die Kolben sind leicht mit denen des giftigen Sumpf-Schachtelhalmes zu verwechseln.

Schachtelhalm-Tee (S. 285)
Fußpilz-Tinktur (S. 275)

Verwendung in der Küche

Gewaschen und geschält können die im Frühjahr erscheinenden bräunlichen Kolben des Acker-Schachtelhalmes Salaten beigegeben oder in Omelettes oder Aufläufen verarbeitet werden. Sie weisen einen pilzähnlichen Geschmack auf.

Kolben-Rührei (S. 323)

Gewöhnliches Hirtentäschel

Capsella bursa-pastoris

KREUZBLÜTLER

J	F	M	A	M	J	J	A	S	O	N	D

„Gewöhnlich“ werden Pflanzen genannt, die sehr häufig und fast überall zu finden sind. So auch das Hirtentäschel. Der kleine Kreuzblütler ist sehr genügsam in seinen Ansprüchen an den Standort und daher fast überall verbreitet: auf Äckern und in kurzlebigen Ruderalflächen, auf Brachflächen, in Gärten wie auch an Wegrändern, selbst an den unwirtlichsten Stellen, wie zum Beispiel zwischen Pflastersteinen oder in Mauerfugen.

Die Höhe des ein- bis zweijährigen Hirtentäschels kann je nach Nährstoffgehalt des Standortes zwischen 2 und 60 cm betragen. Die überwinternde Rosette der Pflanze ähnelt mit ihren gezähnten Blättern der des Löwenzahns, manchmal sind die Blätter aber auch ganzrandig. Typisch für die Stängelblätter ist der pfeilförmige Grund, mit dem sie den Stängel umfassen.

Hirtentaschen

Zu Anfang weist der Blütenstand dicht gedrängte Blüten auf. Im Laufe der Blüte- und Fruchtzeit entwickelt er sich zu einer lockeren, blattlosen Traube, an der alle Entwicklungsstadien der Blüten von der Knospe bis zur reifen Frucht zu finden sind. Während oben

am Blütenstand geschlossene Blütenknospen vorhanden sind, stehen darunter die kleinen weißen Blütchen und weiter unten an waagerechten, langen Stielen die herzförmigen Schötchen. Letztere erinnern an die im Mittelalter von Hirten getragenen Felltaschen (lat. *capsa* = Kapsel, *bursa* = Tasche und *pastor* = Hirte).

Schnellvermehrer

Das Gewöhnliche Hirtentäschel blüht und fruchtet fast das ganze Jahr hindurch. Mit bis zu vier Generationen im Jahr zählt die Pflanze zu den „Schnellvermehrern“. 60.000 Samen pro Pflanze und Jahr sind möglich. Einige davon werden von Regenwürmern in das Erdreich eingearbeitet. Dort können sie lange Zeit verweilen und Phasen mit ungünstigen Lebensbedingungen überdauern. Andere Samen bleiben an Tieren, Schuhen und Reifen hängen und breiten sich so weitläufig aus. Heute ist die Pflanze weltweit verbreitet.

Heilkunde

„Der liebe Gott hat dieses Kräutlein extra mit vielen kleinen Taschen, ähnlich den Taschen der Schafhirten, ausgestattet ... legt immer etwas Gutes hinein...“. So schreibt Johann Künzle (1857 – 1945) über das Hirtentäschel und die blutstillenden Heilwirkungen. In Kriegszeiten mussten Schulkinder das Kraut für Lazarette sammeln. Frisches, zerstoßenes Hirtentäschelkraut wurde auf die Verletzungen gelegt. Über die Möglichkeiten der Anwendung in der Frauenheilkunde ist jedoch viel gestritten worden. Heute ist die Wirkung belegt; eine Medikation sollte jedoch nur nach fachärztlicher Beratung vorgenommen werden.

Gesundheit

In der Heilkräuterkunde gilt das Hirtentäschel als blutstillend und wird gegen leicht blutende Hautverletzungen, Zahnfleisch- und Nasenbluten eingesetzt.

Inhaltsstoffe: Flavonoide, Gerbstoffe, Kalium, Natrium, Saponine, Senföle

Wichtig

Schwangeren ist von der Verwendung des Krautes abzuraten, da es wehenfördernd wirkt.

Hirtentäschel-Breiumschlag (S. 273)
Hirtentäschel-Tinktur (S. 273)

Verwendung in der Küche

Die jungen Blätter schmecken am besten, wenn sie vor der Blüte im Frühjahr gesammelt werden. Sie können Salaten oder Gemüse beigegeben werden. Je nach Jahreszeit weisen sie einen pikant rettichartigen oder eher bitteren Geschmack auf. Der obere Teil des Stängels mit den Blüten und jungen Schötchen schmeckt dagegen mild und süß.

Hirtentasche (S. 324)

In allen Wildkräuter-Rezepten als Gewürz verwendbar.

Acker-Hellerkraut

Thlaspi arvense

KREUZBLÜTLER

J	F	M	A	M	J	J	A	S	O	N	D

Wie der Name andeutet, wächst das Acker-Hellerkraut mit Vorliebe auf Äckern (lat. *arvensis* = Acker). Dort, wie auch im Garten, ist es nicht sonderlich beliebt, da es bis zu einem halben Meter tief wurzelt. Die einjährige Pflanze besiedelt Rohböden und kurzlebige Unkrautfluren und ist daher nicht nur auf dem Acker und im Garten, sondern auch auf Ruderal- und Brachflächen zu finden. Wo sie wächst, ist der Boden meist nährstoffreich und lehmig (Lehmzeiger). Mancherorts wird das Kraut nur wenige Zentimeter groß, anderenorts erreicht es mit Höhen von über 50 cm stattliche Ausmaße. Unten am kantigen, meist verzweigten Stängel sitzen längliche, gestielte Blättchen. Darüber finden sich ungestielte Blättchen mit gezähnten Blatträndern und pfeilförmigem Blattgrund, mit dem sie den Stängel regelrecht zu umarmen scheinen. Wie es für Kreuzblütler typisch ist, bestehen die kleinen weißen Blütchen aus jeweils vier Blütenblättern.

Geldbaum

„Auf Heller und Pfennig“! Ein Heller ist eine Kupfermünze, die früher einen halben Pfennig wert war und heute als Sammlerobjekt begehrt ist. Erst beim Erscheinen der Früchte, wird die Namensgebung des Acker-Hellerkrautes deutlich. Die flache, am Rande geflügelte Frucht ist fast kreisrund und erinnert daher an eine Münze. Wenn sie reif ist, leuchtet sie sogar golden. Mancherorts wird das Acker-Hellerkraut auch Acker-Pfennigkraut genannt. An der Spitze der Frucht befindet sich ein schmaler, tiefer Einschnitt.

Der zunächst gedrungene Blütenstand zieht sich im Laufe der Fruchtreife auseinander und sieht später wie ein kleiner Geldbaum aus. Wie beim Hirtentäschel sitzen oben am Blütenstängel noch ungeöffnete Blütenknospen, während sich unten schon reife Früchte befinden. Einzelne Pflanzen können bis zu 900 Samen produzieren.

Windstreuer

Zur Verbreitung der Samen bedient sich das Acker-Hellerkraut der Energie des Windes. Die geflügelten Früchte bieten diesem eine breite Angriffsfläche. Mit der Kraft des Windes werden die reifen Samen aus den Fruchtkapseln herausgeschleudert. Die elastischen Stängel unterstützen diesen Vorgang, da sie in der Lage sind, weit ausholende Bewegungen zuzulassen. Dort, wo die versprengten Samen geeignete Wuchsbedingungen antreffen, sind schnell neue Standorte besiedelt.

Kulturbegleiter

Das Acker-Hellerkraut ist ein „Kulturbegleiter“, das heißt es tritt dort auf, wo der Mensch wirtschaftet. Solche Pflanzen wären in einer vom Menschen unbeeinflussten Naturlandschaft weniger häufig verbreitet. Die Pflanze benötigt zum Keimen frisch angerissene Böden, die in der Nähe der menschlichen Siedlungen und auf Äckern häufig anzutreffen sind. Erste Nachweise von Samen, die in der Nähe menschlicher Siedlungen erbracht wurden, gehen beim Acker-Hellerkraut auf die Jungsteinzeit (etwa 5000 bis 2000 v. Chr.) zurück.

Gesundheit

Das Acker-Hellerkraut weist eine entzündungshemmende Wirkung auf, ist aber als Heilkraut kaum von Bedeutung gewesen.

Inhaltsstoffe: Bitterstoffe, Magnesium, Senföle

Verwendung in der Küche

Von April bis Juni können die scharfwürzigen, im Geschmack an Kresse erinnernden Blätter geerntet und gegessen werden. Aus den frischen, knospenden Blütenständen lässt sich zum Beispiel ein Buttergemüse herstellen. Die Blüten eignen sich als essbare Dekoration.
Aus den ölreichen Samen wurde früher Öl gewonnen, die Samen als Senfersatz verarbeitet.

Wildkräuter-Frikadellen (S. 328)

In allen Wildkräuter-Rezepten verwendbar.

Echte Kamille

Matricaria recutita

KORBBLÜTLER

J	F	M	A	M	J	J	A	S	O	N	D

In der freien Landschaft wächst die Echte Kamille vor allem auf eng mit dem Wirken des Menschen in Verbindung stehenden Standorten wie Äckern, Ruderalflächen und anderen kurzlebigen Wildkrautfluren; zum Beispiel auch auf frisch angelegten Straßenböschungen. Die Echte Kamille ist nachweislich seit der jüngeren Steinzeit in der Nähe der Menschen zu finden.
Sie ist einjährig, wird bis zu 50 cm hoch und weist zwei- bis dreifach gefiederte, schmale Blättchen auf.

Hohler Korbboden

Die Kamille steht von Mai bis Juli in Blüte. Je Blütenkörbchen umrahmt ein Kranz aus etwa 15 weißen Zungenblüten eine Vielzahl von gelben Röhrenblütchen. Der Korbboden, auf dem die gelben Röhrenblütchen sitzen, ist hohl und wölbt sich bei der Echten Kamille zur Erntezeit hin kegelförmig auf; gleichzeitig richten sich die Zungenblüten nach unten. An diesen Merkmalen ist die Echte Kamille gut zu erkennen.

Verwandte Arten

Die Geruchlose Kamille *(Matricaria inodora)* sieht der Echten Kamille zum Verwechseln ähnlich, weist aber nicht den typischen Kamillegeruch auf und

hat keinen hohlen Korbboden. Kamillepflanzen, die auch duften, aber keine weißen Zungenblüten ausbilden, sind nicht etwa einem Verliebten zum Opfer gefallen („Sie liebt mich, sie liebt mich nicht…“). Hier handelt es sich um die Strahllose Kamille *(Matricaria discoidea)*. Beide Verwandten wachsen an ähnlichen Standorten wie die Echte Kamille.

Pflanze der Mütter

Auf ihre Bedeutung in der Frauenheilkunde als „Pflanze der Mütter“ deutet der wissenschaftliche Gattungsname hin (lat. *matrix* = Gebärmutter). Auch die Mutter von Heinrich Kleist (1777 – 1811) schätzte die Heilwirkung der Kamille sehr und beklagte sich bei ihrem Sohn über die Dichter, „welche alle Blumen, nur die Kamille nicht besängen, die doch so heilsam sei“. Heinrich Kleist tat ihr den Gefallen und schrieb unter dem Titel „Als sie die Kamille besungen wissen wollte“ folgendes: „Das Blümchen, das, dem Tal entblüht, Dir Ruhe gibt und Stille, Wenn Krampf dir durch die Nerve glüht, Das nennst du die Kamille. Du, die, wenn Krampf das Herz umstrickt, O Freundin, aus der Fülle, Der Brust mir so viel Stärkung schickt, Du bist mir die Kamille.“

Gesundheit

Die entzündungshemmende und krampflösende Wirkung der Kamillenblüten ist seit alters her bekannt, vor allem bei Atemwegserkrankungen, Magenverstimmungen und krampfartigen Menstruationsbeschwerden. Kamillenaufgüsse oder -extrakte werden innerlich oder äußerlich in Form von Tees, Bädern und Spülungen verordnet. So sind zum Beispiel Kamillen-Dampfbäder bei Husten und Schnupfen ein bewährtes Hausmittel, aber auch bei Akne. Kamillen-Tee eignet sich zum Gurgeln gegen Halsinfektionen, als Wundauflage wie auch für Sitzbäder bei Hämorrhoiden. Mit Kamillenblüten gefüllte Schlafkissen haben sich bei unruhigen Kindern bewährt.

Das Kraut wird wenige Tage nach dem Aufblühen gesammelt und getrocknet. Für die Teebereitung werden nur die Blütenköpfchen verwendet, für Bäder das ganze Kraut.

Inhaltsstoffe: Ätherische Öle, Cumarine, Flavonoide, Schleimstoffe

Wichtig

Nicht anwenden, wenn eine Allergie gegen Korbblütler vorliegt!

Kamillen-Tee (S. 291)
Kamillen-Dampfbad (S. 279)
Kamillen-Haarspülung (S. 271)

Verwendung in der Küche

Nicht nur zu Heilzwecken werden die Blüten der Echten Kamille eingesetzt. Sie eignen sich auch für die Herstellung von Blütenbowlen und -limonaden. In kleinen Mengen können die aromatischen jungen Blätter zum Würzen von Speisen eingesetzt werden.

Tipp

Die Echte Kamille kann wie in alten Bauerngartenzeiten im Garten ausgesät und geerntet werden.

Echtes Johanniskraut

Hypericum perforatum

JOHANNISKRAUTGEWÄCHS

Das Echte Johanniskraut bevorzugt lichte, magere und trockene Standorte und wächst an Wegrändern wie auch auf Magerwiesen, Brach- und Ruderalflächen. Das reich verzweigte, mehrjährige Kraut wird bis zu 60 cm hoch und wurzelt tief in den Boden hinein.

Ätherische Öle und Harze

Schaut man sich die kleinen, eiförmigen Blätter einmal genau an, entdeckt man viele kleine helle Punkte – wie perforiert, mit Nadeln durchstochen (lat. *perforatum* = durchlöchert)! Es handelt sich jedoch nicht um Löcher, sondern um Drüsen mit lichtdurchlässigen ätherischen Ölen. In den 5-zähligen Kronen- und Kelchblättern dagegen finden sich dunkle Punkte und Streifen, die von eingelagerten Harzen herrühren. Daher ist es auch unter dem Namen Tüpfel-Johanniskraut bekannt.

Teufelsflucht

Eine alte Legende weiß eine Antwort auf die Frage der Entstehung der zahlreichen „Löcher“ in den Blättern. Über die große Heilkraft des Krautes soll sich der Teufel so aufgeregt haben, dass er in blinder Wut wild auf die Pflanze eingestochen hat.

Das teufelabwehrende Johanniskraut war natürlich auch den Hexen zuwider, die ja bekanntlich mit dem Teufel im Bunde stehen. Bei Hexenprozessen wurde daher den Beschuldigten ein Johanniskrauttrank verabreicht, damit „der Teufel fliehe“ und die Geständnisse ans Licht kämen. Mancherorts wird das Kraut auch „Teufelsflucht“ genannt.

Johannisblut

Von Juni bis September erscheinen die goldgelben Blüten mit den auffällig vielen Staubgefäßen. Zum Fest Johannes des Täufers (24. Juni) steht das Echte Johanniskraut in voller Blüte. Besonders große Heil- und Zauberkraft wurde dem an diesem Tag gesammelten Kraut zugesprochen. Beim Zerreiben der gelben Blütenknospen wird ein roter Saft freigesetzt. Dieser wurde früher mit dem Blut Christi in Verbindung gebracht, welches vom Kreuz tropfte. Die Rotfärbung geht auf die Stoffgruppe der Hypericine zurück, die die Pflanze auch zum Färben von Speisen und Textilien befähigt.

Photosensibilität und Sonnenbrand

Der Inhaltsstoff Hypericin kann zu einer erhöhten Lichtempfindlichkeit der Haut führen. Das gilt auch für das Weidevieh. Andererseits wirkt das blutrote Johanniskraut-Öl bei der Nachbehandlung von Sonnenbrand beruhigend auf die Haut.

Verwandte Johanniskrautarten

Von anderen bei uns heimischen Johanniskräutern unterscheidet sich das Echte Johanniskraut durch die mit Öldrüsen durchscheinenden Blätter, den deutlich zweikantigen Stängel und den roten Saft der Blütenknospen.

Gesundheit

Das Echte Johanniskraut ist eine seit Alters her geschätzte Heilpflanze. Es wirkt stimmungsaufhellend und antriebssteigernd und wird gegen Depression, Angst und Nervosität eingesetzt. Äußerlich findet Johanniskraut Anwendung bei rheumatischen Beschwerden, zur Wundheilung bei Verbrennungen und kleinen Verletzungen wie auch bei Prellungen und Verstauchungen. Beim Trocknen verträgt das Johanniskraut kein Licht. Das getrocknete Kraut ist auch für Schlafkissenfüllungen geeignet.

Inhaltsstoffe: ätherische Öle, Flavonoide, Gerbstoffe, Hypericine, Phytohormone

Wichtig

Während der innerlichen oder äußerlichen Anwendung die pralle Sonne meiden!

Johanniskraut-Tee gegen innere Unruhe (S. 265)
Johanniskraut-Tinktur gegen innere Unruhe (S. 265)
Johanniskraut-Öl (S. 274)

Verwendung in der Küche

Die jungen, herb-aromatischen Blätter oder Triebe werden als Zutat in Salaten, Eierspeisen, Kräuterquark und anderen Gerichten verarbeitet. Als essbare Dekoration können die süßlichen Blüten Salate zieren.

Behaartes Knopfkraut

Galinsoga ciliata

KORBBLÜTLER

J	F	M	A	M	J	J	A	S	O	N	D

In Unkrautfluren und Gärten, auf Äckern und Schuttplätzen hat sich das Behaarte Knopfkraut einen Platz erobert. Es ist ein Zeiger für stickstoffhaltige Böden (Stickstoffzeiger).
Mancherorts wird das vom Grunde an reich verzweigte Kraut mit den grob gezähnten Blättern nur 10 cm hoch, anderenorts erreicht es Höhen von bis zu 80 cm. Das Knopfkraut weist oben am Stängel eine auffällig abstehende Behaarung auf und wird daher auch Zottiges Knopfkraut genannt. Wie das Gänseblümchen gehört es zur Familie der Korbblütler. Die Blütenköpfchen dieser beiden Arten sehen sich recht ähnlich, das Knopfkraut bildet jedoch nur 5 Zungenblüten aus, die einen dreilappigen Rand aufweisen. Von Mai bis in den Oktober hinein ist das Knopfkraut blühend anzutreffen.

Verwandte Art

Leicht zu verwechseln ist das Behaarte Knopfkraut mit dem verwandten Kleinblütigen Knopfkraut *(Galinsoga parviflora)*. Letzteres wächst an ähnlichen Standorten und wird bis zu 60 cm hoch. Das Kleinblütige Knopfkraut ist zwar auch stellenweise behaart, aber nicht so zottig und abstehend wie das Behaarte, außerdem sind die gegenständigen Blätter feiner gezähnt. Die Blüten sind jedoch nicht wesentlich kleiner als die des Behaarten Knopfkrautes, obwohl dies

der Name „Kleinblütiges“ Knopfkraut weismachen will. In der Wildkräuterküche sind beide Arten gleichermaßen zu verwenden. Es gibt zahlreiche Bastarde zwischen den Verwandten.

Franzosenkraut

Knopfkräuter sind mancherorts auch unter dem Namen „Franzosenkraut“ bekannt. Zum Ende des 18. Jahrhunderts gelangte das Kleinblütige Knopfkraut, welches ursprünglich aus Peru stammt, in den botanischen Garten von Paris. Wegen seiner Schmackhaftigkeit soll es in Frankreich sogar feldmäßig angebaut worden sein. Von dort aus hat es sich zur Zeit der napoleonischen Feldzüge über ganz Europa ausgebreitet. Mit Vorliebe wächst es unter Kartoffeln. Ob es damit diesem Landsmann treu bleiben möchte? Auch die Kartoffel stammt ursprünglich aus Peru.

Eine andere Version besagt, dass die Herkunft des Namens Franzosenkraut auf die Ähnlichkeit der Blütenköpfchen mit den Knöpfen der Uniformen der französischen Soldaten zurückgeht. Damit wäre auch die Entstehung der Bezeichnung „Knopf“kraut erklärt.

Ausbreitungsfreudige Neubürger

Da sich die Knopfkräuter erst nach der Entdeckung Amerikas bei uns ansiedelten, zählen sie zu den Neubürgern.

Mit zwei bis mehr Generationen im Jahr und einer Anzahl von bis zu 300.000 jahrelang keimfähigen Samen pro Pflanze ist eine weltweite Verbreitung der einjährigen Pflanzenarten verständlich. Aufgrund der Frostempfindlichkeit keimen Knopfkräuter in unseren Breiten erst im Mai.

Gesundheit

Knopfkräuter weisen zahlreiche wertvolle Inhaltsstoffe auf, die für den Körper wichtig sind. Wegen des relativ hohen Eisengehaltes wurde das Kraut früher gegen Blutarmut eingesetzt, außerdem fand es als Mittel gegen grippale Infekte Verwendung.

Inhaltsstoffe: Calcium, Eisen, Kalium, Mangan, Vitamin A und C

Verwendung in der Küche

Junge, mild würzige Blätter und Triebe ähneln in ihrem Geschmack dem vom Salat und können mit Blütenknospen und Blüten von Mai bis September gesammelt und zu Salat, Gemüse oder Suppen verarbeitet werden. Die Blütenknöpfchen lassen sich als essbare Dekoration verwenden.

Wildkräuter-Spagettisoße (S. 327)
Franzosenkraut-Pesto (S. 343)

In allen Wildpflanzen-Rezepten verwendbar.

Echter Steinklee

Melilotus officinalis

SCHMETTERLINGSBLÜTLER

Wie der Name schon verrät, trifft man den Echten Steinklee fast überall dort an, wo der Boden steinig ist, auf sonnigen Schuttplätzen, Brachflächen, an Wegrändern und vor allem als Pionierpflanze auf Rohböden. Das ausgedehnte Wurzelwerk trägt dazu bei, dass sich großflächige Bestände entwickeln und der Boden gefestigt wird. Die zwei- bis mehrjährige Pflanze wird bis über einen Meter hoch und weist kleeartige (griech. *lotos* = kleeartig) Blätter auf. Wie alle Vertreter der Schmetterlingsblütler ist der Steinklee in der Lage, mit Hilfe von Bakterien Stickstoff aus der Luft zu binden.

J	F	M	A	M	J	J	A	S	O	N	D

Honig- und Waldmeisterduft

Die gelben, sehr nektarreichen Blüten des Echten Steinklees blühen von Juni bis in den September und duften nach Honig. Die Bedeutung als Bienenfutterpflanze findet sich im wissenschaftlichen Namen *Melilotus* wieder (griech. *mel* = Honig). Mancherorts wird die Pflanze auch „Honigklee“ genannt und von Bienenzüchtern ausgesät.

Die ganze Pflanze duftet beim Zerreiben nach Waldmeister. Verantwortlich dafür ist der Inhaltsstoff Cumarin, der wie beim Waldmeister bei angewelkten oder getrockneten Pflanzen intensiv duftet. Der Steinklee wird in vielen Büchern als schwach giftig angezeigt, da es bei reichlichem Genuss von cumarinhaltigen Speisen und Getränken zu Übelkeit, Benommenheit und vor allem zu Kopfschmerzen kommen kann. In geringen Mengen darf das Kraut jedoch verwendet werden.

Mottenmittel und Tabakersatz

Wie Waldmeister wurde Steinklee früher als Mottenmittel eingesetzt. In kleine Stoffbeutelchen eingenäht, verströmt das Kraut einen angenehmen Duft, der auch in Duftsträußen zur vollen Entfaltung kommt. In Notzeiten verwendete man Steinklee als Tabakersatz, die langen, festen Stängelfasern als Flachsersatz.

Verwandte Arten

Neben dem gelb blühenden Echten Steinklee, der auch Gewöhnlicher oder Gelber Steinklee genannt wird, gibt es den verwandten, ebenfalls gelb blühenden Hohen Steinklee *(Melilotus altissimus)*. Die beiden Arten lassen sich anhand der Früchte gut unterscheiden. Der Hohe Steinklee weist sehr spitze, netzrunzelige, behaarte Früchte auf, beim Gewöhnlichen Steinklee sind die Früchte querrunzelig und kahl. Dann gibt es noch den weiß blühenden Weißen Steinklee *(Melilotus albus)*. Alle drei Steinklee-Arten eignen sich zur Verwendung in der Küche, in der Wirkung als Heilkraut ist jedoch der Gewöhnliche Steinklee von besonderer Bedeutung.

Weißer Steinklee

Gesundheit

Der Echte Steinklee eignet sich für die äußerliche Anwendung gegen Blutergüsse, Prellungen und Quetschungen.

Inhaltsstoffe: Cumarin, Flavonoide, Gerbstoffe

Wichtig

Größere Mengen Steinklee können wegen des Inhaltsstoffes Cumarin zu Kopfschmerzen führen.

Steinklee-Auflage (S. 293)

Verwendung in der Küche

Durch Mitkochen lassen sich sowohl junge Triebe im Frühjahr als auch blühende im Sommer und Herbst zum Aromatisieren von Gemüsegerichten und Desserts einsetzen. Auch Bowlen und Getränke werden wie Waldmeister mit Steinklee verfeinert. Getrocknet und fein gehackt lassen sich Blüten und Blättchen als süßes Gewürz zum Aromatisieren verwenden, ab August die zarten Früchte.

Steinklee-Vanillepudding (S. 330)
Frischkäse mit Steinkleesamen (S. 339)

Tipp

Getrocknetes Kraut des Echten Steinklees eignet sich für Duftkränze oder -gestecke wie auch zum Befüllen von Duftkissen.

Gewöhnliche Nachtkerze

Oenothera biennis

NACHTKERZENGEWÄCHS

J	F	M	A	M	J	J	A	S	O	N	D

Zu Beginn des 17. Jahrhunderts wurde die Gewöhnliche Nachtkerze aus Amerika bei uns eingeschleppt. Sie kommt heute an trockenen Straßenrändern und Bahndämmen, auf Brachflächen und Schuttplätzen vor. Wegen ihrer Blütenpracht ist sie auch in zahlreichen Gärten zu finden.

Die Nachtkerze ist zweijährig (lat. *biennis* = zweijährig). Im ersten Jahr ihrer Entwicklung bildet sie eine Blattrosette aus, im zweiten Jahr treibt daraus der bis zu 1,6 m hohe, reichblütige Blütenstand. Die Blätter der Blattrosette weisen eine auffällige rosafarbene Mittelrippe auf. So weit sich die Pflanze in die Höhe streckt, vermag sie auch in die Tiefe zu wurzeln.

Für Nachtschwärmer

Ein einzigartiges Erlebnis ist das Entfalten der schönen gelben Blüten der Nachtkerze! Kurz vor der Dämmerung öffnen sich diese innerhalb von nur wenigen Minuten. Von der Sommersonnenwende bis in den August hinein ist das faszinierende Schauspiel Abend für Abend mit immer neuen Blüten zu beobachten. Nicht umsonst heißt diese Pflanze „Nacht“-kerze. Die bis zu 5 cm langen Blüten leuchten die ganze Nacht hindurch strahlend gelb. Sie sind eine Augenweide und verströmen zudem einen vanilleartigen Duft. Das sinnliche Erleb-

nis übertrifft jedes Fernsehprogramm! Wer das Öffnen der Blüte nicht abwarten kann, lege die hohlen Hände schützend um eine Blütenknospe. Durch die Wärme der Hände wird der Vorgang beschleunigt.

Vielleicht ist es dem einen oder anderen Nachtschwärmer, der dieses Schauspiel beobachtet, vergönnt, auf den seltenen „Nachtkerzenschwärmer“ zu stoßen. Die Nachtkerze ist die Futterpflanze der Raupen dieses Nachtfalters.

Nachtkerzenöl

Die Indianer Nordamerikas erkannten schon früh die Heilkraft der Nachtkerze. Aus den zerstoßenen Samen fertigten sie einen Brei, den sie auf erkrankte Hautstellen legten. Bei uns führte die Pflanze in dieser Hinsicht ein Schattendasein. In neuerer Zeit entdeckten Forscher jedoch einen erstaunlich hohen Anteil einer wertvollen Fettsäure (Gamma-Linolensäure) in den Samen. Um 1 g dieses kostbaren Inhaltsstoffes zu gewinnen, sind etwa 20.000 Samen nötig.

Schinkenwurzel und Kaffee-Ersatz

Da die etwas bitteren Wurzeln eine rötliche Farbe aufweisen, wird die Nachtkerze mancherorts auch „Schinkenwurzel“ genannt. Ein Pfund dieser Wurzelnahrung soll mehr Kraft geben als ein Zentner Ochsenfleisch. So hieß es früher.

In Kriegszeiten bereitete man aus den Samen der Nachkerze einen Kaffee-Ersatz.

Gesundheit

Nachtkerzensamen enthalten hochwertige Gamma-Linolensäure. Die entzündungshemmende Wirkung dieses Inhaltsstoffes wird heute in der Behandlung von Hauterkrankungen, wie zum Beispiel Neurodermitis, eingesetzt.

Inhaltsstoffe Samen: essentielle Fettsäuren (u.a. Gamma-Linolensäure), Phytohormone
Inhaltsstoffe Wurzel: Stärke, Eiweiß

Verwendung in der Küche

Die Wurzeln der Nachtkerze werden im Herbst des 1. Entwicklungsjahres ausgegraben und wie Schwarzwurzeln in der Küche verarbeitet: 20 Minuten in Gemüsebrühe gedünstet oder roh geraspelt zu Salat mit Essig und Öl angerichtet. Die im zweiten Entwicklungsjahr erscheinenden Blüten eignen sich als essbare Dekoration für Salate und Desserts oder zum Kandieren. Blütenknospen können wie Kapern eingelegt werden.

Schinkenwurzel-Salat (S. 315)
Gebratene Nachtkerzen-Blütenknospen (S. 320)
Blütenknospen-Kapern (S. 342)

Tipp

Warum nicht das allabendliche Schauspiel der Blütenöffnung in den eigenen Garten holen? Vielleicht neben dem Sitzplatz im Garten oder an der Terrasse!

J	F	M	A	M	J	J	A	S	O	N	D

Weißer Gänsefuß

Chenopodium album

GÄNSEFUSSGEWÄCHS

Der Weiße Gänsefuß wächst an sonnigen, nährstoffreichen Standorten und benötigt zum Gedeihen einen offenen Boden. So ist das einjährige, bis zu 1,30 m hohe Kraut vor allem auf Hackfruchtäckern und Ruderalstellen wie auch im Garten zu finden. Meist ist viel Stickstoff im Boden vorhanden (Stickstoffzeiger).

Kleine weißlichgrüne, unscheinbare Blütenknöpfchen entwickeln sich ab Juli an den grünen, oft rötlich überlaufenen Stängeln. Die im Herbst reifenden Samen sind bei vielen Vögeln eine beliebte Nahrungsquelle.

Gänsefußgewächse werden so genannt, weil einige der zu dieser Familie zählenden Arten gänsefußartige Blätter aufweisen (griech. *chen* = Gans / *podion* = Fuß). Eine weitere Beziehung zu diesem Federvieh besteht darin, dass früher junge Gänse mit den Blättern gefüttert wurden. Sie sind im jungen Zustand grün, später bläulich bereift und sehr formenreich. Wie mit Mehl bestäubt sehen sie aus und fühlen sich leicht feucht und fettig an.

Melde

„Melde haben wir früher gegessen. Das glaubt mir heute kaum noch jemand." So hört man ältere Menschen

reden. Wem sollte man es verdenken! Der Weiße Gänsefuß sieht aus, als wäre er von Mehltau befallen. Aber der Weiße Gänsefuß, volkstümlich „Weiße Melde" oder „Melde" genannt, ist tatsächlich essbar.
Die Spreizende Melde *(Atriplex patula)* sieht dem Weißen Gänsefuß recht ähnlich und ist ebenfalls als Wildgemüse verwertbar.

Gartenmelde und Guter Heinrich

Eng verwandt mit der Melde ist die Gartenmelde *(Atriplex hortensis)*, häufig wie die Wildform nur „Melde" genannt. Schon bei den alten Römern und Griechen stand dieses ursprünglich in Asien beheimatete, anspruchslose Gänsefußgewächs auf dem Speiseplan. Der Anbau der Gartenmelde reicht bis in die Neuzeit, wurde jedoch schon im Verlauf des Mittelalters vom Echten Spinat, der auch zu den Gänsefußgewächsen zählt, zusehends verdrängt.
Wie die Gartenmelde wurde der Gute Heinrich *(Chenopodium bonus-henricus)* Jahrhunderte lang in den europäischen Gärten als Gemüse- und Heilpflanze angebaut. Auch er musste sich vom ertragreicheren Spinat verdrängen lassen. Am Rande der bäuerlichen Siedlungsflächen fristete er noch eine Zeit lang als Ruderalpflanze sein Dasein, heute steht er in vielen Bundesländern auf der Roten Liste der gefährdeten Pflanzen.

Gesundheit

Der Weiße Gänsefuß ist ein nahrhafter Gemüseersatz mit vielen wertvollen Inhaltsstoffen.

Inhaltsstoffe: Eisen, Kalium, Magnesium, Oxalsäure, Phosphor, Saponine, Vitamin A und C, Zink

Wichtig

Melde enthält in geringen Mengen Oxalsäure und sollte daher nicht in großen Mengen verzehrt werden!

Verwendung in der Küche

Besonders im Frühjahr lassen sich die jungen, milden, wie Spinat schmeckenden Blätter und Triebspitzen roh zu Salaten verarbeiten. Im Sommer geerntete Blätter sind leicht bitter und werden daher (je nach Geschmack) nicht mehr roh gegessen. Dann lassen sich schmackhafte Aufläufe, spinatartige Gemüse oder Suppen aus den Blättern zubereiten. Bis in den Herbst hinein kann man die frischen Blütentriebe mit ihrem nussigen Geschmack über Salate oder Frischkäsebrote streuen.
Die winzigen, stärkereichen Samen wurden früher gemahlen und wie Getreidemehl verwendet.

Melde-Quiche (S. 325)
Melde-Gemüse (S. 322)
Melde-Füllung für Pfannkuchen (S. 324)

Tipp

Im Garten ist die Melde häufig in den Gemüsebeeten zu finden. Das „Unkrautjäten“ kann somit den Sommer über bis in den Herbst hinein zu einer Gemüseernte umgestaltet werden.

Schmalblättriges Weidenröschen

Epilobium angustifolium

KORBBLÜTLER

Das Schmalblättrige Weidenröschen besiedelt mit Vorliebe Kahlschlagflächen in Waldgebieten und bildet dort mit seinen unterirdischen, weit kriechenden Sprossen meist große Bestände aus. Die Licht liebende, mehrjährige Pflanze wird im Laufe der nachfolgenden Jahre durch neu aufgeforstete oder natürlich nachwachsende Gehölze beschattet und wieder verdrängt.

J	F	M	A	M	J	J	A	S	O	N	D

Trümmerpflanze

Nicht nur auf Kahlschlägen gehört das Schmalblättrige Weidenröschen zu den Pionierpflanzen. Auch Ruderalflächen und Trümmergrundstücke sind Standorte, die sie als eine der ersten besiedelt. Nach dem Krieg muss die „Trümmerpflanze" daher bei uns weit verbreitet gewesen sein.

Weide und Rose stehen Pate

Die bis zu 1,50 m hohe, aufrechte Pflanze weist einen rot überlaufenen, selten verzweigten Stängel auf. Der deutsche Name „Weidenröschen" bezieht sich auf die Ähnlichkeit der Blätter mit denen von Weiden und auf die rosenroten Blüten. Die Blütentraube ist endständig und weist eine Vielzahl von einzelnen Blütchen auf, die innerhalb eines Blütenstandes von unten nach oben aufblühen. Somit können alle Stadien an einer Blütentraube beobachtet werden, von der Knospe über die Blüte bis zur Frucht.

Raffinierte Bestäubung

Das Schmalblättrige Weidenröschen bildet „vormännliche“ Blüten aus. Damit ist die Pflanze in der Lage, eine Selbstbestäubung zu verhindern. Zuerst strecken die Blüten den Besuchern die männlichen Staubblätter als Anflugplatz entgegen. Bei der Landung bleibt den Insekten Pollen am Leib haften. Zu dieser Zeit hängt der weibliche Griffel noch mit geschlossenen Narben nach unten. Schon nach dem ersten Blühtag welken die Staubblätter und lassen sich hängen. Statt ihrer richtet sich nun der Griffel auf, spreizt seine vier Narbenlappen und lässt sich von Insekten, die mit Pollen von anderen Blüten beladen sind, bestäuben. Raffinierte Natur!
Diese interessanten Phänomene sind an einem einzelnen Blütenstand in allen Stadien zu sehen.

Samenhaare

Aus den langen Samenkapseln quellen zur Fruchtreife unzählige kleine Samen mit einem langen Haarschopf. Hunderttausende sollen es pro Pflanze sein. Der schirmchenförmige Haarschopf ermöglicht den Samen, sich vom Wind bis zu 10 km forttragen zu lassen – vielleicht bis zur nächsten Kahlschlagfläche, um diese vorrübergehend zu erobern.
In Skandinavien dienten die flauschigen Samenhaare früher als Füllmaterial, zum Beispiel für Kopfkissen.

Feuerkraut und Purpurpracht

Volkstümlich wird die Pflanze auch „Feuerkraut" genannt, da die roten Blüten große Flächen wie Feuer überziehen. „Die Weidenröschen bedecken / Die Blöße mit Purpurpracht / Durch rote Tannenstämme / Die goldene Sonne lacht..." So heißt es in einem Lied von Hermann Löns (1866 – 1914).

Gesundheit

In der Volksmedizin wurde früher aus dem Kraut des Schmalblättrigen Weidenröschens ein Tee gebrüht und gegen gutartige Prostatabeschwerden eingesetzt.

Inhaltsstoffe: Flavonoide, Gerbstoffe, Vitamin C

Verwendung in der Küche

Die frischen, wie Spargel schmeckenden Triebe und die leicht bitter schmeckenden Blätter der Pflanze können im Frühjahr roh unter Salate gemischt oder zu Gemüse verarbeitet werden. Blütenknospen und Blüten werden roh gegessen und als hübsche Dekoration über Salate gestreut.

Aus den Wurzeln wurde früher Mehl gemahlen, die getrockneten Blätter als Ersatz für Schwarztee aufgebrüht.

Wildkräuter-Frischkäse (S. 339)

In allen Wildkräuter-Rezepten verwendbar.

Kanadische Goldrute

Solidago canadensis

KORBBLÜTLER

Wie der Name sagt, stammt die Kanadische Goldrute ursprünglich aus Nordamerika und kam aufgrund ihrer Blütenpracht im 17. Jahrhundert als Zierpflanze in unsere Gärten. Von dort aus ist sie in die freie Landschaft verwildert und hat sich auf nährstoffreichen Böden in Unkrautfluren, an Waldrändern und Ufern einen festen Platz erobert. Wie viele andere Pflanzen unserer Flora zählt sie somit zu den Neubürgern (Neophyten). Wo sie einmal Fuß gefasst hat, breitet sich die Kanadische Goldrute mit ihren weithin kriechenden, unterirdischen Ausläufern flächendeckend aus. Das führt vielerorts zur Verdrängung der heimischen Wildpflanzen und somit zu einer Beeinträchtigung des ökologischen Gleichgewichtes.

Bis zu 2,50 m kann sie hoch werden! Damit ist die Kanadische Goldrute eine der höchsten unserer Wildstauden. An den unverzweigten, dicht kurzhaarigen Stängeln sitzen die schmalen, lanzettförmigen Blätter, die meist gesägt sind. Sie enthalten bis zu 4 % Kautschuk, haben sich als Gummilieferant bisher jedoch nicht bewährt.

J	F	M	A	M	J	J	A	S	O	N	D
							—	—			

Blütenmeer

Erst ab August sieht man die Pflanze in voller Pracht blühen. Unzählige kleine Blütenköpfchen sitzen in einer pyramidenförmigen Rispe am Kopf des Pflanzenstängels beieinander. Schaut man genau hin, ist zu erkennen, dass jedes einzelne der nur wenige mm breiten Blütenköpfchen des Korbblütlers im Prinzip wie beim Gänseblümchen aufgebaut ist. In der Mitte stehen viele Röhrenblütchen zusammen, am Rande die Zungenblütchen. Bei der Goldrute fallen jedoch die Zungenblütchen sehr kurz aus und alle Blütchen sind gelb.

Die Blütenrispen verströmen aufgrund ihres Nektarreichtums einen betörenden Duft, mit dem sie zahlreiche Bienen und andere Insekten anlocken. Bei massenhaften Vorkommen kann so eine Menge Honig produziert werden.

Schutzkraut

Die Goldrute ist eines der zahlreichen Schutzkräuter, die in manchen Gegenden zu Maria Himmelfahrt im traditionellen „Krautbund" gesegnet und ins Haus geholt werden.

Verwandte Arten

Die sehr ähnlich aussehende Riesen-Goldrute *(Solidago gigantea)* stammt ebenfalls aus Nordamerika. Trotz ihres Namens bleibt sie kleiner als die Kanadische Goldrute und weist unbehaarte, jedoch meist rötlich oder bläulich bereifte Stängel auf. Die bei uns heimische Echte Goldrute *(Solidago virgaurea)* bleibt mit bis zu 80 cm wesentlich kleiner als ihre beiden eingewanderten Verwandten. Sie hat aber deutlich längere Zungenblüten. Alle drei Arten können wie die Kanadische Goldrute heilkundlich eingesetzt werden; die seltenere Echte Goldrute ist in ihrer Wirkung jedoch vielseitiger.

Gesundheit

Aus den frischen oder getrockneten Blüten und Blättern lässt sich ein wohlschmeckender Blasen- und Nierentee zur Durchspülung und zum Entwässern zubereiten. Die pilzhemmende Wirkung der Goldrute kann gegen den Candida-Pilz eingesetzt werden. Bei Halsentzündungen wird mit Goldruten-Tee gegurgelt; Indianer kauten stattdessen die Blüten.

Inhaltsstoffe: ätherische Öle, Flavonoide, Gerbstoffe, Saponine

Wichtig

Aufgrund der starken harntreibenden Wirkung sollten Menschen mit Nieren- und Blasenproblemen vor der Anwendung ärztliche Rücksprache halten.

Goldruten-Tee (S. 284)
Goldruten-Wein (S. 284)

Verwendung in der Küche

Die nach Honig duftenden Blüten können zum Aromatisieren von Getränken verwendet werden.

Goldruten-Limonade (S. 307)

Tipp

Goldruten eignen sich als Zierpflanze und Bienenweide für den Garten. Bei der Planung sollte die Ausbreitungsfreudigkeit der Pflanzen bedacht werden.

Gewöhnlicher Beifuß

Artemisia vulgaris

KORBBLÜTLER

Der Gewöhnliche Beifuß ist mehrjährig und wächst an Wegen, Gräben und Ufern sowie vor allem auf Ruderalflächen. Die rotbraunen, unten verholzten Stängel können bis über 1,50 m hoch werden. Die fiederspaltigen Blätter sind auf der Oberseite dunkelgrün und kahl, auf der Unterseite weiß und filzig. Zur Blütezeit von Juli bis September erscheinen die gelblich bis rötlichbraunen kleinen Blütenköpfchen in Form einer Rispe. Hunderttausende von langlebigen Samen soll eine Pflanze jährlich produzieren können.

Vielseitige Verwendung

Bereits in vorchristlicher Zeit wurde der Gewöhnliche Beifuß zum Räuchern verwendet. Als Frauenheilkraut war er von der Antike bis ins Mittelalter sehr geschätzt und der Göttin der Frauen und Hebammen „Artemis" geweiht. Auch zur Wahrsagerei und beim Liebeszauber wurde das Kraut verwendet. Ein Zweiglein in den Brautkranz gewoben, galt als fruchtbarkeitsfördernd. Im 18. Jahrhundert war der Korbblütler als Universalgewürz so beliebt, wie heute die Petersilie in unserer heimischen Küche.

J	F	M	A	M	J	J	A	S	O	N	D

Der Beifuß ist mancherorts unter dem Namen „Fliegenkraut" bekannt, da getrocknete Zweige zum Vertreiben von Insekten eingesetzt werden können. „Moxa-Zigarren", die wir aus der chinesischen Medizin kennen, werden häufig aus getrocknetem Beifuß hergestellt.

Von den einst vielseitigen Verwendungszwecken ist kaum mehr als das Würzen des Gänsebratens in Erinnerung geblieben.

Bei Fuß

Der Name Beifuß weist auf die Kraft der Pflanze hin, den Wanderer vor Ermüdung zu schützen. Dazu muss er ihn „bei Fuß", also in den Schuhen tragen; nach manchen Quellen bindet man sich den Beifuß auch ans Bein. Entlang der römischen Heerstraßen soll der Gewöhnliche Beifuß aus diesem Grunde für die Soldaten angepflanzt worden sein. Für die Wirkung verantwortlich zeigt sich ein ätherisches Öl.

Wilder Wermut

Weil er dem Echten Wermut *(Artemisia absinthium)* ähnelt, den wir als alte Gewürz- und Arzneipflanze aus dem Garten kennen, wird der Gewöhnliche Beifuß auch „Wilder Wermut" genannt. Beide gehören zur Familie der Korbblütler. Die Blätter des Echten Wermuts sind beidseitig weißfilzig und weisen einen noch bittereren Geschmack auf als der Beifuß. In der Volksmedizin hat man die beiden Verwandten früher gleichwertig behandelt und ihnen auch die gleichen Heilwirkungen bescheinigt. Die Schulmedizin spricht dem Beifuß jedoch keine gleichwertige Rolle zu und bedient sich lediglich des Echten Wermuts.

Gesundheit

Die Bitterstoffe wirken appetitanregend und aktivieren die Verdauungssäfte in Magen und Darm. Schwere und fette Speisen werden bekömmlicher und leichter verdaulich.

Inhaltsstoffe: ätherische Öle, Bitterstoffe

Wichtig

Schwangere Frauen sollten beim Verzehr des Krautes Vorsicht walten lassen, da es geburtseinleitend wirkt.

Verwendung in der Küche

Das Kraut weist einen aromatischen, bittersüßen Geschmack auf und wird als Gewürz für fette und schwere Speisen verwendet. Von April bis Mai gesammelte Blätter sind weniger bitter und eignen sich zum Würzen von Schmalzbroten, Eier- und Käsespeisen, Suppen und Eintöpfen. Später im Jahr werden die blühenden Triebspitzen zum Würzen verwendet. Das blühende Kraut wird getrocknet und dann entweder gerebelt oder im Mörser pulverisiert. Nicht nur Gänse- sondern auch Enten- und Schweinebraten, kann mit dem Gewöhnlichen Beifuß gewürzt werden. Er passt aber auch gut zu fettem Fisch, wie Karpfen oder Aal.

Gänsebraten mit Äpfeln (S. 328)
Beifuß-Würzmischung (S. 348)

Einzelbaum

Am Brunnen vor dem Tore, da steht ein Lindenbaum, ich träumt' in seinem Schatten so manchen süßen Traum…". So heißt es in einem Volkslied von Wilhelm Müller (1794 – 1827).

Fast jedes Dorf hatte früher seine Dorflinde, abendlicher Treffpunkt der Dorfbevölkerung und Ort für Sommerfeste und Rendezvous. Vor allem Linden, aber auch Eichen, Buchen und Ahorne prägten als einzeln stehende, stattliche Bäume das Dorfbild. Gerichtseichen (sogenannte Fehmeichen), Grenzeichen, Marien-, Tanz- und Kirchenlinden sind heute kaum noch bekannt hinsichtlich ihrer Bedeutung im Brauchtum und Volksglauben. Zu Zeiten der Waldweidenutzung wurden Schweine und Kühe zur Mast in den Wald getrieben. Eicheln und Bucheckern waren ein begehrtes Viehfutter. Während der Jungwuchs der Bäume vom Vieh meist verbissen wurde, förderte der Mensch das Heranwachsen einzelner Bäume für die Mast. So entstanden in zahlreichen Landstrichen eindrucksvolle „Hudebäume".

Dorflinden sind heute vielerorts nicht mehr vorhanden. Viele alte Bäume sind den Kettensägen zum Opfer gefallen, da sie Hoch- und Tiefbaumaßnahmen im Wege standen, Dachrinnen und Fußwege verschmutzten oder den Lichteinfall in angrenzende Gärten behinderten. In unseren Siedlungsbereichen sind jedoch auch heute noch zahlreichen Bäume vorhanden. Sie markieren vor allem Straßen, Wege und Kreuzungen, in katholischen Gegenden Prozessionsstationen. Einzeln stehende Bäume sind typische Gestaltungselemente von Parks, Gärten und Friedhöfen. Aus fernen Landen bei uns eingeführte Kastanien- und Walnussbäume werden zu beachtlichen Einzelbäumen herangezogen, um eine reiche Fruchternte zu erzielen. Linden sind bei Imkern als Futterpflanzen für ihre Honigbienen sehr geschätzt. Auf Weideflächen bieten Einzelbäume dem Vieh sowohl Schutz vor Sonne als auch vor Regen. Bäume prägen das Stadt- und Landschaftsbild und geben dem Landstrich einen individuellen Charakter. Sie wirken positiv auf das Klima und bieten Lebensraum für eine große Anzahl heimischer Tierarten. Durch das Farbenspiel ihrer Belaubung wird der Wechsel der Jahreszeiten besonders deutlich; erst frei wachsende Exemplare machen uns die charakteristische Wuchseigenart und Schönheit der unterschiedlichen heimischen Baumarten deutlich.

Esskastanie

Linde

Walnuss

Gehölzarten, die als Einzelbäume zu finden sind

Esskastanie (S. 236)
Linden (S. 230)
Walnuss (S. 233)

Weitere Gehölzarten, die als Einzelbäume zu finden sind

» Buche, Rot- (S. 166)
» Eiche, Stiel- (S. 169)
» Fichte, Gewöhnliche (S. 163)

J	F	M	A	M	J	J	A	S	O	N	D

Linden

Tilia

LINDENGEWÄCHSE

In unseren Laub- und Mischwäldern kommen zwei heimische Lindenarten vor, die Sommer- *(Tilia platyphyllos)* und die Winterlinde *(Tilia cordata)*. Linden können bis zu 30 m hoch und mehrere 100 Jahre alt werden. Bei der Winterlinde wachsen auf der Blattunterseite in den Nervenwinkeln bräunlich rote Haarbüschel, bei der Sommerlinde sind diese hell. Im Juni erscheinen die nach Honig duftenden Blüten, die unzählige Bienen anlocken. Die Sommerlinde blüht etwa 14 Tage vor der Winterlinde.

Baum der Liebe und Gerechtigkeit

Tausende von herzförmigen Blättern wachsen in herzförmiger Baumsilhouette. Vielfach besungen, verehrt und genutzt hat dieser heimische Baum die Menschen durch die Jahrtausende begleitet. Die Germanen verehrten Freyja, die Göttin der Liebe und des Glücks in der Linde. Auch war die Linde die Stifterin von Gerechtigkeit in Haus und Dorf, weshalb unter ihr Gerichtsverhandlungen (Gerichtslinden) abgehalten wurden. Die Christianisierung bedeutete das Ende für die Freya-Linden. Heidnische Rituale und Bräuche wurden untersagt. Glücklicherweise wurden die Bäume nicht alle beseitigt, sondern zum Teil umbenannt, aus den Freya-Linden wurden „Marienlinden".

Dorflinden

Früher galt eine alte Linde als Schutzbaum der ganzen Gemeinde, aber auch einzelner Höfe. Fast jedes Dorf hatte seine „Dorflinde". Man fand sich abends zum Plausch mit den Nachbarn ein, feierte Feste unter den ausladenden Kronen. Verliebte trafen sich dort im Sommer zum Schäferstündchen, wobei sie sich vom Duft der Blüten betören ließen.

Lignum Sacrum und Lindenbast

Da das Holz der Linden sehr weich ist, findet es als Nutz-, Bau- oder Brennholz kaum Verwendung. Wegen seiner feinen, ebenmäßigen Struktur ist das helle Holz zum Schnitzen jedoch bestens geeignet. Hinter der Bezeichnung „Lignum Sacrum" verbirgt sich das Holz der Linde, aus dem Madonnenfiguren, wie auch Altäre und Krippen geschnitzt werden. Aus der Rinde gewonnener Lindenbast wurde früher zur Herstellung von Seilen, Stricken und zum Flechten von Matten und Schuhen verwendet. Er wird auch zum „Bast"eln eingesetzt.

Honig

Während Bienen für die Erzeugung von „Lindenblütenhonig" tatsächlich den Nektar der Blüten sammeln, sind es beim „Lindenhonig" (auch Honigtau genannt) die Ausscheidungen von Blattläusen, die auf den Blättern sitzen. Autofahrer, die schon einmal im Sommer unter Linden geparkt haben, kennen den leicht abwaschbaren, klebrigen Zuckersaft.

Gesundheit

Lindenblüten zählen noch heute zu den bekanntesten natürlichen Heilmitteln bei fieberhaften Erkältungskrankheiten mit Husten. Außerdem wirken sie leicht abführend und schlaffördernd. Lindenblüten-Tee tut Magen, Galle und Darm gut.

Die blattartig verbreiterten Stiele (Deckblätter) der Blütendolden, mit denen die Samen propellerartig zu Boden fliegen, werden beim Sammeln mitgepflückt.

Inhaltsstoffe: ätherisches Öl, Flavonoide, Gerbstoffe, Schleimstoffe

Lindenblüten-Tee (S. 267)

Verwendung in der Küche

Die dezent säuerlich schmeckenden jungen Blätter der Linde enthalten viele Pflanzenschleime, die insbesondere Suppen eine sämige Konsistenz verleihen. Sie lassen sich auch roh im Salat oder auf einem Brot anrichten. Im Mai gesammelte Blütenknospen können grünen Salaten beigegeben werden. Blüten eignen sich zum Aromatisieren von Getränken, Desserts oder zur Herstellung von Sirup.
Getrocknete und gemahlene Lindenblätter wurden in Notzeiten als Mehlersatz verwendet.

Lindenblüten-Limonade (S. 307)
Lindenblüten-Sekt (S. 311)
Lindenblätter-Tomatensalat (S. 314)
Lindes Butterbrot (S. 319)
Lindenblüten-Zucker (S. 344)
Lindenblüten-Sirup (S. 346)

Walnuss

Juglans regia

WALNUSSGEWÄCHS

J	F	M	A	M	J	J	A	S	O	N	D

Alexander der Große brachte im 4. Jahrhundert v. Chr. die zwischen dem östlichen Mittelmeergebiet und dem Himalaja beheimatete Walnuss nach Griechenland. Von dort aus gelangte das Gehölz über Italien in unsere Breiten und wurde zu einem beliebten Kulturbaum. Da der Walnussbaum sehr frostempfindlich ist, wird er vorwiegend in den wärmeren Lagen Deutschlands kultiviert. Stellenweise findet sich das Gehölz auch verwildert vor und lässt den Baum letztendlich in seine vor langer Zeit angestammten Gebiete zurückkehren, denn vor der Eiszeit war die Walnuss bei uns heimisch.

Bis zu 30 m wird sie hoch und weist meist eine ausladende Krone auf. Relativ spät im Jahr erscheinen die großen, unpaarig gefiederten Blätter. Fast zur gleichen Zeit im Mai entwickeln sich unscheinbare weibliche Blüten und männliche, hängende Kätzchen. Erst nach dem 20. Lebensjahr trägt der Walnussbaum Früchte.

Schützende Hülle mit Farbwirkung

Während Haselnüsse noch am Strauch sitzend als diejenigen zu erkennen sind, die Weihnachten auf dem Teller liegen, geben sich am Baum sitzende Walnüsse noch nicht als solche zu erkennen. Sie sind von einer grünen Schale umgeben, die die Nüsse schützen, wenn sie zur Fruchtreife auf den Boden fallen.

Während das Färben mit Pflanzen in den meisten Fällen eines Beizmittels bedarf, färben Extrakte der grünen Fruchtschale und der Walnussblätter Wolle, Textilien und Haare auch ohne diese Mittel braun. Vorsicht ist deshalb beim Sammeln der Früchte geboten. Die grünen Schalen können Finger und Kleidung nachhaltig färben!

Versteckausbreitung

Für die Keimung der Walnüsse ist die sogenannte Versteckausbreitung notwendig. Eichhörnchen und andere Tiere tragen die Früchte fort und verstecken sie in ihren Vorratskammern. Diese liegen meist unter Laub oder im feuchten Boden, wo die harten Nussschalen mit ihren keimhemmenden Inhaltsstoffen zersetzt werden können. Die ein oder andere Frucht wird von den Tieren nicht wiedergefunden und bekommt somit die Chance, zu einer neuen Pflanze auszuwachsen.

Walnussprodukte

Seit jeher weiß der Mensch den Geschmack, die lange Lagerfähigkeit und die wertvollen Inhaltsstoffe der Walnuss zu schätzen und baut sie daher vielseitig in seinen Speiseplan ein. Aus den frischen Walnusssamen lässt sich ein hochwertiges Speiseöl gewinnen. Es sollte jedoch nicht erhitzt oder zum Frittieren genutzt werden; aufgrund des intensiv nussigen Geschmacks eignet es sich, sparsam eingesetzt, zum Verfeinern von Salaten.
Walnussholz weist eine schöne Maserung auf.

Gesundheit

In der Heilkunde werden vor allem die Blätter wegen des relativ hohen Gerbstoffgehaltes geschätzt und als Mittel gegen Verdauungsprobleme und unterschiedliche Hauterkrankungen wie zum Beispiel starkes Schwitzen an Händen und Füßen eingesetzt.

Der Verzehr von Walnüssen soll sich positiv auf das Gedächtnis auswirken; er beeinflusst den Cholesteringehalt günstig und fördert die Elastizität der Blutgefäße.

Inhaltsstoffe Blätter: Flavonoide, Gerbstoffe

Inhaltsstoffe Nüsse: Eisen, essentielle Fettsäuren, Kalium, Kalzium, Kupfer, Magnesium, Vitamine A, B, C und besonders Vitamin E, Zink

Walnussblätter-Bad gegen starkes Schwitzen (S. 276)

Verwendung in der Küche

Walnusssamen sind auf unserem Speiseplan vielseitig verwendbar: roh zum Knabbern, als Beigabe zu Salaten, zur Herstellung von Likör und zur Verarbeitung in Gebäck. Zahlreiche Rezepte sind in gängigen Kochbüchern zu finden. Aus den grünen Schalen wie auch aus den harten Nussschalen lassen sich Liköre zubereiten.

Walnuss-Geist (S. 312)
Walnussschalen-Likör (S. 312)
Walnuss-Ingwer-Plätzchen (S. 333)
Walnuss-Kuchen (S. 333)

J	F	M	A	M	J	J	A	S	O	N	D

Esskastanie

Castanea sativa

BUCHENGEWÄCHS

„Wenn´s Keschde (Kastanien) gibt, gibt´s auch Woi (Wein)." So lautet ein altpfälzischer Spruch. Wie der Weinstock, so trägt auch die Esskastanie nur in wärmeren Gegenden Früchte, vor allem in den wärmebegünstigten Lagen Süddeutschlands. Ihre ursprüngliche Heimat erstreckt sich von Südeuropa bis Westasien. In dem kleinasiatischen Ort Kastana soll die Esskastanie ehemals sehr verbreitet gewesen sein, daher der Name! Der wissenschaftliche Artname weist auf die große Bedeutung des Baumes als Kulturpflanze hin (lat. *sativus* = gepflanzt).

Esskastanien, auch Edelkastanien genannt, zählen in Mitteleuropa hinsichtlich des Stammumfanges zu den dicksten Bäumen überhaupt. Sie werden bis zu 30 m hoch und haben lanzettliche, stachelig gezähnte Blätter. Ab Mai erscheinen die interessanten Blüten, pinselförmig aussehende männliche Ähren mit unzähligen Staubblättern und kugelige weibliche Blütenstände mit nur 3 einzelnen Blütchen.

Kastanie oder Marone

Die stacheligen Früchte fallen im Herbst vom Baum. Durch einen Austrocknungsmechanismus platzt die äußere Hülle auf und gibt mehrere Nüsse, „Kastanien" oder auch „Maronen" genannt, frei. Nagetieren und Eichelhähern dienen sie als Nahrung. In Vorratslagern vergessene Früchte bekommen die Chance, im Frühjahr zu neuen Pflanzen auszutreiben.

Nahrhafte Nüsse trickreich geknackt

Die Römer sollen die Esskastanie als Nahrungsmittel nach Süddeutschland gebracht haben. Lange Zeit waren sie sogar als Grundnahrungsmittel geschätzt. In den Kochbüchern des 19. und 20. Jahrhunderts nahmen Kastanien noch einen breiten Raum ein. Wohl wegen des nicht unerheblichen Aufwandes, die schmackhaften Kerne von der äußeren Schale und auch der inneren Haut zu befreien, hält sich die neuere heimische Küche eher zurück. Dabei gibt es einen Trick. Die Schalen werden mit einem scharfen Messer kreuzweise eingeritzt. Dann lässt man die Kastanien 3 bis 4 Minuten in kochendem Wasser blanchieren. Schalen und Haut können danach gut von den noch heißen Nüssen entfernt werden.

Geschätztes Holz

Das harte, zähe Kastanienholz liefert ein erstklassiges Nutzholz. Hildegard von Bingen (1098 – 1179) schreibt über die Esskastanie: „Aber ein Mensch, der aus seinem Holz einen Stock macht und diesen in seiner Hand trägt, so dass die Hand dadurch warm wird, dem werden aus dieser Erwärmung die Adern und alle Kräfte des Körpers gestärkt.“

Rosskastanie

Die Rosskastanie *(Aesculus hippocastanum)* ist nicht mit der Esskastanie verwandt, weist lediglich ähnlich aussehende Früchte auf. Die bitteren, leicht giftigen Samen der Rosskastanie wurden in Notzeiten zu Mehl- und Kaffee-Ersatz verarbeitet.

Gesundheit

Maronen wurden früher wegen ihres hohen Stärkegehaltes vielerorts als Grundnahrungsmittel geschätzt.

Inhaltsstoffe: Kohlenhydrate, Kalium, Magnesium, Kupfer, Mangan, Vitamin B1, B2, B5, B6 und E

Verwendung in der Küche

Roh schmecken Kastanien mehlig, erst durch das Kochen oder Rösten wird ihre Stärke in Zucker umgewandelt, wodurch sie ihren süßen Nussgeschmack erhalten. Sie werden gebraten, gedünstet oder glasiert und zu Mus, Auflauf, Pudding und Torten verarbeitet. Grob gehackt und geröstet geben sie Salaten eine schmackhafte Note. Blanchiert eignen sie sich für Füllungen oder als Beilage zu Wild- und Geflügelgerichten, gemahlen können sie als Mehl zum Backen verwendet werden. Im Feuer oder Backofen gebackene Maronen sind eine Delikatesse.

Sie lassen sich blanchiert oder püriert gut einfrieren.

Maronen-Suppe (S. 317)
Gebackene Maronen (S. 331)

Garten

Als die Menschen noch Jäger und Sammler waren, ernährten sie sich von den Tieren und Pflanzen, die die Naturlandschaft zu bieten hatte. Waren die Ressourcen an einem Ort erschöpft, zog man einfach zum nächsten.

Im Zuge der Sesshaftwerdung stellte sich die Kultivierung nutzbarer Pflanzen in der Nähe der Siedlungen als vorteilhaft heraus. Über die Jahrtausende entstanden aus den ehemals „wilden Pflanzen" durch Züchtung und Auslese unsere heutigen Kulturpflanzen. Dazu bediente man sich auch zahlreicher Pflanzen aus aller Herren Länder. Um sie für unsere Klimaverhältnisse resistent zu machen, wurden sie häufig mit heimischen Arten gekreuzt. So entstand zum Beispiel aus einer Kreuzung zwischen der im Mittelmeerraum beheimateten Riesen-Möhre *(Daucus maximus)* und der heimischen Wilden Möhre *(Daucus carota)* unsere Garten-Möhre *(Daucus carota supspecies sativa)*. Die dicken Wurzeln hat das beliebte Gemüse der wärmeliebenden Riesen-Möhre zu verdanken, die Anpassung an unser kühlfeuchtes Klima der heimischen Wilden Möhre.

Zeitweise wurden in den Gärten auch Wildpflanzen angebaut, so zum Beispiel die Gewöhnliche Knoblauchsrauke. Andererseits sind kultivierte, nicht heimische Pflanzen aus den Gärten in die freie Landschaft verwildert.

Heutzutage werden Wildpflanzen im Garten meist als ungebetene Gäste betrachtet und als „Unkraut" bezeichnet, scheinen sie doch den bevorzugten Kulturpflanzen Konkurrenz zu machen. Das mag für viele sogar zutreffen. Welcher Gartenbesitzer ärgert sich nicht über den wuchernden Giersch, das Garten-„Unkraut" par excellence. Manche Wildkräuter haben sich jedoch als sehr nützlich für den Garten herausgestellt. So zum Beispiel Brennnessel und Beinwell, aus denen Düngerjauchen her-

gestellt werden können. Vogelmiere, ein Zeiger für eine gute Bodenqualität, schützt den Boden im Gemüsebeet vor Austrocknung und bildet zudem guten Kompost. Pflanzen wie Hopfen und Hunds-Rose eignen sich zum Begrünen von Zäunen und Laubengängen, Buchen zur Anlage von Hecken, Gundermann und Waldmeister können als Bodendecker unter Ziergehölzen verwendet werden.

Sind dem Besitzer eines naturnahen Gartens die positiven Eigenschaften der Wildpflanzen hinsichtlich ihrer Verwertbarkeit, ihres Nährwertes, der Schmackhaftigkeit und auch der heilwirksamen Kräfte vertraut, stehen die „Wilden“ nicht mehr im Wege.

Wildpflanzen der Gärten

Gänseblümchen (S. 243)
Schaumkraut, Behaartes (S. 246)
Gundermann (S. 249)
Braunelle, Gewöhnliche (S. 252)
Vogelmiere (S. 255)
Kornelkirsche (S. 258)
Rose, Kartoffel- (S. 261)

Gänseblümchen

Behaartes Schaumkraut

Gundermann

Gewöhnliche Braunelle

Vogelmiere

Kornelkirsche

Kartoffel-Rose

Weitere Wildpflanzen der Gärten

- Brennnessel, Große (S. 16)
- Gänsefuß, Weißer (S. 216)
- Giersch, Gewöhnlicher (S. 101)
- Hellerkraut, Acker- (S. 198)
- Hirtentäschel, Gewöhnliches (S. 195)
- Knopfkraut, Behaartes (S. 207)
- Löwenzahn, Gemeiner (S. 59)
- Nachtkerze, Gewöhnliche (S. 213)
- Nelkenwurz, Gewöhnliche (S. 107)
- Schaumkraut, Wiesen- (S. 72)
- Wegerich, Breit- (S. 24)
- Wegerich, Spitz- (S. 20)

Gänseblümchen

Bellis perennis

KORBBLÜTLER

Heutzutage erfreuen sich die meisten Gartenbesitzer oder Parkbesucher an den zierlichen weißgelben Tupfen auf den Rasenflächen. Die Zeiten des „Englischen Rasens“, in denen nur kurzgeschorene Gräser geduldet wurden, sind zum Glück vorbei.

Während sich die wintergrüne Rosettenpflanze mit ihren unterirdischen Ausläufern auf Rasenflächen gut entfalten kann, spielt sie in Grünlandflächen nur eine untergeordnete Rolle. Dort wird das Gänseblümchen von hochwüchsigen Pflanzen beschattet und verdrängt. Lediglich in lückigen Bereichen ist es auf Wiesen, Weiden und an Wegrändern zu finden.

Auf unbeblätterten Blütenstängeln ragen die hübschen Blütenköpfchen mit den weißen Zungenblüten und den gelben Röhrenblüten über die Blattrosetten hinaus. Abends oder bei Regen schließen sich die Köpfchen, indem sich die weißen über die gelben Blüten legen. Dort, wo das Gänseblümchen geeignete Standortbedingungen antrifft, kommt es meist zahlreich vor.

J	F	M	A	M	J	J	A	S	O	N	D

Tritt- und Frostschutz

Die Erneuerungsknospen liegen unmittelbar an der Erdoberfläche und sind somit nicht nur vor Tritt (Trittpflanze), sondern im Winter auch vor Frost geschützt.

Viele Namen

Das Gänseblümchen macht seinem botanischen Namen alle Ehre: *Bellis perennis* bedeutet etwa „Ewige Schöne" (lat. *bellus* = schön, *perennis* = ausdauernd). Vom zeitigen Frühjahr bis zum ersten Frost ist diese Pflanze blühend zu sehen. Sie hat noch viele andere Namen, wie zum Beispiel „Tausendschön" oder auch „Maßliebchen", was soviel wie „Der Maria lieb" heißt. Einer Legende nach sollen die Blüten Marias Tränen sein, die sie auf der Flucht nach Ägypten weinte. Als Marienpflanze ist das Gänseblümchen auf vielen mittelalterlichen Tafelbildern zu entdecken. In England wird das Gänseblümchen „day`s eye", kurz „Daisy" genannt – das Auge des Tages. So werden auch reizende Mädchen bezeichnet.

Orakel- und Zauberpflanze

„Er liebt mich, er liebt mich nicht..." Als Orakelpflanze steht die Ewige Schöne fast das ganze Jahr über zur Verfügung. In England wird dieses Spiel „daisy-picking" genannt.

Früher glaubte man, dass Menschen, die Gänseblümchen verzehren, niemals groß werden. Das hat auch J.K. Rowling recherchiert, lässt sie doch ihren Romanhelden Harry Potter bei der Zubereitung eines „Schrumpftrankes" das Gänseblümchen als Zutat verwenden.

Gesundheit

In der Volksheilkunde galt das Gänseblümchen früher als Allheilmittel, vor allem als Wundkraut und Hustenmittel. Im Frühjahr wird noch heute die appetit- und stoffwechselanregende Wirkung empfohlen. Äußerlich wird das Kraut für Auflagen gegen schlecht heilende Wunden, Prellungen und Verstauchungen eingesetzt.
Zerriebene, frische Gänseblümchenblätter auf kleine Verletzungen gelegt, dienen als Wundauflage und lindern den Schmerz.

Inhaltsstoffe: Bitterstoffe, Kalzium, Eisen, Flavonoide, Gerbstoffe, Kalium, Magnesium, Schleimstoffe, Saponine, Vitamin A und C

Frühlings-Hustentee (S. 277)
Gänseblümchen-Hustentee (S. 278)
Frühlings-Fitnesstrank I, II und III (S. 269/270)
Gänseblümchen-Sirup (S. 279)
Gänseblümchen-Auflage (S. 293)

Für eine Frühjahrskur geeignet.

Verwendung in der Küche

Die jungen, wie Feldsalat aussehenden und schmeckenden Blätter eignen sich als angenehme Beimischung für Salate und Kräutersuppen. Die noch geschlossenen Blütenköpfchen weisen einen süßlich-milden Geschmack auf und werden roh unter Salate gemischt oder als Kapernersatz eingelegt. Geöffnete Blütenköpfchen schmecken intensiver und werden zur Dekoration von Salaten und Kräuterquark verwendet, vereinzelt auch für Desserts.

Blütenknospen-Kapern (S. 342)

In allen Wildpflanzen-Rezepten verwendbar.

Behaartes Schaumkraut

Cardamine hirsuta

KREUZBLÜTLER

J	F	M	A	M	J	J	A	S	O	N	D

Das Behaarte Schaumkraut hat sich seit Mitte der 70er Jahre des letzten Jahrhunderts explosionsartig bei uns ausgebreitet. Über Baumschulen und Gärtnereien wurde es mit fremdländischen Pflanzen eingeschleppt. Heute ist es in fast jedem Garten, an Wegrändern, auf Äckern und Ruderalflächen und an den unwirtlichsten Stellen zu finden.

Das einjährige Kraut kann bis zu 30 cm hoch werden, ist aber meist viel kleiner, manchmal nur wenige Zentimeter groß. Ab März, nach milden Wintern auch schon früher, bildet die Pflanze eine Grundrosette mit Blättern aus, die denen des verwandten Wiesen-Schaumkrautes ähneln. Sie sind gefiedert und weisen ein vergrößertes Endblättchen auf.

Aus der Rosette sprießen auf zahlreichen, wenig beblätterten Blütenstängeln viele kleine weiße Blüten mit gelben Staubblättern hervor. Blätter und Stängel sind meist spärlich behaart (lat. *hirsutus* = haarig).

Kreuzblütler

Das Behaarte Schaumkraut weist innerhalb der Kreuzblütler hinsichtlich des Blütenbaus eine Sonderstellung auf. Während für die meisten Arten dieser Familie Blüten mit jeweils 4 langen inneren und 2 kurzen äuße-

ren Staubblättern typisch sind, bildet das Behaarte Schaumkraut mit nur 4 (männlichen) Staubblättern eine seltene Ausnahme. Daher wird es auch „Viermänniges Schaumkraut" genannt.
Sind die Früchte der Kreuzblütler wie beim Behaarten Schaumkraut mindestens drei mal so lang wie breit, werden sie als „Schoten" bezeichnet, sind sie höchstens drei mal so lang wie breit, handelt es sich um „Schötchen".

Rasante Vermehrung

Das Behaarte Schaumkraut bildet von März bis in den Herbst hinein mehrere Generationen aus. Auch die raffinierte Samenausstreuung trägt zur lebhaften Vermehrung der Pflanze bei. Streift man zur Fruchtreife mit der Hand über die Pflanzen, streuen die aufplatzenden Schoten die Samen bis über einen Meter weit hinaus. „Saftdruckstreuer" werden solche Pflanzen genannt. Mit zunehmender Reife steigt der Druck des Zellsaftes an und führt zum Anschwellen der Fruchtwände. Wird der Druck so stark, dass die Wände ihn nicht mehr aushalten können, springt die Frucht auf und schleudert die Samen explosionsartig weit hinaus. Somit ist die im wahrsten Sinne des Wortes explosionsartige Ausbreitung dieser kleinen Pflanze verständlich.

Heimische Verwandte

Das Behaarte Schaumkraut ist mit unserem Wiesen-Schaumkraut *(Cardamine pratensis*/siehe Lebensraum Wiese und Weide), wie auch mit dem Bitteren Schaumkraut *(Cardamine amara)* verwandt. Beide Arten weisen wesentlich größere Blüten auf. Das Bittere Schaumkraut trägt violette Staubbeutel und wächst vorwiegend an Ufern von Bächen und in Quellbereichen. Die verwandten Arten sind ebenfalls in der Küche verwendbar.

Gesundheit

Das Behaarte Schaumkraut weist einen hohen Vitamin-C-Gehalt auf, wie auch Senföle, die innerlich angewendet antibakteriell wirken.

Inhaltsstoffe: Senföle, Vitamin C

Verwendung in der Küche

Wer diese Pflanze einmal im Garten hat, sollte sich nicht grämen. Nicht ohne Grund wird die Pflanze auch „Gartenkresse" genannt. Sie schmeckt tatsächlich wie Kresse und lässt sich wie diese als Küchengewürz verwenden. Die Blätter der Grundrosette werden als Zugabe für Salate, Suppen und Kräuterquark, die Blütenknospen und Blüten als würzige Dekoration eingesetzt.

Gartenkresse-Butterbrot (S. 319)

In vielen Wildkräuter-Rezepten als kresseartiges Gewürz verwendbar.

Gundermann

Glechoma hederacea

LIPPENBLÜTLER

J	F	M	A	M	J	J	A	S	O	N	D

Der Gundermann ist ein recht häufiges, weit verbreitetes Gewächs. In vielen Lebensräumen ist der wintergrüne Lippenblütler zu finden, soweit der Boden nährstoffreich und etwas feucht ist – in Wäldern, auf Wiesen und Weiden, in Bruch- und Auenwäldern, unter Hecken und Zäunen und häufig auch im Garten.

Mit ihren vierkantigen Stängeln wird der Gundermann bis zu 15 cm hoch. Die oberirdischen, an den Knoten wurzelnden Ausläufer können über einen Meter lang werden. Nach der Blütezeit ranken sie über den Boden, weshalb die Pflanze auch Gundel"rebe" genannt wird. Die lebhafte unterirdische Ausläuferbildung trägt zudem zur Besiedlung großer Flächen bei.

Die nierenförmigen Blätter weisen einen gekerbten Blattrand auf und sind von starken Blattadern durchzogen. Auffällig sind die zwischen den Adern hoch gewölbten Blattbereiche. Beim Zerreiben entwickeln die Blätter einen intensiven, aromatischen Geruch.

Saftmale

Auf der Unterlippe der hellblau bis hellvioletten Blüten sind farbliche Markierungen zu finden, sogenannte „Saftmale". Sie weisen

Bestäubern mit langen Rüsseln den Weg zum tief in der Kronröhre verborgenen Nektar.

Bierwürze und Petersilienersatz

Bis ins 17. Jahrhundert war die bitterstoffreiche Gundelrebe eine der wichtigsten Bierwürzen. Der Lippenblütler galt von jeher als hellsichtig und wach machende Pflanze. Dies war der Kirche vermutlich ein Dorn im Auge, weshalb der Gundermann vom Hopfen mit seiner einschläfernden und lustmindernden Wirkung ersetzt und verdrängt wurde.
Den Namen „Soldatenpetersilie" erhielt die Pflanze, da Soldaten früher das herbe Aroma der essbaren Blätter zum Aufpeppen ihrer eintönigen Feldküche verwendeten.

Hexendetektor und Blitzableiter

Aus Mythologie und Brauchtum gibt es zahlreiche Überlieferungen. Man glaubte früher, dass ein Mensch, der am Walpurgistag einen Kranz aus Gundermann auf dem Kopf trägt, jede Hexe im Dorf erkennen könne.
Der Gundermann war dem germanischen Donnergott Thor, auch Doner genannt, geweiht. Damit dieser nicht zürne, wurde im Haus ein Gundelrebenkranz aufgehängt, der vor Blitz und Donner schützt. Zu eines der traditionell aus neun Frühjahrskräutern bestehenden Gründonnerstagssuppe zählt der Gundermann. Wie sollte es auch anders sein – ist doch der „Donner"stag Doners Feiertag.

Gesundheit

Den Namen Gundermann (althochdeutsch gund = Eiter) hat die Pflanze aufgrund ihrer heilenden Wirkung gegen eitrige und andere giftige Körpersekrete erhalten. In der Volksheilkunde gilt das Kraut aufgrund der Bitterstoffe und Saponine schleimlösend bei Atemwegserkrankungen wie auch verdauungsfördernd. Früher ließ man das Kraut in heißer Milch ziehen. Das Pflanzenöl macht Narben weich.
Da die Pflanze die Bleiausschwemmung fördert, tranken Büchsenmacher und Maler, die beruflich mit Blei zu tun hatten, vorsorglich regelmäßig konzentrierten Gundermann-Tee.

Inhaltsstoffe: ätherisches Öl, Bitterstoffe, Flavonoide, Gerbstoffe, Saponine, Vitamin C

Frühlings-Hustentee (S. 277)
Gundermann-Tee (S. 279)
Frühlings-Fitnesstrank I, II und III (S. 269/270)
Gundermann-Öl (S. 273)

Für eine Frühjahrskur geeignet.

Verwendung in der Küche

Aufgrund des intensiven, herben Geschmacks wird die Pflanze zum Würzen von Suppen, Gemüse, Salat oder Kräuterquark verwendet. Klein geschnittene Blätter können auf ein Butterbrot gestreut werden. Gut passt das Kraut zu Gurkengerichten. Die Blüten können als essbare Dekoration eingesetzt werden.

Kalte Wildkräuter-Gurkensuppe (S. 318)
Gundermann-Konfekt (S. 332)
Gundermann-Würzsalz (S. 346)

In allen Wildkräuter-Rezepten vorsichtig als aromatisches Gewürz verwendbar.

J	F	M	A	M	J	J	A	S	O	N	D

Gewöhnliche Braunelle

Prunella vulgaris

LIPPENBLÜTLER

Die Gewöhnliche Braunelle wächst an Weg-, Wald- und Heckenrändern wie auch in Wiesen und Weiden. Bis zu 30 cm kann sie hoch werden. Aufgrund ihrer guten Schnittverträglichkeit ist sie häufig auch in Rasenflächen zu finden, wo sie mitunter nur wenige cm hoch wird. Mit dem hübschen weißblühenden Gänseblümchen bildet die mehrjährige Braunelle einen schönen Anblick. Der Lippenblütler zählt zu den sogenannten „Kulturbegleitern“, Wildpflanzen, die in der Nähe des wirtschaftenden Menschen vermehrt auftreten.

Dort, wo sich die Braunelle ansiedelt, tritt sie meist in größeren Beständen auf. Dafür sind die bis zu 40 cm langen oberirdischen Ausläufer verantwortlich.

Blütenstand

Direkt unter den zylinderförmigen Blütenständen befindet sich jeweils ein sich gegenüber stehendes Blattpaar. 6 Blütchen stehen jeweils quirlförmig um den Stängel, wobei 3 davon über einem gemeinsamen Tragblatt stehen. Die einzelnen Blüten weisen eine helmartige Oberlippe und eine abstehende Unterlippe auf und werden vorwiegend von Hummeln und Bienen besucht. Wenn zur Zeit der Samenreife Regentropfen auf die unteren, verlängerten braunen Kelchblätter aufschlagen, werden die Samen katapultartig aus dem Kelch herausgeschleudert.

Signaturenlehre

Der deutsche Name Braunelle bezieht sich auf die auffällig großen, bräunlichen Kelchblätter (mittelhochdeutsch: brun = braun), in denen die violetten Einzelblütchen sitzen. Der Anblick von braun-violetten Verfärbungen des Rachens, die bei Diphtherie (Rachenbräune) auftreten, bleibt uns in unseren Breiten heute zum Glück erspart. Früher trat diese Infektionskrankheit epidemisch auf und war mit einer hohen Sterberate verbunden. Die „Signaturenlehre" geht davon aus, dass Pflanzen durch ihr Aussehen dem Menschen signalisieren, bei welcher Krankheit sie heilend wirken. Daher glaubten die Menschen früher, dass die Gewöhnliche Braunelle aufgrund ihres braun-violetten Blütenstandes gegen die ähnlich aussehenden Rachenverfärbungen bei Diphtherie wirkt. Auch der Mediziner Leonhardt Fuchs (1501 – 1566) empfahl die Braunelle unter anderem gegen die Mundfäule. In seinem Kräuterbuch von 1543 ist folgender Satz zu lesen: „Raunell hat seinen namen daher / das diß kraut seer bewäret ist wider der *Breüne* im mund."

Beste Heilpflanze

Die Gewöhnliche Braunelle wird auch Echte Braunelle genannt. Als „echt" werden solche Pflanzen bezeichnet, die von allen verwandten Arten für die Verwendung als Heilpflanze die besten sind.

Andere Braunellen

Die in Mittel- und Süddeutschland auftretende Großblütige Braunelle *(Prunella grandiflora)* ist im blühenden Zustand gut von der Gewöhnlichen Braunelle zu unterscheiden. Unmittelbar unter dem Blütenstand ist kein Blattpaar vorhanden.

Dann gibt es noch die Hecken-Braunelle, eine in Mitteleuropa häufige unauffällig bräunliche Singvogelart.

Gesundheit

Früher wurde die Braunelle vor allem gegen Magen- und Darmerkrankungen und gegen Entzündungen des Mund- und Rachenraumes angewendet.

Inhaltsstoffe: ätherische Öle, Bitterstoffe, Gerbstoffe, Saponine

Verwendung in der Küche

Vor der Blütezeit können die Blätter mit ihrem herb-aromatischen, leicht bitteren Geschmack als Gewürz geerntet werden. Fein gewiegt lassen sich damit Kräuterbutter, Salatsoßen und Suppen würzen oder Butterbrote belegen. Mit den essbaren violetten Blüten werden Salate, Brote und andere Speisen dekorativ verziert.

In allen Wildkräuter-Rezepten verwendbar.

Vogelmiere

Stellaria media

NELKENGEWÄCHS

In Gärten, auf Äckern, auf Brach- und Ruderalflächen wie auch an Wegrändern bildet die Vogelmiere fast ganzjährig lockere, stark verzweigte grasgrüne Rasen. Wo sie wächst, ist meist reichlich Stickstoff vorhanden! Die gegenständigen, eiförmigen Blättchen sind nur im unteren Bereich der einreihig behaarten, runden Stängel gestielt.

Die Vogelmiere ist einjährig und aufgrund der kurzen Entwicklungszeiten in der Lage, jährlich 3 bis 4 Generationen auszubilden. Sie blüht vor allem von März bis Oktober, bei frostfreier Witterung sogar im Winter. Die zahlreichen kleinen sternförmigen Blüten (lat. *stellaria* = sternförmig) setzen sich aus 5 weißen Kronblättern zusammen, die fast bis zum Grund geteilt und etwas kürzer als die Kelchblätter sind. Meist bestäubt sich die Pflanze selber, indem sie die Staubblätter in Richtung Narben krümmt.

J	F	M	A	M	J	J	A	S	O	N	D

Ausbreitungsfreudigkeit

Die Samen weisen ein süßes, bei Ameisen als Nahrung beliebtes Anhängsel auf. Beim Verschleppen in den Bau gehen Samen verloren – schon sind neue Standorte besiedelt. Auch der Mensch trägt zur Ausbreitung bei, da die Samen mit etwas Erde an den Schuhsohlen haften bleiben und so neue Wege gehen. Abgerissene Stängelteile können sich bewurzeln und ebenfalls zur Vermehrung der Pflanze beitragen.

Hühnerdarm

Die Vogelmiere wird auch „Hühnerdarm" genannt, weil Kraut und Samen von Hühnern und Vögeln gern gefressen werden. Zieht man einen Stängel der Vogelmiere auseinander, bleiben die zentralen Leitbündel, die für die Wasser- und Nährstoffversorgung der Pflanze verantwortlich sind, wie ein darmähnlicher Strang stehen.

Bodendecker und Barometerpflanze

Bei Gärtnern ist die Vogelmiere nicht unbeliebt, da sie im Sommer den Boden feucht hält und ihn im Winter deckt. Außerdem lässt sie sich gut kompostieren und als Barometerpflanze verwenden. Gegen 9 Uhr morgens öffnen sich die kleinen sternförmigen Blütchen, bei bevorstehendem Regenwetter aber bleiben sie geschlossen.

Giftiger Acker-Gauchheil

Die Vogelmiere sollte nicht mit dem giftigen, ähnlich aussehenden Acker-Gauchheil *(Anagallis arvensis)* verwechselt werden. Dieser wächst jedoch einzeln, weist einen vierkantigen Stängel auf und hat in der Regel ziegelrote, selten bläuliche oder weiße, nicht geteilte Blütenblätter.

Gesundheit

Die Vogelmiere weist ein Mehrfaches an wertvollen Mineralstoffen und Vitaminen auf als der Kopfsalat und ist daher besonders für die Frühjahrsküche geeignet. In der Volksmedizin galt das Kraut vor allem als Mittel gegen Lungenkrankheiten.

Inhaltsstoffe: Eisen, Flavonoide, Kalium, Kieselsäure, Magnesium, Saponine, Selen, Vitamin A, B1, B2, B3

Wichtig

Nicht mit dem giftigen Acker-Gauchheil verwechseln!

Frühlings-Fitnesstrank I, II und III (S. 269/270)
Vogelmieren-Buttermilch (S. 290)

Für eine Frühjahrskur geeignet.

Verwendung in der Küche

Bis auf die Wurzeln und auf sehr dicke Stängel wird die ganze Pflanze in der Wildkräuterküche verwendet. Die Pflanze weist einen milden, salatähnlichen Geschmack auf und lässt sich zusammen mit strenger schmeckenden Wildkräutern gut zu Salat, Gemüse und Suppen verarbeiten. Weges der darmähnlichen Leitbündel in den Stielen sollte die Pflanze mit der Schere in mundgerechte Stücke geschnitten werden.

Vogelmieren-Suppe (S. 318)
Grüner Brotaufstrich (S. 340)
Vogelmieren-Butterbrot (S. 340)
Wildkräuter-Grünkerncreme (S. 341)

In allen Wildkräuter-Rezepten verwendbar.

Tipp

Selbst auf dem kleinsten Balkon kann Vogelmiere im Topf fast ganzjährig zum Ernten für den Speiseplan von Mensch und Kanarienvogel gehalten werden.

J	F	M	A	M	J	J	A	S	O	N	D

Kornelkirsche

Cornus mas

HARTRIEGELGEWÄCHS

Wild wächst die Kornelkirsche auf trockenwarmen Standorten in Wäldern und Gebüschen Mittel- und Süddeutschlands. Das 5 bis 8 m hohe Gehölz wird jedoch häufig in Parks und Gärten, zuweilen auch in Hecken der freien Landschaft angepflanzt; mancherorts ist es von diesen Standorten aus verwildert.

Obwohl der Name es vermuten lässt, ist die Kornelkirsche nicht mit den Kirschen verwandt. Die Früchte sehen sich lediglich ähnlich. Das Gehölz gehört zur Familie der Hartriegelgewächse und wird auch „Gelber Hartriegel“ oder „Herlitze“ genannt. Typisch sind die gegenständigen, eiförmig bis elliptischen Blattspreiten mit den zu den Blattspitzen gekrümmten Blattadern. Im Herbst weist der reich verzweigte Strauch eine hübsche Laubfärbung auf.

Erste Bienennahrung

Im zeitigen Frühjahr, häufig schon im Februar, macht der Strauch mit seinen hübschen gelben Blütenständen, die wie kleine Kugeln an den Zweigen sitzen, auf sich aufmerksam. Die vor den Blättern erscheinenden Blüten sind für den Menschen eine Augenweide, für die Bienen die erste Bienenweide im Jahr.

Kornellen

Ab August erscheinen die essbaren süßsauren, dunkelroten Früchte. Sie sind hierzulande noch ein Geheimtipp. In Osteuropa hat der Anbau des Gelben Hartriegels als wertvolles Obstgehölz lange Tradition. Der Name „Korn“elkirsche bezieht sich auf die kornähnlichen Kerne der Früchte. Mancherorts werden die Früchte „Kornellen“ oder „Dirndl“ genannt.
Früher wurden die nach Vanille duftenden Kerne geröstet und gemahlen als Kaffee-Ersatz verwendet. Der „Wiener Kaffee“ soll daher seinen legendären Vanillegeschmack erhalten haben.

Futter erdaufwühlender Schweine

Von den Früchten des Gelben Hartriegels hat schon Homer berichtet. Circe verwandelte die Gefährten von Odysseus in Schweine und fütterte sie mit Kornelkirschen, „...das gewöhnliche Futter der erdaufwühlenden Schweine...“.

Hartes Holz für Riegel

Das Holz des Gelben Hartriegels ist außerordentlich hart, zäh und schwer und wurde früher als Tür“riegel“ und für Drechslerarbeiten verwendet. Auch der wissenschaftliche Name nimmt Bezug auf die Härte des Holzes (lat. *cornu* = hart wie Horn). Es wurde für die Herstellung von Webschiffchen, Leitersprossen, Werkzeugstielen und Spazierstöcken verwendet. Drechsler schätzen noch heute die gute Polierbarkeit des Holzes.

Gesundheit

Die Vitamin-C-reichen Früchte gelten als Mittel gegen Durchfall. Hildegard von Bingen empfahl sie zur Magenstärkung und -reinigung.

Kornelkirschenkerne können wie Kirschkerne zum Befüllen von Körnerkissen verwendet werden.

Inhaltsstoffe: Anthocyane, Gerbstoffe, Vitamin C und E

Verwendung in der Küche

Die vollreifen, süßsauren Früchte werden roh gegessen, wie auch zur Herstellung von Marmelade, Gelee, Saft, Likör oder Wein verarbeitet. Damit sich das Aroma voll ausbilden kann, sollte man sie möglichst lange am Strauch reifen lassen. Fallen sie fast von alleine vom Ast, ist die richtige Zeit für die Ernte gekommen. Hellrote, noch sehr saure unreife Früchte sind mit Gewürzen in Essig eingelegt eine schmackhafte Alternative zu Oliven.

Kornelkirschen-Likör (S. 311)
Wildfrüchte-Rumtopf (S. 313)
Kornelkirschen-Gelee (S. 335)
Kornelkirschen-Marmelade (S. 337)
Süß-sauer eingelegte Kornelkirschen (S. 342)
Kornelkirschen-Essig süß-sauer (S. 347)

Tipp

Die Kornelkirsche – eine Bereicherung für jeden Garten aufgrund der auffälligen Blütenstände, der schmackhaften Früchte, der bunten Herbstfärbung und der guten Schnittverträglichkeit.

Kartoffel-Rose

Rosa rugosa

ROSENGEWÄCHS

Ursprünglich aus Ostasien stammend, kam die Kartoffel-Rose 1796 als Zierpflanze nach Deutschland. Aufgrund der hohen Toleranz gegenüber Wetter- und Salzeinfluss und ihrem Vermögen, sich durch Ausläufer stark auszubreiten wurde sie auf zahlreichen norddeutschen Inseln zur Dünenbefestigung angepflanzt. Heute ist die anspruchslose Rose in ganz Deutschland in Parkanlagen, an Sportplätzen und an Straßenrändern zu finden. In Gärten ist sie als widerstandsfähige Heckenpflanze beliebt. Stellenweise, vor allem an den Küsten, hat sich das Rosengewächs zu einem nicht unproblematischen Neubürger entwickelt.

J	F	M	A	M	J	J	A	S	O	N	D

Derb und sparrig

Der wenig edle Name „Kartoffel"-Rose weist schon darauf hin, dass es sich bei dieser Pflanze nicht um eine anmutige, zierliche Pflanze handelt. Sie wird auch „Runzelblättrige Rose" genannt, trägt also, wie die Name andeutet, sehr runzelige, dem Kartoffellaub ähnelnde Blätter. Im Vergleich zu der heimischen Hunds-Rose ist die Pflanze eher derb und sparrig. Die dicht mit unterschiedlich langen Stacheln besetzten, kräftigen Stängel werden nur 1 bis 2 m hoch.

Duftende Blüten

Im Sommer erscheinen hübsche, dunkel rosafarbene oder weiße Blüten, die im Durchmesser bis zu 8 cm groß werden. Mit ihrem Duft kann so manch eine Zierrose nicht mithalten. Von Juni bis in den August ist dieser Blütenduft zu genießen, sogar noch während der Hagebuttenernte sind Blüten vorhanden.

Fleischige Früchte

„Hagebutten-Marmelade selber herstellen! – Das ist mir zu viel Arbeit." Wohl wahr! Die harten kleinen Früchte der heimischen Hunds-Rose (*Rosa canina*/siehe Lebensraum Hecke, Waldrand und Gebüsch) sind recht mühsam und aufwändig zu verarbeiten. Die dicken, kugeligen Früchte der Kartoffel-Rose sind dagegen sehr fleischig und damit wesentlich ergiebiger und auch einfacher zu bearbeiten. Sie erscheinen ab Mitte August und sind damit denen der Hunds-Rosen weit voraus.

Auch bei unseren heimischen Tieren stehen die schmackhaften Hagebutten auf dem Speiseplan! Vor allem Vögel machen sich über das saftige Fruchtfleisch her.

Vitamin-C-Bombe

„Täglich ein Löffel Hagebutten-Mus und die Erkältung kommt gar nicht erst ins Haus." So sagte man früher über die Vitamin-C-reichen Früchte. Hagebutten können auch roh verzehrt werden.

Gesundheit

Die Hagebutten der Kartoffel-Rose weisen einen hohen Gehalt an Vitamin C auf. Frisches wie auch getrocknetes Fruchtfleisch kann zu wohlschmeckenden, leicht säuerlichen Tees aufgebrüht werden. Selbst aus den bei der Herstellung von Hagebutten-Mus anfallenden Kernen lässt sich ein gesunder „Kernles-Tee" zubereiten.

Inhaltsstoffe Früchte: ätherische Öle, Anthocyane, Fruchtsäuren, Vitamine A, B, E und K, viel Vitamin C

Hagebutten-Tee (S. 289)
Vitamin-C-Bombe (S. 262)

Verwendung in der Küche

Die Blütenblätter werden zum Aromatisieren von Getränken, zur Herstellung von Rosenessig und Rosengelee verwendet, wie auch zur Dekoration und Aromatisierung von Salaten und Süßspeisen. Aus den Hagebutten wird Likör, Sirup und Wein hergestellt. Hagebutten-Mus, auch -Mark genannt, ist die Basis für Hagebutten-Marmelade, Saucen, Desserts und Kuchenfüllungen. So können zum Beispiel Biskuitrollen oder Torten mit Hagebutten-Mus oder -Marmelade gefüllt werden.

Hagebutten-Wein (S. 312)
Hagebutten-Likör (S. 310)
Hagebutten-Rosinen-Kompott (S. 330)
Hagebutten-Törtchen (S. 331)
Bütten-Plätzchen (S. 332)
Rosenblüten-Gelee (S. 335)
Hagebutten-Mus (S. 336)
Hagebutten-Marmelade (S. 336)

Rezepte für die Gesundheit

Entspannung und Schlaf

Rezepte mit

Echter Baldrian
Gewöhnlicher Hopfen
Echtes Johanniskraut
Hunds-Rose

Weitere heilwirksame Pflanzen sind

Echte Kamille
Linden

Baldrian-Beruhigungsbad

100 g Baldrianwurzel in 3 l Wasser geben und 10 Minuten lang kochen lassen. Das abgefilterte Wasser wird dem Badewasser zugesetzt. Vor dem Schlafengehen anwenden.

Baldrian-Tee

1 EL Baldrianwurzel mit 1 Tasse kochendem Wasser übergießen. Abgedeckt 10 Minuten ziehen lassen. Zur Beruhigung 6 Wochen lang 3-mal täglich 1 Tasse trinken.

Baldrian-Tinktur

200 g getrocknete Baldrianwurzel in 1 l Doppelkorn oder Wodka (40 bis 50 % Alkohol) in einer verschlossenen Flasche an einem warmen Platz ziehen lassen. Hin und wieder schütteln. Filtern und in dunkle Tropffläschchen füllen. Täglich mehrmals 1/2 bis 1 TL einnehmen.

Hopfen-Likör

150 g frische Hopfenzapfen, 1 l Wodka, Honig. Hopfenzapfen und Wodka in ein weithalsiges Glas mit Schraubverschluss füllen und für etwa 8 Wochen verschlossen auf eine sonnige Fensterbank stellen. Hin und wieder schütteln. Nach dieser Zeit den Ansatz filtern und mit warmem, flüssigem Honig nach Geschmack süßen. In saubere kleine Fläschchen füllen und noch mindestens 6 Monate reifen lassen. Es entsteht ein zartbitter schmeckender Likör.

Hopfen-Tee gegen Schlafstörungen

1 bis 2 TL Hopfenzapfen mit 1 Tasse kochendem Wasser übergießen. Abgedeckt 10 Minuten ziehen lassen. 3 Tassen über den Tag verteilt trinken, davon die letzte kurz vor dem Schlafengehen.

Hopfen-Schlafkissen

Hopfenzapfen mit einigen Lavendelblüten in eine Kissenhülle genäht und als Schlafkissen genutzt, lassen tief und ruhig schlafen.

Johanniskraut-Tee gegen innere Unruhe

1 bis 2 TL Johanniskrautblätter und -blüten mit 1 Tasse kochendem Wasser übergießen. Abgedeckt 7 Minuten ziehen lassen. Mindestens 6 Wochen lang morgens und abends jeweils 1 bis 2 Tassen frisch zubereiteten Tee trinken. Gegen depressive Verstimmungen und innere Unruhe.

Johanniskraut-Tinktur gegen innere Unruhe

Frische, blühende Triebspitzen in ein durchsichtiges Glas geben und mit Alkohol (mindestens 40 %) übergießen. 4 bis 6 Wochen auf eine sonnige Fensterbank stellen, filtern und in dunkle Tropffläschchen füllen, die in der Apotheke erhältlich sind. Mindestens 6 Wochen lang 3-mal täglich 20 Tropfen einnehmen. Gegen depressive Verstimmungen und innere Unruhe.

Bei rheumatischen Beschwerden ist die Tinktur auch äußerlich zum Einreiben einsetzbar.

Entspannendes Rosenblüten-Bad

1 bis 2 Handvoll frische oder getrocknete Rosenblütenblätter in das warme Badewasser geben, in die Wanne steigen und im Blütenmeer die Seele baumeln lassen.

Erkältung

Siehe auch Kapitel **Husten!**

Rezepte mit

Schwarzer Holunder
Linden
Echtes Mädesüß
Kartoffel-Rose

Weitere heilwirksame Pflanzen sind

Gewöhnlicher Dost
Wald-Engelwurz
Kanadische Goldrute
Echte Kamille
Meerrettich
Hunds-Rose
Breit-Wegerich
Spitz-Wegerich

Fliederblüten-Tee

1 TL Holunderblüten mit 1 Tasse kochendem Wasser übergießen. Abgedeckt 7 Minuten ziehen lassen. Bei fieberhaften Erkältungen mehrmals täglich 1 Tasse heiß trinken.

Holunder-Fiebertee

Fliederblüten-Tee mit einem guten Schuss Holunderbeeren-Saft (Rezept siehe Kapitel: Alkoholfreie Getränke) hat sich als fiebersenkendes Mittel bewährt.

Lindenblüten-Tee

1 TL Lindenblüten mit 1 Tasse kochendem Wasser übergießen. Abgedeckt 5 bis 10 Minuten ziehen lassen. Bei fieberhaften Erkältungen mehrmals täglich 1 Tasse heiß trinken.

Mädesüß-Tee gegen Fieber

1 bis 2 TL Blüten und Blätter mit 1 Tasse heißem, nicht mehr kochendem Wasser übergießen. Abgedeckt 7 Minuten ziehen lassen. Bei fieberhaften Erkältungen 3-mal täglich 1 Tasse möglichst heiß trinken.

Vitamin-C-Bombe

Roh gegessene Hagebutten der Kartoffel-Rose sind eine wahre Vitamin-C-Bombe. Dazu sollte man sie waschen, die Stiele und Blütenansätze abschneiden und die Frucht einmal durchschneiden. Mit einem kleinen Löffel werden Kerne und Härchen aus der Frucht heraus geschabt. Fruchtfleisch essen! Lecker und gesund!

Für Frauen

Rezepte mit

Gewöhnlicher Frauenmantel
Gewöhnliche Schafgarbe

Weitere heilwirksame Pflanzen sind

Echter Baldrian
Gänse-Fingerkraut
Gewöhnlicher Hopfen
Echte Kamille
Roter Wiesen-Klee

Tee gegen Menstruationsbeschwerden

1 TL einer Mischung zu gleichen Teilen vom **Gewöhnlichen Frauenmantel** und der **Gewöhnlichen Schafgarbe** mit 250 ml kochendem Wasser übergießen. Abgedeckt 10 Minuten ziehen lassen und täglich trinken. Hilft gegen starke Blutungen und Menstruationsbeschwerden. Während der Blutung eine Teepause einlegen!

Frühjahrskur

Rezepte mit

Bärlauch
Hänge-Birke
Große Brennnessel
Gänseblümchen
Gewöhnlicher Giersch
Gundermann
Gewöhnliche Knoblauchsrauke
Wiesen-Labkraut
Gemeiner Löwenzahn
Scharbockskraut
Wiesen-Schaumkraut
Vogelmiere

Frühlings-Teekur

1 EL einer Mischung aus frischen Blättern von **Hänge-Birke, Großer Brennnessel** und **Gemeinem Löwenzahn** mit 1 Tasse kochendem Wasser übergießen. Abgedeckt 10 Minuten ziehen lassen. Zur Frühjahrskur über 3 Wochen 3-mal täglich 1 Tasse trinken.

Frühlings-Fitnesstrank I

500 ml Buttermilch, 1 Handvoll frische Frühlingskräuter (einzeln oder mehrere gemischt wie **Bärlauch, Hänge-Birke, Große Brennnessel, Gänseblümchen, Gewöhnlicher Giersch, Gundermann, Gewöhnliche Knoblauchsrauke, Wiesen-Labkraut, Gemeiner Löwenzahn, Scharbockskraut, Wiesen-Schaumkraut, Vogelmiere).**

Die Kräuter waschen und grob klein schneiden. Mit wenig Buttermilch pürieren. Dann den Rest Buttermilch zugeben, umrühren und genießen.

Frühlings-Fitnesstrank II

250 ml Orangensaft (möglichst frisch gepresst), 1/8 l Milch, einen halben, entkernten, ungeschälten Apfel, eine gute Handvoll Blätter vom **Gemeinen Löwenzahn** (oder anderen Frühjahrskräutern wie **Bärlauch, Hänge-Birke, Große Brennnessel, Gänseblümchen, Gewöhnlicher Giersch, Gundermann, Gewöhnliche Knoblauchsrauke, Wiesen-Labkraut, Scharbockskraut, Wiesen-Schaumkraut, Vogelmiere).**

Alle Zutaten im Mixer pürieren. Evtl. mit Honig (alternativ Löwenzahn- oder Fichtenspitzen-Sirup) süßen. Anregendes und erfrischendes Getränk für die Frühjahrskur.

Frühlings-Fitnesstrank III

2 Flaschen Orangensaft, 2 kleine Bananen, eine Handvoll frische Blätter oder Triebe der **Großen Brennnessel** (oder andere Kräuter der Saison wie **Bärlauch, Hänge-Birke, Gänseblümchen, Gewöhnlicher Giersch, Gundermann, Gewöhnliche Knoblauchsrauke, Wiesen-Labkraut, Gemeiner Löwenzahn, Scharbockskraut, Wiesen-Schaumkraut, Vogelmiere).**

Kräuter grob zerkleinern, mit den Bananen zunächst in wenig Orangensaft pürieren. Restlichen Saft zugeben, umrühren und trinken.

Brennnessel-Trank

1 Flasche Möhrensaft, 1 Flasche Apfelsaft, reichlich Brennnesselblätter, -blüten und -samen oder junge Triebe, 1 Spritzer Zitronensaft, Honig nach Bedarf.

Brennnesselblätter grob hacken und mit etwas Apfelsaft pürieren. Restliche Zutaten zugeben. Noch gesünder ist es, wenn man frische Möhren und Äpfel entsaftet.

Giersch-Essig-Entschlackungskur

Einige frische, junge Blätter vom Gewöhnlichen Giersch werden in Apfelessig eingelegt und für 4 Wochen an einen hellen Platz gestellt. Filtern und einen Esslöffel davon in ein Glas lauwarmes Wasser geben. Morgens auf nüchternen Magen trinken.

Labkraut-Entschlackungstee

1 bis 2 TL frische Blüten und Blätter vom Wiesen-Labkraut mit 1 Tasse kochendem Wasser übergießen. Abgedeckt 15 Minuten ziehen lassen. Zum Entschlacken geeignet.

Haare

Rezepte mit

Große Brennnessel
Huflattich
Echte Kamille

Weitere heilwirksame Pflanzen sind

Acker-Schachtelhalm

Brennnessel-Haarwasser

1 EL Brennnesselblätter mit 1 Tasse kochendem Obstessig übergießen. 10 Minuten ziehen lassen. Filtern, abkühlen lassen und in eine dunkle Flasche füllen. Einmal wöchentlich eine kleine Menge sanft in die Kopfhaut einmassieren. Gegen juckende Kopfhaut und Schuppen.

Huflattich-Haarspülung

2 bis 3 TL Huflattichblätter und -blüten mit 1 Tasse kochendem Wasser aufgießen. Abgedeckt 10 Minuten ziehen lassen. Nach der Haarwäsche in die Kopfhaut einmassieren, nicht ausspülen. Verhindert schnelles Nachfetten der Haare und hemmt Entzündungen der Kopfhaut.

Kamillen-Haarspülung

1 Handvoll Blüten der Echten Kamille in 1 l Wasser zugedeckt etwa 10 Minuten leicht köcheln lassen, dann 1 bis 2 Stunden stehen lassen und filtern. Als Haarspülung zum Aufhellen blonder Haare verwenden. Nicht auswaschen!

Haustee

Rezepte mit

Echte Brombeere
Wald-Erdbeere
Himbeere

Blätter-Haustee

Junge Blätter von der **Echten Brombeere,** der **Wald-Erdbeere** und der **Himbeere** trocknen, zu gleichen Teilen mischen und in eine luftdicht schließende Dose füllen. Erst vor dem Aufbrühen zerkleinern.
1 bis 2 EL der Mischung mit 1 großen Tasse oder etwa 5 gehäufte EL mit 1 l kochendem Wasser übergießen. Zugedeckt 5 Minuten ziehen lassen. Nach Belieben mit Honig süßen und mit Zitronensaft abschmecken.

Haut, kleine Verletzungen

Rezepte mit

Wald-Erdbeere
Gundermann
Gewöhnliches Hirtentäschel
Huflattich
Echtes Johanniskraut
Hunds-Rose
Acker-Schachtelhalm
Gewöhnliche Schafgarbe
Breit-Wegerich
Spitz-Wegerich
Walnuss

Weitere heilwirksame Pflanzen sind

Gänseblümchen
Echte Kamille
Gewöhnliche Knoblauchsrauke
Gewöhnliche Nachtkerze

Erdbeer-Gesichtsmaske

Einige Wald-Erdbeeren zerdrücken und einige Tropfen Zitronensaft unterrühren. Die Masse auf das gereinigte Gesicht auftragen und etwa 15 Minuten einwirken lassen. Ein Hausmittel zur Klärung und Reinigung der Haut und zum Bleichen von Sommersprossen und Altersflecken.

Gundermann-Öl

Ein kleines Schraubglas zu etwa 2 Drittel mit gequetschten oder klein geschnittenen Blättern vom Gundermann füllen, mit Raps- oder Sonnenblümenöl aufgießen und 2 Wochen ruhen lassen. Das Öl abgießen und in dunkle Fläschchen füllen. Narben oder schlecht heilende Wunden damit betupfen.

Hirtentäschel-Tinktur

Frisches, blühendes Kraut vom Gewöhnlichen Hirtentäschel klein schneiden und ein Schraubglas locker befüllen. Mit Korn (mindestens 38 % Alkohol) randvoll aufgießen und 14 Tage stehen lassen. Hin und wieder schütteln. Filtern und in dunkle Tropffläschchen füllen.
1 TL der Tinktur mit 1 Tasse Wasser verdünnen. Ein Tuch damit tränken und als blutstillende Auflage für kleine Hautverletzungen einsetzen.
Bei Nasenbluten ein Wattestäbchen mit der Tinktur tränken und in das betroffene Nasenloch führen.

Hirtentäschel-Breiumschlag

Frisches Hirtentäschelkraut wird als blutstillender Breiumschlag auf kleine Schnittwunden und Abschürfungen gelegt.

Huflattich-Gesichtsdampfbad

1 Handvoll getrocknete Huflattich-Blätter in eine große, hitzebeständige Schüssel geben und mit 1 l kochendem Wasser übergießen. Abgedeckt

10 Minuten ziehen lassen. Den Kopf über das Gefäß halten und ein Handtuch über Kopf und Gefäß ausbreiten. Den Dampf durch vorsichtiges Lüften des Handtuchs so regulieren, dass er als warm und angenehm empfunden wird.
Gegen entzündete, unreine, großporige Haut.

Johanniskraut-Öl

Ein durchsichtiges Schraubglas zu 1 Drittel locker mit im Mörser zerquetschten frischen Blütenknospen und gerade geöffneten Blüten des Echten Johanniskrautes füllen. Mit einem guten, kalt gepressten Olivenöl übergießen, verschließen und 6 Wochen an einen warmen, sonnigen Platz stellen. Hin und wieder schütteln. Die rote Flüssigkeit durch ein altes Tuch (da Färbung möglich) filtern und in dunkle Fläschchen füllen.
Zur Wundheilung bei Sonnenbrand und kleineren Verletzungen sowie für Einreibungen bei rheumatischen Erkrankungen und bei Akne.

Rosenblüten-Gesichtsdampfbad

1 kleine Handvoll Rosenblütenblätter der Hunds-Rose in eine große, hitzebeständige Schüssel geben und mit 1 l kochendem Wasser übergießen. Abgedeckt 10 Minuten ziehen lassen. Den Kopf über das Gefäß halten und ein Handtuch über Kopf und Gefäß ausbreiten. Den Dampf durch vorsichtiges Lüften des Handtuchs so regulieren, dass er als warm und angenehm empfunden wird.
Wirkt beruhigend und glättend auf die Haut.

Fußpilz-Tinktur

Ein Schraubglas locker mit frischem Grün vom Acker-Schachtelhalm füllen und mit Korn (mindestens 38 % Alkohol) auffüllen. 4 Wochen ruhen lassen. Hin und wieder schütteln. Filtern und in kleine dunkle Tropffläschchen füllen.

Die von Fußpilz befallenen Hautstellen damit täglich einreiben.

Auflage gegen geplatzte Äderchen

2 TL getrocknetes blühendes Kraut der Gewöhnlichen Schafgarbe mit 1 Tasse kochendem Wasser übergießen. Zugedeckt 10 Minuten ziehen lassen. Filtern und ein getränktes Leinentuch auf die zu behandelnde Stelle mit den geplatzten Äderchen legen.

Blasenpflaster

Hat man auf einer Wanderung eine Blase an der Ferse und kein Pflaster zur Hand, bietet das Blatt vom Breit-Wegerich eine hervorragende Alternative.

Spitz-Wegerich zur Wundbehandlung

Zum Desinfizieren und Blutstillen kleinerer Wunden können Auflagen von zerquetschten Spitz-Wegerich-Blättern zur Erstversorgung eingesetzt werden.

Spitz-Wegerich-Tinktur zur Wundbehandlung

2 Drittel eines durchsichtigen Schraubglases mit frischen, gut gewaschenen und trocken getupften Blättern vom Spitz-Wegerich füllen. Das Glas bis zum Rand mit Korn (mindestens 38 % Alkohol) auffüllen. Für etwa 4 Wochen

auf die Fensterbank stellen, hin und wieder schütteln. Die dunkelbraune Flüssigkeit filtern und in dunkle Tropffläschchen füllen.
Bei kleinen Hautverletzungen, Insektenstichen und zum Desinfizieren anwenden.

Walnussblätter-Bad gegen starkes Schwitzen

5 bis 6 EL Walnussblätter mit 1 l kaltem Wasser aufgießen, kurz aufkochen und abgedeckt 15 Minuten ziehen lassen. Mehrmals täglich stark schwitzende Hände und Füße darin baden.

Herz

Rezepte mit

Weißdorn

Weitere heilwirksame Pflanzen sind

Echter Baldrian
Echtes Johanniskraut

Weißdorn-Herzlikör

200 g Weißdornfrüchte, 100 g Kandis, 0,7 l Doppelkorn.
Früchte waschen, trocken tupfen und mit dem Kandis in eine Flasche füllen. Mit Korn auffüllen und bei Zimmertemperatur mindestens 6 Wochen ruhen lassen. Durch eine Kaffeefiltertüte filtern und noch weitere 3 Monate reifen lassen. Täglich 1 Likörgläschen genießen.

Weißdorn-Herztee

1 TL Weißdornblüten und -blätter mit 1 Tasse kochendem Wasser übergießen. Abgedeckt 15 Minuten ziehen lassen. Zur Kräftigung des Herzens über mehrere Wochen 3- bis 4-mal am Tag 1 Tasse trinken. Bei Bedarf mit Honig süßen.

Husten

Siehe auch Kapitel **Erkältung!**

Rezepte mit

- Gänseblümchen
- Gundermann
- Gewöhnliche Fichte
- Echte Kamille
- Gemeiner Löwenzahn
- Meerrettich
- Roter Wiesen-Klee
- Spitz-Wegerich
- März-Veilchen

Weitere heilwirksame Pflanzen sind

- Gewöhnlicher Dost
- Echte Kamille
- Linden
- Weiße Taubnessel
- Breit-Wegerich

Frühlings-Hustentee

1 bis 2 TL Frühlingskräuter (Blüten von **Gänseblümchen** und **Gundermann,** Blätter vom **Spitz-Wegerich,** Maitriebe der **Gewöhnlichen Fichte, März-Veilchen**) mit 1 Tasse kochendem Wasser übergießen. Abgedeckt 10 Minuten ziehen lassen. Bei Husten 2- bis 3-mal täglich eine Tasse trinken.

Fichtenspitzen-Honig, schnell gemacht

Ganz frische, junge Maitriebe der Gewöhnlichen Fichte fein hacken und unter einen guten Honig rühren. Einige Wochen ruhen lassen und mit den Nadeln als gesunden Brotaufstrich verzehren.

Fichtenspitzen-Sirup

4 Handvoll frische, hellgrüne Maitriebe der Gewöhnlichen Fichte mit 1 l Wasser kurz aufkochen, über Nacht ziehen lassen. Am nächsten Tag die Flüssigkeit filtern, 1 kg braunen oder weißen Zucker und den Saft einer Zitrone hinzufügen und solange im offenen Topf auf kleiner Flamme einkochen, bis eine sirupartige Masse entsteht (etwa 2 bis 3 Stunden). Probe wie bei Marmelade!
Man beachte: Durch das Abkühlen wird die Masse noch fester! Sollte der Sirup zu flüssig geworden sein, Masse noch einmal erwärmen und weiter einkochen. Sollte die Masse zu fest sein, etwas Wasser zufügen und noch einmal kurz aufkochen. Sirup in Gläser füllen.
Zum Einnehmen bei Husten, aber auch zum Süßen von Tee und Speisen oder als Brotaufstrich verwendbar.

Fichtenspitzen-Tee

1 TL Maitriebe der Gewöhnlichen Fichte mit 1 Tasse kochendem Wasser übergießen. Abgedeckt 10 Minuten ziehen lassen. Bei Husten und Erkältungen 2- bis 3-mal täglich 1 Tasse mit Honig gesüßt trinken.

Gänseblümchen-Hustentee

2 TL Gänseblümchenblüten mit 1 Tasse kochendem Wasser übergießen. Abgedeckt 10 Minuten ziehen lassen. Bei Husten 3-mal täglich 1 Tasse trinken.

Gänseblümchen-Sirup

2 Tassen Gänseblümchenblätter und -blüten, 1,5 Tassen Zucker.
Kraut und Zucker kräftig miteinander vermengen, über Nacht ziehen lassen, dann den entstandenen Sirup abgießen. 3-mal täglich 1 TL gegen Husten einnehmen. Kühl gelagert ist der Sirup bis zu 3 Monaten haltbar.

Gundermann-Tee

1 bis 2 TL blühendes Gundermannkraut mit 1 Tasse kochendem Wasser übergießen. Abgedeckt 5 Minuten ziehen lassen. Bei Husten 1- bis 2-mal täglich 1 Tasse trinken.

Kamillen-Dampfbad

1 kleine Handvoll Kamillenblüten in eine hitzebeständige Schüssel geben und mit 1 l kochendem Wasser übergießen. Abgedeckt etwa 10 Minuten ziehen lassen. Den Kopf über das Gefäß halten, ein Handtuch über Kopf und Gefäß ausbreiten und die Dämpfe durch Mund und Nase einatmen. Den Dampf durch vorsichtiges Lüften des Handtuchs so regulieren, dass er als warm und angenehm empfunden wird. Bei Husten und Schnupfen anwenden.
Auch Lindenblüten-Tee eignet sich zum Inhalieren.

Löwenzahnblüten-Sirup

4 Handvoll Blütenköpfchen vom Löwenzahn pflücken (in der Mitte der Blüte sollte noch ein kleines kegelförmiges Hütchen vorhanden sein), mit 1 l Wasser kurz aufkochen, über Nacht ziehen lassen. Am nächsten Tag die Flüssigkeit filtern, 1 kg braunen oder weißen Zucker und den Saft einer Zitrone hinzufügen und solange im offenen Topf auf kleiner Flamme

einkochen, bis eine sirupähnliche Masse entsteht (etwa 2 bis 3 Stunden). Probe wie bei Marmelade!
Man beachte: Durch das Abkühlen wird die Masse noch fester! Sollte der Sirup zu flüssig geworden sein, die Masse noch einmal erwärmen und weiter einkochen. Sollte die Masse zu fest sein, etwas Wasser zufügen und noch einmal kurz aufkochen. Sirup in Gläser füllen. Zum Einnehmen bei Husten, aber auch zum Süßen von Tee und Speisen oder als Brotaufstrich verwendbar.

Meerrettich-Hustenhonig

Fein geriebenen Meerrettich mit etwa der gleichen Menge Zucker oder Honig vermengen. Bei Husten 2- bis 3-mal täglich 1 TL einnehmen.

Rotklee-Husten-Sirup

Ein Litermaß zur Hälfte mit Blütenköpfchen vom Roten Wiesenklee füllen, mit Wasser bis oben aufgießen und eine Stunde in einem Topf auf kleiner Flamme einkochen. Masse filtern und den Absud mit einem Glas Honig mischen. In ein Schraubglas füllen und bei Husten als schleimlösendes Mittel anwenden.

Spitz-Wegerich-Honig

Gut gewaschene, etwas zerkleinerte Spitz-Wegerichblätter abwechselnd mit Honig jeweils fingerdick randvoll in ein Glas schichten. Glas verschließen und 3 Wochen auf ein Fensterbrett stellen. Das Glas täglich umdrehen, damit die nach oben schwimmenden Blätter immer wieder gut mit Honig bedeckt werden. Nach 3 Wochen durch ein Sieb seihen und den Spitz-Wegerich-Honig in kleine dunkle Gläschen füllen. Bei Husten täglich 3-mal 1 TL einnehmen oder Hustentee damit süßen.

Spitz-Wegerich-Hustentee

1 bis 2 TL Spitz-Wegerichblätter mit 1 Tasse kochendem Wasser übergießen. Abgedeckt 10 Minuten ziehen lassen. Bei Husten 3-mal täglich eine Tasse trinken. Bei Bedarf mit Honig süßen.

Spitz-Wegerich-Sirup

Gut gewaschene, etwas zerkleinerte Spitz-Wegerichblätter werden abwechselnd mit weißem oder braunem Zucker jeweils fingerdick randvoll in ein Glas geschichtet. Die letzte Schicht sollte Zucker sein. Einen Tag

sacken lassen und mit Zucker auffüllen. Masse mit Pergamentpapier gut abdecken und das Glas verschließen. Dunkel und bei gleichbleibend kühler Temperatur von etwa 10 Grad lagern. Um eine gleichmäßige Temperatur zu gewährleisten, hat man die Gläser früher im Garten etwa 30 bis 50 cm tief eingegraben. Nach etwa 3 Monaten Sirup abgießen, einmal kurz aufkochen und in dunkle Gläser füllen. Bei Husten über den Tag verteilt 3 bis 10 Tropfen einnehmen oder den Hustentee damit süßen.
Auf die gleiche Art und Weise kann auch ein Hustensirup aus frischen Maitrieben der **Gewöhnlichen Fichte,** oder ein Hustenhonig aus einer Mischung von **Gänseblümchen-** und **Gundermann**blüten, **Spitz-Wegerich**blättern und Maitrieben der **Gewöhnlichen Fichte** hergestellt werden.

Insektenstiche

Rezepte mit

Spitz-Ahorn
Gewöhnlicher Giersch
Gewöhnliche Knoblauchsrauke
Großer Sauerampfer
Spitz-Wegerich
Breit-Wegerich

Mittel gegen Insektenstiche und Brennnesselquaddeln

Der Blätterbrei oder der ausgepresste Saft der Blätter vieler Wildpflanzen **(Spitz-Ahorn, Gewöhnlicher Giersch, Gewöhnliche Knoblauchsrauke, Großer Sauerampfer, Spitz-Wegerich, Breit-Wegerich)** lindert den Juckreiz von Insektenstichen und Brennnesselquaddeln.

Krämpfe

Rezepte mit

Gänse-Fingerkraut

Weitere heilwirksame Pflanzen sind

Echter Baldrian
Gewöhnliche Schafgarbe

Gänse-Fingerkraut-Tee

1 TL Blätter und Blüten vom Gänse-Fingerkraut mit 1 Tasse Wasser aufgießen. Abgedeckt 5 bis 10 Minuten ziehen lassen. Gegen Darm- und Menstruationskrämpfe sowie Muskelkrämpfe aller Art 1- bis 3-mal täglich 1 Tasse trinken.

Gänse-Fingerkraut-Milch

1 TL Kraut mit 1 Tasse Milch kurz aufkochen. Vom Herd nehmen und 5 Minuten ziehen lassen. Statt Tee verwenden.

Gänse-Fingerkraut-Tinktur

Ein durchsichtiges Schraubglas locker mit klein geschnittenem, frischen Kraut vom Gänse-Fingerkraut befüllen und mit 40%igem Alkohol übergießen. Verschließen und 3 Wochen auf einer hellen Fensterbank stehen lassen, hin und wieder schütteln. Filtern und in dunkle Tropffläschchen füllen. Bei Menstruationskrämpfen 3-mal täglich 10 bis 20 Tropfen einnehmen, bei nächtlichen Wadenkrämpfen 10 bis 20 Tropfen vor dem Einschlafen.

Leber und Galle

Rezepte mit

Gewöhnliche Schafgarbe

Weitere heilwirksame Pflanzen sind

Kriechender Günsel
Linden
Gemeiner Löwenzahn
Gewöhnliche Wegwarte
Wiesen-Schaumkraut

Schafgarben-Tee

1 TL blühendes Kraut der Gewöhnlichen Schafgarbe mit 1 Tasse kochendem Wasser übergießen. Abgedeckt 5 bis 7 Minuten ziehen lassen. Bei Gallenstörungen 3-mal täglich 1 Tasse zwischen den Mahlzeiten trinken.

Nieren und Blase

Rezepte mit

Hänge-Birke
Kanadische Goldrute
Gemeiner Löwenzahn
Acker-Schachtelhalm

Weitere heilwirksame Pflanzen sind

Große Brennnessel
Labkraut
Meerrettich

Durchspülender Birkenblätter-Tee

1 EL Birkenblätter mit 1 Tasse kochendem Wasser übergießen. Abgedeckt 10 Minuten ziehen lassen. Bei bakteriellen und entzündlichen Erkrankungen der Harnwege 3- bis 4-mal täglich 1 Tasse nach den Mahlzeiten trinken.

Goldruten-Tee

1 TL Blüten und Blätter der Kanadischen Goldrute mit 1 Tasse kochendem Wasser übergießen. Abgedeckt 15 Minuten ziehen lassen. Bei entzündlichen Erkrankungen der ableitenden Harnwege 3-mal täglich 1 Tasse zwischen den Mahlzeiten trinken.

Goldruten-Wein

Ein durchsichtiges Schraubglas bis zur Hälfte mit kleingeschnittenen Blüten und Blättern der Kanadischen Goldrute füllen. Mit trockenem Weißwein auffüllen und 3 Wochen an einen dunklen, nicht zu kühlen Platz stellen. Filtern und in eine dunkle Flasche füllen. Bei entzündlichen Erkrankungen der ableitenden Harnwege täglich 2 bis 3 Likörgläschen trinken.

Löwenzahn-Tee

1 bis 2 TL Blätter und Wurzeln vom Löwenzahn mit 1 Tasse Wasser aufsetzen und kurz aufkochen lassen. Abgedeckt 10 Minuten ziehen lassen. Zur Durchspülung der Harnwege 3-mal täglich 1 Tasse zwischen den Mahlzeiten trinken.

Schachtelhalm-Tee

1 EL Schachtelhalmkraut mit 1 Tasse Wasser etwa 30 Minuten kochen lassen, um die Kieselsäure zu lösen. Gegen entzündliche Erkrankungen der ableitenden Harnwege.

Rheumatische Erkrankungen

Rezepte mit

Große Brennnessel
Gewöhnlicher Giersch
Echtes Mädesüß
Meerrettich

Weitere heilwirksame Pflanzen sind

Gewöhnlicher Beinwell
Hänge-Birke
Echtes Johanniskraut
Acker-Schachtelhalm

Brennnessel-Tee

2 TL Blätter oder Triebspitzen (oberste drei Blattpaare, vor der Blüte geerntet) mit kochendem Wasser übergießen. Abgedeckt 10 Minuten ziehen lassen. Über den Tag verteilt 3 bis 4 Tassen trinken.

Giersch-Tee

2 TL klein geschnittene, frische, junge Blätter vom Gewöhnlichen Giersch mit 1 Tasse kochendem Wasser übergießen. Abgedeckt 10 Minuten ziehen lassen. Gegen rheumatische Beschwerden und Gicht im Frühjahr täglich 1 Tasse trinken.

Mädesüß-Einreibetinktur

Eine klare Glasflasche etwa 2 Drittel mit getrockneten Blütenknospen vom Echten Mädesüß füllen. Mit Schnaps aufgießen, verschließen und an einem warmen, sonnigen Platz ruhen lassen. Hin und wieder schütteln und die Flasche kurz zum Lüften öffnen. Nach 4 bis 6 Wochen filtern und in dunkle Fläschchen füllen. Von Gicht, Rheuma oder Gelenkschmerzen befallene Stellen damit einreiben.

Meerrettich-Einreibetinktur

Ein daumenbreites Stück Meerrettichwurzel klein schneiden und 3 Wochen lang in 50 ml Weinbrand ziehen lassen. Bei Gicht und Rheuma äußerlich als wärmendes und hautreizendes Einreibemittel verwenden.

Schmerzen

Rezepte mit

Echte Brombeere
Meerrettich
Gewöhnlicher Dost

Weitere heilwirksame Pflanzen sind

Echtes Mädesüß

Spülung gegen Zahnschmerzen

Ein Hausmittel gegen Zahnschmerzen ist eine Spülung mit einem Tee aus Blättern der Echten Brombeere. 2 TL Brombeerblätter mit 1 Tasse kochendem Wasser übergießen. Abgedeckt 10 Minuten ziehen lassen.

Dost-Kräuterkissen

Getrocknetes blühendes Kraut vom Gewöhnlichen Dost wird in ein kleines Stoffkissen gefüllt und als Kräuterkissen zur Beruhigung oder zur Linderung von Bauch-, Zahn- und Ohrenschmerzen verwendet. Der wohltuende Duft des Krautes wird durch Körperwärme ausgelöst.

Meerrettich gegen Zahnschmerzen

An die Stelle mit den Beschwerden wird geriebener Meerrettich aufgebracht und so lange dort belassen, bis die Schärfe der Wurzel nachlässt.

Meerrettich gegen Kopfschmerzen

Fein geriebener Meerrettich wird auf ein Tuch gestrichen und für nicht mehr als 5 Minuten in den Nacken gelegt. Kann Hautreizungen verursachen!
Manchmal genügt schon das Einatmen des Meerrettichduftes, um leichte Kopfschmerzen zu lindern.

Stärkung und Fitness

Rezepte mit

- Bärlauch
- Große Brennnessel
- Gewöhnliche Fichte
- Hunds-Rose
- Kartoffel-Rose

Weitere heilwirksame Pflanzen sind

- Wiesen-Bärenklau
- Weißer Gänsefuß
- Haselnuss
- Esskastanie
- Behaartes Knopfkraut
- Großer Sauerampfer
- Walnuss
- Weißdorn

Bärlauch-Schnaps gegen Gedächtnisschwäche

1 Drittel eines Schraubglases mit klein geschnittenen Bärlauchblättern füllen und mit mindestens 38%igem Schnaps auffüllen. 6 Wochen an einen hellen, warmen Platz stellen, hin und wieder schütteln. Filtern und in dunkle Fläschchen abfüllen.

Gegen Gedächtnisschwäche täglich einen Teelöffel in etwas warmem Wasser einnehmen. Auch gegen Blähungen und Bauchschmerzen.

Brennnesselsamen-Likör

25 g Brennnesselsamen, 0,7 l Doppelkorn, 120 g brauner Kandis.
Brennnesselsamen im Mörser bearbeiten und dann mit Kandis und Doppelkorn in eine weithalsige, verschließbare Flasche füllen. 4 Wochen auf einer hellen Fensterbank ruhen lassen. Hin und wieder schütteln. Filtern und in Flaschen füllen. Das Getränk macht Müde munter und regt den Stoffwechsel an.

Brennnesselsamen-Vitalgabe

Fruchtstände der weiblichen Pflanzen sammeln, trocknen, abrebeln und in einem Schraubglas luftdicht aufbewahren. Morgens ins Müsli, mittags ins Gemüse und abends auf Butterbrot gestreut, nimmt man jeweils eine gute kräftigende und aufbauende Portion Vitalstoffe zu sich.

Belebender Fichtenspitzen-Badezusatz

2 Handvoll Maitriebe der Fichte in Wasser 10 Minuten kochen, über Nacht ziehen lassen, filtern und den Sud ins Badewasser geben. Das belebende, erfrischende Bad sollte nicht am Abend genommen werden.

Hagebutten-Tee

2 bis 3 EL getrocknete Hagebutten der Hunds-Rose oder der Kartoffel-Rose mit 1 l Wasser kurz aufkochen. Abgedeckt 8 bis 10 Minuten ziehen lassen und filtern. Vitamin-C-reicher Tee, der die körpereigenen Abwehrkräfte fördert.

Vogelmieren-Buttermilch

Einige Stängel der Gewöhnlichen Vogelmiere werden grob gehackt, püriert und mit Buttermilch aufgegossen. Die grüne Milch schmeckt nicht nur gut, sie ist aufgrund des hohen Mineralstoff- und Vitamingehaltes auch sehr gesund und kann fast das ganze Jahr über mit frischem Grün zubereitet werden.

Verdauung, Magen und Darm

Rezepte mit

Echte Brombeere
Gewöhnlicher Frauenmantel
Echte Kamille
Gemeiner Löwenzahn
Gewöhnliche Schafgarbe
Vogelkirsche

Weitere heilwirksame Pflanzen sind

Bärlauch
Echter Baldrian
Gewöhnlicher Beifuß
Gewöhnlicher Dost
Gewöhnliche Eberesche
Wald-Engelwurz
Gänse-Fingerkraut
Kanadische Goldrute
Gundermann
Haselnuss
Himbeere
Linden
Kornelkirsche
Meerrettich
Pastinak
Schlehe
Walnuss

Brombeerblätter-Tee gegen Durchfall

1 gehäuften TL Blätter der Echten Brombeere mit 1 Tasse kochendem Wasser übergießen. Abgedeckt 10 Minuten ziehen lassen. Bei Durchfall mehrmals täglich 1 Tasse zwischen den Mahlzeiten trinken.

Frauenmantel-Tee gegen leichte Durchfallerkrankungen

1 TL Frauenmantelkraut mit 1 Tasse kochendem Wasser aufgießen. Abgedeckt 10 Minuten ziehen lassen. Bei leichten Durchfallerkrankungen täglich 1 bis 3 Tassen trinken.

Kamillen-Tee

1 bis 2 TL Kamillenblüten mit 1 Tasse kochendem Wasser übergießen. Abgedeckt 10 Minuten ziehen lassen. Bei Magen- und Darmverstimmungen 3- bis 4-mal täglich 1 Tasse ungesüßt zwischen den Mahlzeiten trinken.

Kirsch-Likör

Eine 0,7 l Flasche zu etwa 2/3 mit den Früchten der Vogelkirsche befüllen, 200 g Kandis zugeben und mit Doppelkorn auffüllen. Die verschlossene Flasche etwa 2 bis 3 Wochen auf eine helle Fensterbank stellen, hin und wieder schütteln. Filtern und noch etwa 6 Wochen ruhen lassen. Wirkt verdauungsfördernd nach schweren Käsegerichten.

Löwenzahn-Magenbitter

500 ml Doppelkorn, etwa 20 bis 30 Blütenköpfchen vom Gemeinen Löwenzahn, 200 g Kandis.

Gelbe Zungenblüten ohne grüne Teile aus den Köpfchen zupfen und mit dem Schnaps und dem Kandis in ein durchsichtiges Glas mit Schraubverschluss füllen. Einige Wochen stehen lassen, durch einen Kaffeefilter gießen.

Schafgarben-Schnaps

50 g frische Blüten und Blätter der Gewöhnlichen Schafgarbe mit 1 l Schnaps in einer Flasche ansetzen. Verschließen und 4 Wochen an einen warmen Platz stellen, hin und wieder schütteln. Filtern und den Schnaps noch einige Wochen reifen lassen. Als Magenbitter und bei Krämpfen im Unterleib einsetzen.

Zerrungen, Verstauchungen, Knochenbrüche

Rezepte mit

Gewöhnlicher Beinwell
Gänseblümchen
Echter Steinklee

Weitere heilwirksame Pflanzen sind

Gewöhnlicher Dost
Echtes Johanniskraut

Beinwell-Auszug für Umschläge

100 g Beinwellwurzelstücke in Wasser etwa 10 Minuten lang kochen. Flüssigkeit filtern und für warme Umschläge bei Knochenbrüchen, Zerrungen und Verstauchungen einsetzen.

Beinwellblätter-Auflage

Beinwellblätter in ein Tuch legen und mit dem Nudelholz so lange bearbeiten, bis Saft austritt. Das Tuch bei Knochenbrüchen, Zerrungen und Verstauchungen auf die zu behandelnde Körperstelle auflegen. Auch bei Gelenkschmerzen zu empfehlen.

Beinwell-Salbe

250 g Schweineschmalz, 2 Handvoll frische Beinwellwurzeln.
Beinwellwurzeln gut reinigen, fein schneiden. Schweineschmalz so lange erhitzen, bis es flüssig ist. Beinwellwurzel zugeben, aufkochen und 10 Minuten ziehen lassen. In noch heißem Zustand durch ein Tuch pressen und die Salbe in ein verschließbares Gefäß geben. Kühl aufbewahrt hält sich die Salbe bis zu einem Jahr. Gegen Quetschungen und Blutergüsse äußerlich anwenden.

Gänseblümchen-Auflage

4 TL Gänseblümchenblüten mit 1 Tasse kochendem Wasser übergießen. Abgedeckt 10 Minuten ziehen lassen. Bei schlecht heilenden Wunden, Prellungen und Verstauchungen ein Tuch mit der Flüssigkeit tränken und als Auflage anwenden.

Steinklee-Auflage

3 EL Steinkleekraut mit 250 ml kochendem Wasser übergießen. Abgedeckt 10 Minuten ziehen lassen. Filtern, abkühlen lassen.
Bei Blutergüssen, Prellungen und Quetschungen 3-mal täglich ein mit der Flüssigkeit getränktes Leinentuch jeweils 30 Minuten auf die zu behandelnden Stellen legen.

Rezepte für die Gesundheit

Wildpflanze	Heiltee	Sonstige Heilmittel zur inneren Anwendung	Äußerliche Anwendungen
Ahorn, Spitz-			Mittel gegen Insektenstiche und Brennnesselquaddeln
Baldrian, Echter	Baldrian-Tee	Baldrian-Tinktur	Baldrian-Beruhigungsbad
Bärlauch		Bärlauch-Schnaps gegen Gedächtnisschwäche Frühlings-Fitnesstrank I, II und III	
Beinwell, Gewöhnlicher			Beinwell-Auszug für Umschläge Beinwellblätter-Auflage Beinwell-Salbe
Birke, Hänge-	Durchspülender Birkenblätter-Tee Frühlings-Teekur	Frühlings-Fitnesstrank I, II und III	
Brennnessel, Große	Brennnessel-Tee Frühlings-Teekur	Brennnesselsamen-Likör Brennnessel-Trank Brennnesselsamen-Vitalgabe Frühlings-Fitnesstrank I, II und III	Brennnessel-Haarwasser
Brombeere, Echte	Brombeerblätter-Tee gegen Durchfall Blätter-Haustee	Spülung gegen Zahnschmerzen	
Dost, Gewöhnlicher			Dost-Kräuterkissen
Erdbeere, Wald-	Blätter-Haustee		Erdbeer-Gesichtsmaske

Wildpflanze	Heiltee	Sonstige Heilmittel zur inneren Anwendung	Äußerliche Anwendungen
Fichte, Gewöhnliche	Fichtenspitzen-Tee Frühlings-Hustentee	Fichtenspitzen-Honig, schnell gemacht Fichtenspitzen-Sirup	Belebender Fichtennadel-Badezusatz
Fingerkraut, Gänse-	Gänse-Fingerkraut-Tee	Gänse-Fingerkraut-Milch Gänse-Fingerkraut-Tinktur	
Frauenmantel, Gewöhnlicher	Tee gegen leichte Durchfallerkrankungen Tee gegen Menstruationsbeschwerden		
Gänseblümchen	Frühlings-Hustentee Gänseblümchen-Hustentee	Frühlings-Fitnesstrank I, II und III Gänseblümchen-Sirup	Gänseblümchen-Auflage
Giersch, Gewöhnlicher	Giersch-Tee	Frühlings-Fitnesstrank I, II und III Giersch-Essig-Entschlackungskur	Mittel gegen Insektenstiche und Brennnesselquaddeln
Goldrute, Kanadische	Goldruten-Tee	Goldruten-Wein	
Gundermann	Frühlings-Hustentee Gundermann-Tee	Frühlings-Fitnesstrank I, II und III	Gundermann-Öl
Himbeere	Blätter-Haustee		
Hirtentäschel, Gewöhnliches			Hirtentäschel-Breiumschlag Hirtentäschel-Tinktur
Holunder, Schwarzer	Fliederblüten-Tee Holunder-Fiebertee		
Hopfen, Gewöhnlicher	Hopfen-Tee gegen Schlafstörungen	Hopfen-Likör	Hopfen-Schlafkisssen

Wildpflanze	Heiltee	Sonstige Heilmittel zur inneren Anwendung	Äußerliche Anwendungen
Huflattich			Huflattich-Gesichtsdampfbad Huflattich-Haarspülung
Johanniskraut, Echtes	Johanniskraut-Tee gegen innere Unruhe	Johanniskraut-Tinktur gegen innere Unruhe	Johanniskraut-Öl
Kamille, Echte	Kamillen-Tee		Kamillen-Dampfbad Kamillen-Haarspülung
Klee, Roter Wiesen-		Rotklee-Hustensirup	
Knoblauchsrauke, Gewöhnliche		Frühlings-Fitnesstrank I, II und III	Mittel gegen Insektenstiche und Brennnesselquaddeln
Labkraut, Wiesen-	Labkraut-Entschlackungstee	Frühlings-Fitnesstrank I, II und III	
Linden	Lindenblüten-Tee		
Löwenzahn, Gemeiner	Löwenzahn-Tee	Frühlings-Fitnesstrank I, II und III Löwenzahnblüten-Sirup Magenbitter	
Mädesüß, Echtes	Mädesüß-Tee gegen Fieber		Mädesüß-Einreibetinktur
Meerrettich		Meerrettich-Hustenhonig Meerrettich gegen Zahnschmerzen	Meerrettich-Einreibetinktur Meerrettich gegen Kopfschmerzen
Rose, Hunds-	Hagebutten-Tee		Entspannendes Rosenblüten-Bad Rosenblüten-Gesichtsdampfbad
Rose, Kartoffel-	Hagebutten-Tee Kernles-Tee	Vitamin-C-Bombe	
Sauerampfer, Großer			Mittel gegen Insektenstiche und Brennnesselquaddeln
Schachtelhalm, Acker-	Schachtelhalm-Tee		Fußpilz-Tinktur

Wildpflanze	Heiltee	Sonstige Heilmittel zur inneren Anwendung	Äußerliche Anwendungen
Schafgarbe, Gewöhnliche	Schafgarben-Tee Tee gegen Menstruationsbeschwerden	Schafgarben-Schnaps	Auflage gegen geplatzte Äderchen
Scharbockskraut		Frühlings-Fitnesstrank I, II und III	Mittel gegen Insektenstiche
Schaumkraut, Wiesen-		Frühlings-Fitnesstrank I, II und III	
Steinklee, Echter			Steinklee-Auflage
Veilchen, März-	Frühlings-Hustentee		
Vogelkirsche		Kirsch-Likör	
Vogelmiere		Frühlings-Fitnesstrank I, II und III Vogelmieren-Buttermilch	
Walnuss			Walnussblätter-Bad gegen starkes Schwitzen
Wegerich, Breit-			Blasenpflaster Mittel gegen Insektenstiche und Brennnesselquaddeln
Wegerich, Spitz-	Frühlings-Hustentee Spitz-Wegerich-Hustentee	Spitz-Wegerich-Honig Spitz-Wegerich-Sirup	Mittel gegen Insektenstiche und Brennnesselquaddeln Spitz-Wegerich-Tinktur zur Wundbehandlung Spitz-Wegerich zur Wundbehandlung
Weißdorn	Weißdorn-Herztee	Weißdorn-Herzlikör	

Inhaltsstoffe

Wichtige Inhaltsstoffe und ihre Wirkung

Ätherische Öle

Ätherische Öle sind pflanzliche Inhaltsstoffe, die sich durch einen charakteristischen Duft auszeichnen. Es gibt kaum Pflanzen, die frei davon sind. Ätherische Öle können in allen Pflanzenteilen gebildet werden und sind meist in Drüsen oder anderen speziellen Ölbehältern enthalten. Ihren Duft entfalten sie erst beim Verletzen der Pflanze, zum Beispiel durch Zerreiben der ölhaltigen Pflanzenteile. Der Pflanze selbst dienen die Stoffe als Verdunstungs- und Fraßschutz, aber auch zum Anlocken von Insekten. Mit den desinfizierenden und keimwidrigen Eigenschaften tragen die Öle zum Wohlergehen der Pflanze bei.

Pflanzen mit relativ hohen Anteilen an ätherischen Ölen nutzt der Mensch als Heilpflanzen. Die leicht flüchtigen, intensiv duftenden Stoffe sind fett- aber nicht wasserlöslich und werden sowohl innerlich wie äußerlich angewendet. Auch über Haut und Nase können sie aufgenommen werden. Die Wirkungen sind mannigfaltig, bezeichnend ist auch die keimhemmende Wirkung der Öle für den Menschen. Unter ihnen gibt es zahlreiche mit entzündungshemmenden, beruhigenden, krampflösenden und appetitanregenden Eigenschaften.

Gewöhnlicher Beifuß, Gewöhnliche Braunelle, Gewöhnlicher Dost, Wald-Engelwurz, Gewöhnliche Fichte, Gewöhnlicher Frauenmantel, Kanadische Goldrute, Gewöhnlicher Hopfen, Echtes Johanniskraut, Echte Kamille, Echtes Mädesüß, Meerrettich, Wilde Möhre, Hunds-Rose, Kartoffel-Rose, Gewöhnliche Schafgarbe

Alkaloide

Alkaloide sind Inhaltsstoffe mit Drogencharakter, die in Pflanzen, seltener auch in Tieren vorkommen. Chemisch ist diese Stoffgruppe nicht einheitlich definiert, es handelt sich jedoch um stickstoffhaltige organische Verbindungen. Bekannte Alkaloide sind zum Beispiel Nikotin, Coffein,

Coniin, Atropin, Strychnin, Mescalin und Morphin. Die meisten dieser Drogen schmecken ausgesprochen bitter und sind sehr giftig. Sie dienen den Pflanzen zur Abwehr von Bakterien, Viren und Pilzen und als Fraßschutz. Auf den menschlichen Körper haben Alkaloide eine vielschichtige Wirkung. Sie greifen das zentrale Nervensystem an und führen zu Bewusstseins- und Wahrnehmungsveränderungen. Halluzinogene Alkaloid-Drogen spielten früher bei Hexenritualen eine große Rolle. In der richtigen Dosis finden sie jedoch auch in der Medizin Verwendung. Hier werden sie eher bei akuten und heftigen Krankheitszuständen angewendet als bei chronischen Erkrankungen. Heute werden diese Drogen meist in homöopathischer Form verabreicht.

Echter Baldrian, Gewöhnlicher Beinwell, Huflattich, März-Veilchen, Waldmeister

Anthocyane

Anthocyane sind natürliche, wasserlösliche Pflanzenfarbstoffe von roter, blauer, blauschwarzer oder violetter Färbung (griech. *anthos* = Blüte, *kyanos* = blau). Sie stehen den Flavonoiden nahe.
Für den Menschen weisen Anthocyane eine gefäßschützende und entzündungshemmende Funktion auf. Auch wird ihnen eine sehverbessernde und krebsverhütende Wirkung zugeschrieben.

Echte Brombeere, Wald-Erdbeere, Himbeere, Schwarzer Holunder, Kornelkirsche, Hunds-Rose, Kartoffel-Rose, Schlehe

Bitterstoffe

„Bitter im Mund – dem Menschen gesund!“ Ist von Bitterstoffen die Rede, handelt es sich nicht um chemisch einheitliche Inhaltsstoffe, sondern um all diejenigen Stoffe, die einen bitteren Geschmack aufweisen. Sie werden von den Geschmacksknospen am Grund der Zunge wahrgenommen, die bei Kindern wesentlich empfindlicher sind als bei älteren Menschen. Im menschlichen Körper regen Bitterstoffe die Verdauungssäfte von Galle, Magen und Bauchspeicheldrüse an und wirken somit positiv auf das Verdauungssystem und den Stoffwechsel. Gärungs- und Fäulnisprozessen wie auch Blähungen wirken sie entgegen. Eine gesunde Darmflora ist die

beste Vorraussetzung für eine intakte Immunabwehr, die Kräftigung des Körpers und das allgemeine Wohlbefinden.
Im Volksmund heißt es, dass Bitterstoffe gut für das Herz sind und warm ums Herz machen. Sie stärken das Herz und wirken durchblutungsfördernd, tragen aber auch dazu bei, die Lebensenergie und Antriebskraft des Menschen zu fördern. Wir haben es also bitter nötig! Leider wird der bittere Geschmack heute vielfach aus Gemüse und Früchten herausgezüchtet. In vielen Wildpflanzen sind sie jedoch enthalten.
Menschen mit übersäuertem Magen und Gallensteinen sollten Bitterstoffe nicht ohne ärztlichen Rat einnehmen.

Gewöhnlicher Beifuß, Hänge-Birke, Gewöhnliche Braunelle, Gewöhnlicher Dost, Gewöhnliche Eberesche, Wald-Engelwurz, Gewöhnlicher Frauenmantel, Gänseblümchen, Gundermann, Acker-Hellerkraut, Hopfen, Huflattich, Gemeiner Löwenzahn, Gewöhnliche Nelkenwurz, Gewöhnliche Schafgarbe, Wiesen-Schaumkraut, März-Veilchen, Gewöhnliche Wegwarte

Fette, Öle und Fettsäuren

Fette haben einen entscheidenden Einfluss auf die Gesundheit des Menschen. Als Dickmacher verpönt, weisen sie jedoch bei richtiger Zufuhr positive Wirkungen auf den Körper auf. Sie liefern Energie, unterstützen das Immunsystem, senken den Cholesterinspiegel und sind an vielen Stoffwechselprozessen beteiligt, wie zum Beispiel der Aufnahme der fettlöslichen Vitamine A, E, D und K oder der Herstellung von Hormonen. Als Öle werden solche Fette bezeichnet, die bei Raumtemperatur flüssig sind. Fette bestehen aus Glycerin und Fettsäuren, die aus mehr oder weniger langen Ketten aus Kohlenstoffatomen bestehen, an denen Wasserstoffatome hängen. Bei „gesättigten Fettsäuren" liegen nur Einfachverbindungen zwischen den Kohlenstoffatomen vor, bei „ungesättigten Fettsäuren" einfache bis mehrfache Doppelverbindungen. „Essentielle Fettsäuren" weisen mehrfach ungesättigte Fettsäuren auf, die vom Menschen nicht selbst hergestellt werden können und daher mit der Nahrung zugeführt werden müssen. Sie sind lebensnotwendig und spielen daher in der Ernährung eine große Rolle (lat. *essentia* = das Wesentliche). Vor allem zum Aufbau von Zellmembranen werden sie benötigt.

Große Brennnessel, Rot-Buche, Stiel-Eiche, Haselnuss, Gewöhnliche Nachtkerze, Pastinak, Walnuss

Flavonoide

Flavonoide sind eine Gruppe von wasserlöslichen Pflanzenfarbstoffen die, wie der Name fälschlich vermuten lässt (lat. *flavus* = gelb) nicht zwangsläufig gelb sind. Zu ihnen zählt eine große Anzahl der Blütenfarbstoffe. Sie nehmen ein vielseitiges Farbspektrum von gelb über orange, rot bis hin zu blau ein und dienen den Pflanzen zum Anlocken von Bestäubern. Flavonoide nehmen zudem eine wichtige Stellung im Stoffwechsel der Pflanzen ein, indem sie vor schädlichen äußeren Einflüssen schützen. Da es viele verschiedene Flavonoide gibt, ist ihre Wirkung auf den Menschen je nach Flavonoid-Typ unterschiedlich. Flavonoide sind in der Lage, freie Radikale zu binden und damit Zellen vor Schädigungen zu schützen. Zur Vorbeugung gegen Krebs spielen sie eine wichtige Rolle; auch die Alterung der Zellen kann beeinflusst werden.

In vielen Wildpflanzen enthalten, besonders: Hänge-Birke, Kanadische Goldrute, Schwarzer Holunder, Gewöhnlicher Hopfen, Echtes Johanniskraut, Echte Kamille, Weißdorn

Gerbstoffe

Gerbstoffe schützen die Pflanzen vor Zersetzung und Fäulnis. Sie kommen vor allem in der Rinde, in Samenschalen und in Wurzeln vor. Gerbstoffe verändern die Struktur von Eiweißen, indem sie diese binden und durch Überführung in unlösliche Stoffe funktionslos machen.

Diese Prozesse macht sich der Mensch bei der äußerlichen Wundheilung der Haut zu Nutze. Gerbstoffe wirken zusammenziehend (adstringierend). Die Hautoberfläche wird verdichtet und ausgetrocknet. Dadurch verringert sich der Flüssigkeitsverlust (Blut, Schweiß, nässende Wunden), Krankheitserregern wird der Nährboden entzogen, Entzündungen werden gelindert. Insgesamt wird die Haut unempfindlicher, Erneuerungsprozesse werden unterstützt. Bei entzündeten Schleimhäuten von Mund- und Rachenraum, wie auch Magen- und Darmbereichen (z. B. Durchfall), führt die innerliche Anwendung mit Gerbstoffen zu einer Heilung der erkrankten Bereiche. Gerbstoffe wirken austrocknend, stopfend,

blutstillend und keimhemmend. Sie hinterlassen einen rauen, trockenen Geschmack im Mund.
Die Anwendung von Gerbstoffen sollte nicht länger als eine Woche dauern. Bei Verstopfung, trockenen Ekzemen und Schleimhäuten sollten sie nicht eingenommen werden.

Echte Brombeere, Stiel-Eiche, Wald-Erdbeere, Gänse-Fingerkraut, Gewöhnlicher Frauenmantel, Gundermann, Himbeere, Walnuss und andere ...

Phytohormone

Viele Wildpflanzen beinhalten Wirkstoffe, die den menschlichen Hormonen ähnlich sind. Dabei gibt es zum Beispiel Pflanzen, die östrogenähnliche Substanzen aufweisen oder auch die Östrogenbildung fördern. Diese sind für Frauen in den Wechseljahren hilfreich.

Gewöhnlicher Frauenmantel, Gewöhnlicher Hopfen, Echtes Johanniskraut, Gewöhnliche Nachtkerze, Gewöhnliche Schafgarbe, Roter Wiesen-Klee

Saponine

Saponine sind Seifenstoffe, die in Verbindung mit Wasser schäumen (lat.: *sapor* = Seife). Sie treten in mehr oder weniger hoher Konzentration in vielen Wildpflanzen auf. Pflanzen mit hohen Saponin-Gehalten wurden früher als Waschpflanzen verwendet. Die Oberflächenspannung des Wassers wird herabgesetzt, die Stoffe werden stärker benetzt, wodurch der Schmutz besser gelöst werden kann.
In der Heilpflanzenkunde werden Saponine vor allem als schleimlösendes Mittel befallener Bronchien eingesetzt. Der zähe Schleim wird verflüssigt und kann besser abgehustet werden. Saponine können zudem harn- und schweißtreibend, wie auch stoffwechselfördernd wirken.
Wenn beim Teekochen Schaum entsteht, enthält das verwendete Kraut Saponine. Bei Überdosierung kann es zu Übelkeit und Erbrechen, wie auch zu einer Reizung der Schleimhäute kommen. Saatgutverunreinigungen durch Kornradesamen haben in früheren Zeiten sogar zu Massenvergiftungen mit Todesfolge geführt.

Hänge-Birke, Gewöhnliche Braunelle, Gänseblümchen, Weißer Gänsefuß, Kanadische Goldrute, Kriechender Günsel, Gundermann, Gewöhnliches Hirtentäschel, Weiße Taubnessel, März-Veilchen, Vogelmiere, Breit-Wegerich, Spitz-Wegerich

Schleimstoffe

Schleimstoffe binden Wasser. Die Pflanze nutzt diese Stoffe, um Feuchtigkeit zu halten und dem Samen ein feuchtes Milieu für die Keimung zu gewährleisten.

In der Heilpflanzenkunde sind die Anwendungsbereiche vielseitig. Schleimstoffe wirken reiz- und entzündungsmildernd und können sich wie ein Schutzfilm über Haut und Schleimhäute legen, zum Beispiel über entzündete Schleimhäute der Luftwege. Als Quell- wie auch als Gleitmittel werden sie bei Verdauungsproblemen eingesetzt. Zudem sind manche Schleimstoffe in der Lage, Giftstoffe zu binden.

Gewöhnlicher Beinwell, Gänseblümchen, Himbeere, Huflattich, Echte Kamille, Linden, Gemeiner Löwenzahn, Echtes Mädesüß, Weiße Taubnessel

Senföle

Senföle sind schwefel- und stickstoffhaltige Verbindungen, die den Pflanzen einen scharfen, manchmal scharf-bitteren Geschmack verleihen. Sie sind in Kreuzblütlern enthalten und dienen den Pflanzen vor allem als Schutz vor Fraß und vor mikrobiellem Befall.

Innerlich angewendet, macht sich der Mensch die hemmende Wirkung der Senföle auf das Wachstum von Krankheitserregern zu Nutze. Äußerlich angewendet, wirken Senföle hautreizend und durchblutungsfördernd, zum Beispiel in Form von Auflagen und Bädern. Auch wird ihnen eine krebshemmende Wirkung zugesprochen.

Acker-Hellerkraut, Gewöhnliches Hirtentäschel, Gewöhnliche Knoblauchsrauke, Meerrettich, Behaartes Schaumkraut, Wiesen-Schaumkraut

Weitere wichtige Inhaltsstoffe

Eisen

Spitz-Ahorn, Bärlauch, Wiesen-Bärenklau, Große Brennnessel, Wald-Erdbeere, Gänseblümchen, Weißer Gänsefuß, Himbeere, Behaartes Knopfkraut, Hunds-Rose, Vogelkirsche, Vogelmiere, Walnuss

Inulin

Gemeiner Löwenzahn, Pastinak, Gewöhnliche Wegwarte

Kalium

Spitz-Ahorn, Wiesen-Bärenklau, Bärlauch, Hänge-Birke, Große Brennnessel, Echte Brombeere, Wald-Erdbeere, Esskastanie, Gänseblümchen, Weißer Gänsefuß, Gewöhnlicher Giersch, Haselnuss, Himbeere, Gemeiner Löwenzahn, Meerrettich, Wilde Möhre, Acker-Schachtelhalm, Vogelmiere, Walnuss

Kalzium

Spitz-Ahorn, Hänge-Birke, Große Brennnessel, Echte Brombeere, Wald-Erdbeere, Gänseblümchen, Gewöhnlicher Giersch, Haselnuss, Himbeere, Gemeiner Löwenzahn, Walnuss

Magnesium

Spitz-Ahorn, Bärlauch, Wiesen-Bärenklau, Wald-Erdbeere, Esskastanie, Gänseblümchen, Weißer Gänsefuß, Gewöhnlicher Giersch, Haselnuss, Acker-Hellerkraut, Himbeere, Gemeiner Löwenzahn, Acker-Schachtelhalm, Vogelmiere, Walnuss

Vitamin A

Große Brennnessel, Echte Brombeere, Gänseblümchen, Weißer Gänsefuß, Gewöhnlicher Giersch, Himbeere, Gewöhnliche Knoblauchsrauke, Behaartes Knopfkraut, Gemeiner Löwenzahn, Wilde Möhre, Hunds-Rose, Kartoffel-Rose, Vogelkirsche, Vogelmiere, Walnuss

Vitamin B-Gruppe

Große Brennnessel, Rot-Buche, Esskastanie, Haselnuss, Schwarzer Holunder, Wilde Möhre, Vogelkirsche, Vogelmiere

Vitamin C

Wiesen-Bärenklau, Bärlauch, Große Brennnessel, Echte Brombeere, Rot-Buche, Gewöhnliche Eberesche, Wald-Engelwurz, Wald-Erdbeere, Gewöhnliche Fichte, Gänseblümchen, Weißer Gänsefuß, Gewöhnlicher Giersch, Gundermann, Haselnuss, Himbeere, Schwarzer Holunder, Gewöhnliche Knoblauchsrauke, Behaartes Knopfkraut, Kornelkirsche, Gemeiner Löwenzahn, Meerrettich, Hunds-Rose, Kartoffel-Rose, Großer Sauerampfer, Scharbockskraut, Wald-Sauerklee, Wiesen-Schaumkraut, Schlehe, Breit-Wegerich, Spitz-Wegerich, Vogelkirsche, Walnuss, Weißdorn

Vitamin D

Große Brennnessel, Gemeiner Löwenzahn

Vitamin E

Große Brennnessel, Haselnuss, Kornelkirsche, Hunds-Rose, Kartoffel-Rose, Walnuss

Vitamin K

Große Brennnessel, Hunds-Rose, Kartoffel-Rose

Zink

Wald-Erdbeere, Weißer Gänsefuß, Vogelkirsche, Walnuss

Hollerlikör
Hollerblüten-
Birnengelee
Holunder-
Blütensirup
Hollerblüten-
Hollersaftgelee

Rezepte für die Küche

Alkoholfreie Getränke

Blütenlimonade

1 l Apfelsaft, Saft von 2 Zitronen, 2 Handvoll Blüten der Vogelkirsche und anderer Blütenpflanzen der Saison (Gänseblümchen, Löwenzahn, Hunds-Rose, Kartoffel-Rose, Taubnessel, Veilchen, Wegwarte, Weißdorn …). Blüten in den Apfelsaft geben, mit den Händen kräftig zerquetschen und einige Stunden kühl stellen. Limonade filtern. Zitronensaft und einige frische Blüten zugeben. Mit Mineralwasser aufgießen und servieren.

Goldruten-Limonade

Aus frischen oder getrockneten Blüten der Kanadischen Goldrute wird ein Tee zubereitet (siehe Kapitel „Rezepte für die Gesundheit"). Gekühlt und mit Ahorn- oder Löwenzahnblüten-Sirup gesüßt, ergibt dieser ein erfrischendes, limonadenartiges Getränk.

Lindenblüten-Limonade

1 große Tasse Lindenblüten und einige Zitronenscheiben über Nacht in Mineralwasser, Apfel- oder Orangensaft einlegen. Am nächsten Tag wird die Limonade abgeseiht und mit etwas Honig gesüßt serviert.

Waldmeister-Limonade

13 Stängel Waldmeister waschen, kräftig mit den Händen zerdrücken und in einen Liter Apfelsaft oder Orangensaft geben. Einige Stunden ziehen lassen. Sträußchen herausnehmen und fertig ist die ungewöhnliche Limonade.

Kinder-Waldmeister-Bowle

13 Stängel Waldmeister waschen und mit den Händen zerdrücken. 1 Flasche Apfelsaft in ein Bowlegefäß gießen, Waldmeister darin 1 bis 2 Stunden ziehen lassen. Waldmeister herausnehmen und eine Flasche Mineralwasser aufgießen. Einige frische Stängelchen Waldmeister zur Dekoration in die Bowle geben und servieren.

Schlehen-Saft

2 kg tiefgefrorene Früchte der Schlehe, 3 l Wasser, 250 g Zucker.

Schlehen waschen und mit kochendem Wasser übergießen. Einen Tag ruhen lassen, Flüssigkeit filtern, erneut aufkochen, wieder über die Schlehenfrüchte gießen und einen weiteren Tag ruhen lassen. Diese Prozedur vier- bis sechsmal wiederholen. Dann den Saft mit dem Zucker aufkochen und heiß in saubere Flaschen abfüllen.

Holunderbeeren-Saft

Holunderbeeren, Wasser, Zucker.

Holunderbeeren waschen und mit einer Gabel von den Stielen befreien. In einen Topf geben und so viel Wasser aufgießen, dass die Beeren bedeckt sind. Zum Kochen bringen und 15 Minuten köcheln lassen. Dann durch ein Sieb seihen, welches mit einem alten Geschirrtuch ausgelegt wurde, gut auspressen. Nach Geschmack Zucker zugeben, noch einmal aufkochen und den Saft heiß in Flaschen abfüllen. Dunkel und kühl aufbewahren. Der Saft eignet sich zur Herstellung von Desserts, Gelee oder Likören. Alternative: Die gewaschenen Holunderbeeren in einen Entsafter geben und den aufgefangenen Saft 15 Minuten kochen lassen. Dann wie oben weiter verarbeiten.

Holler-Milch

1 Dolde Holunderblüten mit 1 Tasse kochender Milch übergießen und 10 Minuten ziehen lassen, filtern. Abkühlen lassen, nach Geschmack mit Honig süßen und eiskalt servieren.

Holler-Milch-Shake

100 ml Milch, 2 EL Schlagsahne, 1 EL Holunderblüten-Sirup, 1 Kugel Vanilleeis.

Sahne schlagen. Mit Milch und Sirup vermengen, Eiskugel zugeben und mit einem Strohhalm und einem Cocktaillöffel servieren. Lecker und erfrischend.

Eichel-Kaffee-Ersatz

Entbitterte Eichelsamen (siehe Pflanzenportrait im Hauptteil) klein schneiden und in einer Pfanne rösten. Nicht schwarz werden lassen! Abkühlen lassen und in einer Kaffeemühle mahlen oder in einem Mörser zu grobem Pulver zerstoßen. Gut verschlossen aufbewahren. Zur Herstellung von Eichel-Ersatz-Kaffee gibt man auf eine Tasse Wasser einen gestrichenen Teelöffel des Pulvers. Kurz aufkochen lassen. Mit Zimt oder Kardamom würzen, einen Schuss Milch zugeben und trinken.

Löwenzahn-Kaffee-Ersatz

Löwenzahnwurzeln ausstechen und gut reinigen. In gleich große Stücke schneiden, nebeneinander auf ein Backblech legen und bei etwa 225°C etwa 15 Minuten im Backofen rösten. Nach dem Abkühlen wie Kaffeebohnen mahlen. Zur Herstellung von Löwenzahn-Kaffee-Ersatz gibt man einen Teelöffel dieses Wurzelmehles in eine Tasse und übergießt es mit kochendem Wasser. 5 Minuten ziehen lassen, filtern und nach Geschmack mit Zucker oder zum Beispiel Löwenzahnblüten-Sirup süßen.

Alkoholische Getränke

Blütenlikör

1 Flasche 38%iger Korn, 100 g weißer Kandis, 1 Handvoll Blüten der Wegwarte (einzeln oder gemischt mit Blüten anderer Wildkräuter wie zum Beispiel Wiesen-Klee, Mädesüß, Hunds-Rose, Kartoffel-Rose, Veilchen, Vogelkirsche...).

Alle Zutaten in eine Flasche füllen und etwa 2 Monate bei Zimmertemperatur und nicht in der prallen Sonne ziehen lassen. Hin und wieder schütteln. Filtern und in Flaschen füllen.

Brombeer-Likör

200 g reife Brombeeren, 150 g weißer Kandis, 1 Zimtstange, 0,7 l Doppelkorn.

Brombeeren waschen, trocken tupfen und in eine weithalsige Flasche füllen. Kandis zugeben und mit Korn auffüllen. 2 Monate ruhen lassen, hin und wieder schütteln. Filtern, in Flaschen füllen und noch einige Wochen reifen lassen.

Buchenblätter-Likör

2 Handvoll ganz junge Buchenblätter, 500 ml Doppelkorn, 250 g Zucker.
Blätter mit dem Doppelkorn in eine weithalsige Flasche geben und für 4 Wochen an einen warmen, aber nicht sonnigen Platz stellen. Hin und wieder schütteln. Filtern! Eine Lösung aus Zucker und 500 ml heißem Wasser herstellen und abgekühlt dem Ansatz zugeben, wie auch ein Schnapsgläschen Weinbrand. Alles noch einige Monate ruhen lassen.

Fichtenwipfel-Geist

2 Handvoll junge Maitriebe der Fichte, 750 ml Doppelkorn, 150 g weißer Kandis.
Maitriebe, Doppelkorn und Kandis in eine Glasflasche geben und verschließen. 4 Wochen an einem sonnigen Platz ruhen lassen, hin und wieder schütteln. Filtern und noch einige Wochen nachreifen lassen.

Hagebutten-Likör

400 g Hagebutten der Hunds- oder Kartoffel-Rose, 150 g weißer Kandis, 0,7 l Doppelkorn.
Die Hagebutten waschen, trocken tupfen, quetschen und mit dem Kandis und dem Korn in eine Flasche füllen. Verschließen und mindestens 2 Monate an einem kühlen Ort durchziehen lassen, hin und wieder schütteln. Filtern, in Flaschen füllen und möglichst lange (bis zu einem Jahr) nachreifen lassen.

Himbeer-Likör

300 g gut verlesene Himbeeren, 150 g weißer Kandis, 1 Vanilleschote, 0,7 l Wodka.
Himbeeren, Kandis und aufgeschlitzte Vanilleschote in eine weithalsige Flasche geben und mit Wodka auffüllen. Flasche verschließen und 4 Wochen ruhen lassen, hin und wieder schütteln. Filtern und in Flaschen füllen.

Kornelkirschen-Likör

500 g Früchte der Kornelkirsche, 200 g weißer Kandis, eine aufgeschlitzte Vanilleschote, eine Zimtstange, 1 l Doppelkorn.
Kirschen waschen, gut abtropfen lassen und einmal längs bis zum Kern einschneiden. Mit den übrigen Zutaten in eine weithalsige Flasche geben und 2 Monate ruhen lassen. Hin und wieder schütteln. Flüssigkeit filtern und in Flaschen füllen.

Lindenblüten-Sekt

Lindenblüten-Limonade (siehe Rezept im Kapitel „Alkoholfreie Getränke") herstellen. Mit Sekt aufgießen und servieren.

Schlehen-Likör

200 g Schlehen, 150 g weißer Kandis, eine aufgeschlitzte Vanilleschote, 0,7 l Korn.
Alle Zutaten in eine Flasche geben, verschließen und mindestens 2 Monate ruhen lassen. Hin und wieder schütteln. Filtern und in Flaschen füllen.

Waldmeister-Likör

13 Stängel Waldmeister, 1 Flasche Korn, etwa 100 g weißer Kandis.
Waldmeisterstängel in eine Flasche Korn geben und für 2 bis 3 Wochen an einen warmen, aber nicht sonnigen Platz stellen. Das Sträußchen entfernen, nach Geschmack etwa 100 g weißen Kandis zufügen und für weitere 2 bis 3 Monate im Keller ausreifen lassen.

Vogelbeer-Likör

200 g frische oder tiefgefrorene Vogelbeeren, 150 g weißer Kandis, 1 Flasche Korn.
Vogelbeeren, Kandis und Korn in eine weithalsige Flasche füllen und 3 Monate ruhen lassen. Hin und wieder schütteln. Filtern, in Flaschen füllen und noch einige Monate reifen lassen.

Walnuss-Geist

8 grüne, um Johanni (24. Juni) geerntete Walnüsse (Vorsicht – grüne Nüsse färben stark!), 0,75 l Doppelkorn, 1 Zimtstange, ein Stückchen Ingwer, 200 g Zucker.

Grüne Walnüsse grob zerkleinern und mit dem Korn in eine weithalsige, verschließbare Flasche füllen. Für 3 bis 4 Wochen an einen sonnigen Platz stellen, hin und wieder schütteln. Es entsteht eine trübe, dunkle Flüssigkeit, die bleibende Ränder am Ansatzgefäß hinterlässt! Filtern, in Flaschen füllen und die Gewürze und den Zucker zufügen. 1 weitere Woche ruhen lassen, filtern und genießen.

Walnussschalen-Likör

Walnussschalen (von 20 bis 30 Nüssen), 1 Flasche Wodka, 250 g brauner Kandis.

Walnussschalen gründlich waschen und trocknen. Schalen in ein Küchentuch schlagen und mit einem Hammer zerkleinern. Die Schalen und den Kandis in eine weithalsige Flasche geben, mit dem Wodka übergießen (die Schalen müssen bedeckt sein). 4 bis 6 Wochen an einem dunklen, warmen Platz ruhen lassen. Filtern und in Flaschen füllen.

Hagebutten-Wein

150 g reife Hagebutten der Hunds- oder Kartoffel-Rose, 150 g weißer Kandis, 1 l Weißwein.

Die reifen Hagebutten waschen, trocken tupfen, quetschen und mit dem Kandis und dem Wein in ein weithalsiges, verschließbares Gefäß geben. 8 Tage ruhen lassen, hin und wieder schütteln. Durch ein Tuch filtern, um auch die feinen Härchen auszusondern. Sehr lecker und erfrischend!

Mai-Bowle

13 Stängel Waldmeister, 1 Flasche Weißwein, 1 Flasche Sekt, Zucker oder Honig.
Waldmeisterstängel waschen und mit den Händen zerdrücken. Weißwein in ein Bowlegefäß gießen und den Waldmeister darin 1 bis 2 Stunden ziehen lassen. Die Stängel herausnehmen, Flüssigkeit mit etwas Zucker oder Honig abschmecken und vor dem Anrichten eine Flasche kalten Sekt aufgießen. Einige frische Stängelchen Waldmeister zur Dekoration in die Bowle geben.

Holler-Glühwein

Rotwein und Holunderbeeren-Saft (Rezept siehe Kapitel „Alkoholfreie Getränke") zu gleichen Teilen mit einer Zimtstange, 1 bis 2 Nelken, etwas Zitronenschale erhitzen. Nach Geschmack mit Honig oder Holunderblüten-Sirup süßen.

Wildfrüchte-Rumtopf

500 g Wald-Erdbeeren, 750 g weißer oder brauner Zucker, etwa 1,5 l hochprozentiger Rum (mindestens 54 %), 200 g Himbeeren, 200 g Vogelkirschen, 200 g Brombeeren, 100 g Kornelkirschen.
Wald-Erdbeeren mit 250 g Zucker bestreuen und 1 Stunde ziehen lassen. Mit 0,5 l Rum begießen, Topf verschließen und an einen kühlen, dunklen Ort stellen. Im Laufe des Sommers folgen die anderen Früchte, die in Schichten eingelegt und mit der Menge Zucker bestreut werden, die die Hälfte ihres Gewichtes ausmacht (z. B. 200 g Himbeeren mit 100 g Zucker zugeben). Vorsichtig immer so viel Rum auffüllen, dass die Früchte gut bedeckt sind! Ab dem 1. Advent ist er zum Verzehr freigegeben! Wohl bekomm's!

Salate

Ahornblüten-Salat

1 Kopf Eisbergsalat, 2 Handvoll frische Spitz-Ahornblüten, Essig, Öl, Schlagsahne, etwas Zucker oder Fichtenspitzen-Sirup, Salz, Pfeffer.

Ahornblüten unter die Salatblätter mengen. Aus den übrigen Zutaten eine Salatsoße herstellen und zum Salat geben.

Baumblätter-Salat

1 bis 2 Handvoll frische junge Blätter von Bäumen (zum Beispiel Spitz-Ahorn, Birke, Buche, Linde, Weißdorn...) werden mit einer Soße aus Essig und Öl, Salz und Pfeffer einem grünen Salat beigegeben.

Gurkensalat mit Giersch und Gundermann

1 Handvoll junge Gierschblätter, 1 Salatgurke, 2 Äpfel, 2 kleine Zwiebeln, 5 g Blättchen vom Gundermann, 3 EL Schlagsahne, 3 EL Apfelsaft, 1 TL Zitronensaft, Salz, Honig.

Gurke, Äpfel und Zwiebeln in kleine Würfel schneiden. Kräuter waschen, trocken tupfen, Giersch grob zupfen, Gundermann sehr fein hacken. Sahne, Apfel- und Zitronensaft verquirlen, Gundermann zugeben und mit Salz und Honig abschmecken. Giersch mit den anderen Zutaten vermengen und die Sauce darüber gießen.

Lindenblätter-Tomatensalat

3 große Tomaten, 1 Kugel Mozzarella, Olivenöl, Balsamico, junge Lindenblätter, Salz, Pfeffer.

Tomaten und Mozzarella in Würfel schneiden, mit Salz und Pfeffer würzen, Essig und Öl darüber gießen und grob gehackte Lindenblätter unterrühren. Kurz ziehen lassen.

Tomatensalat mit Sauerampfer

500 g Tomaten, 1 Handvoll Sauerampferblätter, 1 kleine Zwiebel, 3 TL Öl, 1 TL Essig, Salz, Zucker zum Würzen.
Tomaten waschen und klein schneiden. Sauerampferblätter waschen, trocken tupfen und klein schneiden. Zwiebel fein hacken. Aus Essig, Öl, Salz und einer Prise Zucker eine Marinade anrühren. Tomaten, Sauerampfer und Zwiebel mit Marinade vermengen und gut ziehen lassen.

Löwenzahn-Salat mit gehackten Walnüssen

1 Schüssel Löwenzahnblätter, 2 Tassen Champignons, 4 Tomaten, 3 hart gekochte Eier, 1 Tasse Walnusskerne, Olivenöl, Saft einer Zitrone, 1 gepresste Knoblauchzehe, 1 TL Honig oder Löwenzahnblüten-Sirup, Salz, Pfeffer.
Löwenzahnblätter, Champignons, Tomaten und Eier klein schneiden und mit den gehackten Walnusskernen vermengen. Aus den restlichen Zutaten eine Marinade zubereiten und über den Salat gießen. Sehr lecker und gesund!

Schinkenwurzel-Salat

Wurzeln der Gewöhnlichen Nachtkerze säubern, schaben, gründlich waschen und in reichlich schwach gesalzenem Wasser etwa 20 Minuten weich kochen. Abkühlen lassen und in dünne Scheiben schneiden. Mit Öl, Essig, Salz und Pfeffer anrichten. Der Wintersalat passt gut zu Rinderbraten.

Spitz-Wegerich-Gouda-Salat

Etwa 100 g Spitz-Wegerichblätter, 500 g Scheiben mittelalter Gouda, 1 Zwiebel, 4 EL Öl, 1 EL Weißweinessig, 1 EL Zitronensaft, 1 EL Mineralwasser, Salz, Honig, Pfeffer.
Spitz-Wegerichblätter waschen, trocken tupfen und in etwa 1 cm breite Abschnitte schneiden, Käsescheiben in entsprechend große Rechtecke. Zwiebel fein hacken. Aus den restlichen Zutaten eine Marinade zubereiten und alles miteinander vermengen.

Labkraut-Salat

Frische, zarte Spitzen vom Wiesen-Labkraut, Öl, Weißweinessig, Schlagsahne, Salz und Pfeffer.
Das Kraut waschen, trocken schleudern, klein zupfen. Aus den übrigen Zutaten eine Salatsoße zubereiten und über das Wiesen-Labkraut geben.

Wildkräuter-Salat

1 Eisberg- oder Kopfsalat, 2 Handvoll Wildkräuter (z. B. Gänseblümchen, Gänse-Fingerkraut, Giersch, Knoblauchsrauke, Löwenzahn, Sauerampfer, Wiesen-Schaumkraut, Taubnessel, Vogelmiere...) Soße: 1 TL Senf, 1 TL Meerrettich, Essig, Öl, Salz, Pfeffer.
Wildkräuter und Salat waschen und trocken schleudern. Wildkräuter nach Belieben grob oder fein hacken. Salatsoße zubereiten, mit Salz und Pfeffer abschmecken und über den Salat geben. Mit Taubnessel- und Gänseblümchenblüten garnieren.

Suppen

Bärlauch-Suppe

1 Handvoll Bärlauchblätter, 1 EL Butter, 1 EL Mehl, 1 l Gemüsebrühe, 150 ml Schlagsahne, 1 Schuss Weißwein, 1 EL kalte Butter, Salz, Pfeffer, Muskat.
Bärlauchblätter waschen und in feine Streifen schneiden. Butter auslassen, Blätter darin anschwitzen, mit Mehl bestäuben. Brühe, Sahne und Wein zugeben und einige Minuten aufwallen lassen. Kalte Butter zugeben und mit dem Mixstab schaumig pürieren. Mit Salz, Pfeffer und Muskat abschmecken.

Brennnessel-Suppe

250 g junge Blätter und Triebe der Großen Brennnessel, 2 bis 3 EL Butter, 1 Schalotte, 1 Knoblauchzehe, 750 ml Gemüsebrühe, 250 g mehlig kochende Kartoffeln, Salz, Pfeffer, Muskat, Crème fraîche.
Brennnesselblätter waschen, 2 bis 3 Minuten in kochendem Wasser blanchieren, in kaltem Wasser abschrecken. Butter zerlassen, fein gehackte Zwiebel glasig dünsten, geschälte und klein geschnittene Kartoffeln und fein gehackten Knoblauch zugeben. Mit Gemüsebrühe aufgießen und so lange kochen, bis die Kartoffeln weich sind. Brennnesselblätter zugeben

und alles pürieren. Mit Salz, Pfeffer und Muskat abschmecken und mit einem Klecks Crème fraîche servieren.

Fliederbeer-Suppe

750 ml Holunderbeeren-Saft (Rezept siehe Kapitel „Alkoholfreie Getränke"), 250 ml Apfelsaft, 5 bis 6 EL Zucker, 1 Stange Zimt, Saft einer unbehandelten Zitrone, 2 EL Speisestärke.
Holunderbeeren-Saft mit Apfelsaft, Zimtstange und Zitronensaft aufkochen und mit Zucker abschmecken. Die Stärke mit etwas Wasser anrühren und unter die Suppe geben, einmal aufkochen lassen. Mit Grießklößchen oder Hefegebäck reichen. An heißen Tagen eiskalt servieren.

Maronen-Suppe

300 g Maronen, 1 kg mehlig kochende Kartoffeln, 1 Bund Suppengrün, 1 l Gemüsebrühe, 150 g Schlagsahne, Salz, Pfeffer, Butter.
Maronen schälen und etwa 30 Minuten in der Brühe weich kochen. Die Hälfte der Maronen herausnehmen. Geschälte, grob gewürfelte Kartoffeln und klein geschnittenes Suppengrün in die Brühe geben; weitere 15 Minuten kochen lassen. Suppe pürieren, Sahne zugeben und mit Pfeffer und Salz abschmecken. Restliche Maronen würfeln, in der Butter knusprig braten und mit einem Klecks Sahne über die angerichteten Suppenteller geben.

Meerrettich-Suppe

60 g frische Meerrettichwurzel, 40 g Butter, 1 bis 2 EL Mehl, 1/2 l Fleischbrühe, 1/8 l Schlagsahne, 3 EL trockener Weißwein, Zitronensaft, Salz, 4 Scheiben Toastbrot, 40 g Butter, 1 Bund Schnittlauch.
Meerrettichwurzel waschen, schälen, fein reiben. Butter in Topf auslassen, Mehl darin kurz anschwitzen. Brühe unter Rühren zugießen. Suppe etwa 10 Minuten köcheln lassen. Sahne zugießen, dann Meerrettich, Wein, Zitronensaft zugeben, mit Salz abschmecken. Toastbrot ohne Rinde würfeln, in 40 g Butter goldbraun braten. Suppe mit fein geschnittenem Schnittlauch und Toastwürfeln servieren.

Sauerampfer-Suppe

1 Handvoll Sauerampferblätter, 150 g gewürfelte Zwiebeln, 500 g gewürfelte Kartoffeln, 2 EL Öl, 25 g Butter, 1 l Gemüsebrühe, 200 ml Schlagsahne.

Zwiebeln und Kartoffeln in Öl und Butter anschwitzen, mit der Gemüsebrühe ablöschen und weich kochen. Die Suppe pürieren. Die Sahne in einen Messbecher geben und mit den klein gehackten Sauerampferblättern pürieren. Kurz vor dem Servieren die Sauerampfer-Sahne in die Suppe geben. Nicht mehr kochen lassen, da der Sauerampfer sonst seine schöne grüne Farbe verliert.

Vogelmieren-Suppe

4 Handvoll Vogelmiere, 1 Zwiebel, 3 gekochte Kartoffeln, 1 Knoblauchzehe, 250 ml Wasser, 250 ml Milch, Olivenöl, Salz.
In einem Topf Olivenöl erhitzen und gehackte Zwiebel und gehackte Knoblauchzehe glasig dünsten. Klein gechnittene Kartoffeln, Milch, Wasser und gehackte Vogelmiere hinzufügen, pürieren und vorsichtig erhitzen. Nicht aufkochen lassen! Mit Salz abschmecken.

Dinkelsuppe mit Wildkräutern

50 g Dinkelvollkornmehl, 2 EL Olivenöl, 1 l Milch, 1 l Wasser, 50 g gemischte Kräuter (z.B. Wiesen-Bärenklau, Brennnessel, Giersch, Wiesen-Klee, Sauerampfer, Spitz-Wegerich, Vogelmiere...), Salz, Pfeffer, Muskatnuss.

Dinkelmehl in heißem Öl rösten, Wasser und Milch mischen und langsam zugießen. 10 Minuten köcheln lassen, dabei immer wieder umrühren. Gewaschene, fein gehackte Kräuter in die Suppe rühren und weitere 5 Minuten köcheln lassen. Mit Salz, Pfeffer und Muskatnuss abschmecken.

Kalte Wildkräuter-Gurken-Suppe

400 g Salatgurke, 500 ml Buttermilch, 1 Handvoll Wildkräuter (Brennnessel, Giersch, Gundermann, Löwenzahn, Knoblauchsrauke, Sauerampfer, Vogelmiere...), Salz, Pfeffer, 1 Tomate, einige Gurkenscheiben.

Gurke in grobe Stücke schneiden, Wildkräuter waschen und etwas klein schneiden. Gurke und Kräuter mit der Buttermilch pürieren. Mit Salz und Pfeffer abschmecken. Tomate und Gurkenscheiben in feine Würfel schneiden und in die angerichtete Suppe streuen. Mit Gundermannblättern und -blüten dekorieren.

Kleine Gerichte, Beilagen und Gemüse

Lindes Butterbrot

Dunkles Vollkorn-Roggenbrot mit Butter bestreichen, mit Zitronensaft beträufeln und mit einer dicken Schicht junger Lindenblätter belegen.
Alternative: Auf einen Zahnstocher junge Lindenblätter aufspießen und auf ein mit Butter bestrichenes und mit Zitronensaft beträufeltes Pumpernickel-Kanapee setzen – das dekorative und schmackhafte Segelschiffchen schmückt jedes Büfett!

Gartenkresse-Butterbrot

Eine Scheibe Brot mit Butter oder Frischkäse bestreichen, mit Tomatenscheiben belegen und reichlich mit Blättern und Blütenständen des Behaarten Schaumkrautes bestreuen. Mit Salz und Pfeffer würzen.

Bärlauch-Brot mit Ziegenkäse

8 halbe Scheiben Bauernbrot, 8 Scheiben Fleischtomate, 8 Scheiben Ziegenkäse von der Rolle, Salz, Pfeffer, 8 Bärlauchblätter, Olivenöl (oder Bärlauch-Öl).
Brothälften in Olivenöl auf beiden Seiten knusprig braten. Tomatenscheiben und Ziegenkäse auflegen, mit Salz und Pfeffer würzen. Gehackte Bärlauchblätter darüber streuen. Mit grünem Salat servieren.
Für ganz Eilige: Brot toasten und mit etwas Bärlauch-Öl beträufeln...

Gedünstete Bärenklau-Blütenknospen

Noch geschlossene Blütenknospen vom Wiesen-Bärenklau werden abgeschnitten und evtl. vom häutigen Hüllblatt befreit. Nachdem man sie gut abgespült hat, werden sie in Salzwasser 10 Minuten gekocht. Sie können auch in Öl angebraten werden. Als Gemüsebeilage verwenden.
Den ganzen Sommer lassen sich für dieses Rezept Blütenknospen finden.

Gebratene Nachtkerzen-Blütenknospen

Blütenknospen der Gewöhnlichen Nachtkerze 1 bis 2 Minuten in Öl anbraten. Vorsicht, die Blüten springen auf und spritzen! Dekorative Beilage zu Reis- und Gemüsegerichten.

Panierte Engelwurzblüten

Noch nicht aufgeblühte Dolden der Wald-Engelwurz, 1 Ei, Mehl, Paniermehl, Salz, Zitronensaft, Öl.
Die Blütendolden in Salzwasser, dem ein Spritzer Zitronensaft zugegeben wurde, bissfest kochen. Dolden in Mehl, Ei und dann in Paniermehl wälzen und ausbacken. Nach Belieben vor dem Anrichten mit Zitronensaft beträufeln.

Löwenzahn-Blütenknospen-Gemüse

Blütenknospen vom Löwenzahn, Butter, Salz, Pfeffer, Muskat.
Pro Person eine Handvoll Blütenknospen gut waschen und in Salzwasser dünsten. Butterstückchen darüber geben und mit Muskat und Pfeffer würzen.
Gewaschene und trocken getupfte Blütenknospen können auch in Butter angebraten werden.

Gebackene Birkenblätter

Frische, junge Birkenblätter werden von den Zweigen gestreift, gewaschen, trocken getupft und in Butter knusprig gebraten. Über Kartoffeln,

Nudeln, Gemüse oder Salate gestreut verleihen sie den Gerichten eine herbe Note.

Knusprige Brennnesselblätter

Junge Brennnesselblättchen pflücken, waschen, trocken tupfen und in einer Pfanne mit Öl knusprig backen. Blättchen dabei oft wenden, evtl. mit etwas Kräutersalz abschmecken. Über Kartoffeln, Kartoffelpüree, Nudeln, Suppen, Gemüse oder Salate streuen. Lecker und sehr gesund!

Giersch-Brennnessel-Gemüse

200 g junge Brennnesselblätter, 300 g Gierschblätter, 1 Zwiebel, 2 Knoblauchzehen, Öl, Salz, Pfeffer, Muskat, Schlagsahne.
Blätter blanchieren, danach in eiskaltem Wasser abschrecken, evtl. mundgerecht zuschneiden. Zwiebel und Knoblauch schälen, klein hacken und in Öl glasig dünsten. Blattmasse zugeben und nochmals 5 bis 10 Minuten dünsten, mehrfach wenden. Mit Salz, Pfeffer und Muskat abschmecken und mit einem Schuss Sahne verfeinern.
Schmeckt auch sehr lecker, wenn das Gemüse nur aus Brennnesselblättern zubereitet wird!

Römischer Giersch

500 g Gierschblätter, 2 Zwiebeln, 2 bis 3 Knoblauchzehen, Butter, Salz, Zitronensaft, Pfeffer.
Zwiebeln und Knoblauch pellen, klein hacken und in einer Pfanne mit Butter glasig dünsten. Gierschblätter waschen, in kochendem Wasser etwa eine Minute blanchieren, herausnehmen, abtropfen lassen und zu den übrigen Zutaten in die Pfanne geben. Bei milder Hitze mehrfach wenden, bis die Blätter weich sind. Mit Zitronensaft, Salz und Pfeffer abschmecken.

Hopfen-Spargel

Etwa 60 Hopfentriebe (etwa 15 bis 20 cm lang), 1 Prise Zucker, 1 EL Butter, Salz.
Pro Person etwa 15 Hopfentriebe waschen, zu einem Bündel zusammenbinden und in Salzwasser mit Zucker und Butter wenige Minuten weich, aber noch bissfest kochen. Abgießen, Bündel auf Tellern anrichten, Band entfernen und mit zerlassener Butter oder heller Soße servieren.
Die Sprossen können nach dem Garen und Abtropfen auch in Butter gebraten werden.

Kohldistel-Gemüse

5 Handvoll Blätter der Kohl-Kratzdistel,1 Zwiebel, Mehl, Öl, Wein, Salz, Pfeffer, roter Paprika edelsüß.

Kohldistel-Blätter grob schneiden und mit der kleingeschnittenen Zwiebel scharf anbraten. Mit etwas Mehl bestäuben, mit Wein ablöschen und etwa 30 Minuten dünsten. Mit Salz, Pfeffer und Paprika abschmecken. Sehr gut zu Braten.

Melde-Gemüse

Blätter und junge Triebe vom Weißen Gänsefuß, Zwiebeln, Butter, Öl, Salz, Schlagsahne, Weißwein.

Junge Blätter und Triebe der Melde fein schneiden, Zwiebeln fein hacken. Butter und etwas Öl auslassen, Zwiebeln und Melde etwa 10 Minuten dünsten. Mit Salz abschmecken, etwas Sahne und Weißwein zugeben und servieren.

Variante: einige Sauerampferblätter zugeben.

Wildkräuter-Gemüse

500 g Wildkräuter der Saison (Wiesen-Bärenklau, Brennnessel, Gänsefuß, Giersch, Löwenzahn, Kohl-Kratzdistel, Sauerampfer, Taubnessel, Spitz-Wegerich, Vogelmiere...), 1 Zwiebel, 1 Knoblauchzehe, 3 EL Butter, 250 ml Gemüsebrühe,1 Schuss Weißwein, 150 ml Schlagsahne,1 EL Speisestärke, Salz, Pfeffer, 1 Eigelb.

Wildkräuter kurz blanchieren, abtropfen lassen und mit klein gehackter Zwiebel und Knoblauchzehe in Butter dünsten. Mit Gemüsebrühe und Weißwein ablöschen und mit Sahne und Speisestärke binden. Mit Salz und Pfeffer abschmecken und mit dem Eigelb legieren. Als Gemüsebeilage oder Soße verwendbar.

Brennnesselblätter in Bierteig

20 bis 30 große Brennnesselblätter, 200 g Mehl, 1 EL Öl, 125 ml helles Bier, 5 EL Milch, 2 Eier, 1/2 TL Salz, Muskat.

Mehl, Öl, Bier und Milch zu einem dickflüssigen Teig verrühren. Eier unterheben, mit Salz und Muskat würzen und den Teig 30 Minuten quellen lassen. Brennnesselblätter waschen, trocken tupfen und evtl. mit dem Nudelholz walken. Einzeln in den Bierteig tauchen und in Öl ausbacken. Als Vorspeise mit Dipps oder als Suppeneinlage.

Beinwellblätter in Bierteig

1 Ei, 125 g Mehl, 250 ml helles, herbes Bier, Salz, 1 TL Pflanzenöl, Beinwellblätter mit festen Blattstielen, Sonnenblumenöl zum Ausbacken.

Ei trennen, das Mehl mit dem Bier, dem Eigelb und Salz zu einem dickflüssigen Teig verarbeiten. Eiklar zu Schnee schlagen. Öl unter den Teig rühren und Eischnee unterheben. Gewaschene und trockengeschleuderte Blätter in Bierteig tauchen, abtropfen lassen und goldgelb ausbacken.

Holler-Kücherl

8 bis 12 Holunderblütendolden, 8 EL Mehl, 12 EL Wasser, 2 Eigelb, 1 Prise Salz, 2 Eiweiß, Öl, Vanillezucker.

Blütendolden nicht waschen, aber etwas ausschütteln, damit kleine Tierchen herausfallen. Mehl, Wasser, Eigelb und Salz zu einem geschmeidigen Teig verrühren. Eiweiße schlagen und unter den Teig heben. Blütendolden in den Teig tauchen und in heißem Öl ausbacken. Nach einiger Zeit Stiele mit einer Schere abschneiden, Kücherl wenden. Mit Vanillezucker bestreut anrichten.

Alternativ können die Blütendolden auch in Bierteig ausgebacken werden.

Kolben-Rührei

3 Eier, 2 EL Milch, Pfeffer, Salz, 1 EL Butter, Kolben vom Acker-Schachtelhalm.

Eier, Milch und Salz mit der Gabel verquirlen, mit Salz und Pfeffer würzen. Gewaschene, geschälte und klein gehackte Schachtelhalm-Kolben unterheben. Eiermasse in erhitzter Butter leicht stocken lassen und zu Rührei abrühren. Mit grünem Salat servieren.

Hirtentasche

1 bis 2 EL Hirtentäschelkraut, 8 Eier, etwas Zitronensaft, 200 g saure Sahne oder Schmand, 1/2 TL Salz, Pfeffer.

Eier mit fein gehacktem Hirtentäschel, Zitronensaft, Salz und Pfeffer verquirlen. Mit wenig Butter in der Pfanne stocken lassen und wenden. Aus der Pfanne nehmen und einmal zusammenlegen. Mit einem Klecks Schmant und Hirtentäschelblättchen oder -blüten garniert servieren.

Rühreier mit Wildkräutern

3 EL fein gewogene Wildkräuter nach Jahreszeit (Dost, Gundermann, Löwenzahn, Schafgarbe, Früchte der Möhre...), 4 Eier, Salz, Pfeffer, 2 EL Crème fraîche, Butter.

Eier mit Crème fraîche, Salz und Pfeffer gut verquirlen. Kräuter unterrühren. Eimasse in eine Pfanne mit zerlassener Butter geben und unter kräftigem Rühren stocken lassen. Mit fein gehackten Früchten der Wilden Möhre bestreut servieren.

Pfannkuchen mit Bärlauch und Lachs

Bärlauchblätter, kalte Pfannkuchen, Crème fraîche, geräucherter Lachs in Scheiben.

Bärlauchblätter waschen, fein schneiden und unter die Crème fraîche rühren. Kalte Pfannkuchen mit Crème bestreichen, mit Lachs belegen, aufrollen und in Scheiben schneiden. Sollte bei keinem kalten Büfett fehlen.

Meldefüllung für Pfannkuchen

400 g Blätter vom Weißen Gänsefuß, 4 EL Butter, 8 EL Schlagsahne, 4 EL geriebener Hartkäse, Salz, Pfeffer, Muskatnuss.

Die gewaschenen Blätter trocken tupfen und in der heißen Butter kurz zusammenfallen lassen. Sahne zugeben und bei geringer Hitze 5 bis 8 Minuten köcheln lassen. Die Füllung würzen, Käse unterheben. Dünne Pfannkuchen backen, die Melde-Masse darauf verteilen und einrollen. Mit Tomatensoße servieren.

Spitz-Wegerich-Pfannkuchen

Reichlich gewaschene, zarte Spitz-Wegerichblätter klein hacken, unter Pfannkuchenteig rühren und ausbacken. Mit Salat servieren.
Blätter von der Großen Brennnessel, vom Gänse-Fingerkraut oder anderen Wildkräutern lassen sich gleichermaßen verwenden.

Pastinak-Püree

Pastinakwurzeln, Fleischbrühe, Salz, Pfeffer, Muskatnuss.
Die Wurzelrüben in Stücke schneiden, in Salzwasser oder Fleischbrühe sehr weich kochen, abtropfen lassen und pürieren. Mit Salz, Pfeffer und Muskatnuss würzen und etwas Butter zugeben. Schmeckt sehr gut zu gebratenem oder gegrilltem Fleisch.
Auch zusammen mit Kartoffeln als Püree geeignet. Dann mit fein gehackter Petersilie servieren!

Melde-Quiche

Teig: 250 g Mehl, 150 g Butter, 2 EL Wasser, 1 Ei, Salz. Belag: 750 g Blätter vom Weißen Gänsefuß, 1 Zwiebel, 1 Knoblauchzehe, 2 Eier, 125 ml Schlagsahne, Salz, Pfeffer.
Aus den Teigzutaten einen Mürbeteig kneten und mindestens 1 Stunde im Kühlschrank ruhen lassen. Eine gefettete Quiche- oder Springform mit dem ausgerollten Teig belegen, dabei einen Rand ausformen. Fein gehackte Zwiebel und Knoblauchzehe in Butter glasig dünsten, grob geschnittene Meldeblätter zugeben und kurz zusammenfallen lassen. Eier und Sahne miteinander verquirlen und unter die Melde heben, mit Salz und Pfeffer würzen. Diesen Belag auf den Quiche-Boden geben und etwa 30 Minuten bei 200°C backen.

Wildkräuter-Quiche

Teig wie im Rezept „Melde-Quiche“ zubereiten. Belag: 3 Handvoll Wildkräuter der Saison (Bärlauch, Beinwell, Brennnessel, Giersch, Günsel, Löwenzahn, Kohl-Kratzdistel, Taubnessel, Vogelmiere ...), 2 Eier, 250 g Schlagsahne, 100 g geriebenen Bergkäse, 2 Zwiebeln, Salz, Pfeffer.

Eier mit Sahne verquirlen, klein gewürfelte Zwiebeln, fein gehackte Kräuter und die Hälfte vom geriebenen Bergkäse unterheben, mit Salz und Pfeffer abschmecken. Die Füllung auf den Teigboden geben, mit dem Rest geriebenen Käse bestreuen und bei 200°C etwa 30 bis 40 Minuten backen.

Brennnessel-Kartoffelpuffer

2 Handvoll Blätter der Großen Brennnessel, 1 kg festkochende Kartoffeln, 1 Zwiebel, 3 Eier, 2 EL Kartoffelmehl, Pfeffer, Salz, Öl.

Brennnesselblätter waschen, blanchieren und fein hacken. Kartoffeln schälen, grob reiben, in einem Tuch ausdrücken. Zwiebeln fein würfeln. Kartoffeln, Brennnesselblätter und Zwiebeln mit den Eiern und dem Mehl gut mischen, mit Pfeffer und Salz würzen und in Öl ausbacken.

Dost-Röstis

1 kg Kartoffeln, 1 große Zwiebel, 1 bis 2 TL getrockneter Dost, Salz, Pfeffer, Butterschmalz.

Kartoffeln weich kochen, pellen. Auskühlen lassen und grob raspeln. Kartoffeln mit fein gehackter Zwiebel und den übrigen Zutaten vermengen und in Butterschmalz zu kleinen Puffern goldbraun ausbacken. Mit Tomatensalat servieren.

Kartoffelgratin mit Schafgarbe

1 kg Kartoffeln, 200 ml Schlagsahne, 1 Ei, 1 bis 2 EL getrocknete, fein gewiegte Blüten und Blätter der Gewöhnlichen Schafgarbe, 1 Knoblauchzehe, 150 g geriebener Käse, Pfeffer, Salz.

Kartoffeln schälen, waschen und in dünne Scheiben hobeln. In eine gebutterte Auflaufform schichten. Sahne und Ei verquirlen. Mit Schafgarbe, Pfeffer und Salz würzen und über die Kartoffeln gießen. Geriebenen Käse darüber geben. Bei 200°C im vorgeheizten Backofen etwa 45 Minuten goldbraun backen.

Dieses Rezept lässt sich auch mit anderen Wildkräutern wie z. B. Gänse-Fingerkraut, Giersch oder Brennnessel zubereiten.

Kohldistel-Kartoffelpüree

Eine große Handvoll Blätter der Kohl-Kratzdistel fein hacken und unter Kartoffelpüree rühren.

Spaghetti in Brennnesselsoße

1 Schüssel junge Blätter und Triebe der Großen Brennnessel, 2 Schalotten, 1 Knoblauchzehe, 1 EL Butter, 1 Becher Schlagsahne, Salz, Pfeffer, Muskat, 500 g Spaghetti, Lachs, Parmesan.
Schalotten und Knoblauchzehe fein hacken, in Butter glasig dünsten. Gewaschene und kleingeschnittene Brennnesseln und Sahne zufügen und etwa 10 Minuten dünsten. Spaghetti kochen, abgießen und in die Brennnesselsoße geben. Eine Portion auf einen Teller anrichten, mit Lachs belegen und nach Belieben mit Parmesan bestreuen.

Wildkräuter-Spaghettisoße

3 Handvoll Wildkräuter der Saison (Brennnessel, Dost, Knopfkraut, Frauenmantel, Löwenzahn, Sauerampfer, Taubnessel, Vogelmiere...), 1 Zwiebel, 2 EL Olivenöl, 2 EL Mehl, 1 halber Becher Schlagsahne, Salz, Pfeffer.
Zwiebel fein hacken und in Olivenöl glasig dünsten. Gewaschene, fein gehackte Wildkräuter zugeben. Alles mit 2 EL Mehl überstäuben und gut durchrühren. Einen halben Becher Sahne unterrühren und einige Minuten köcheln lassen. Nach Belieben mit Salz und Pfeffer abschmecken. So oder püriert über Spaghetti geben.

Wildkräuter-Klößchen

60 g Butter, 1 Ei, 80 g geriebener Parmesan, 80 g Mehl, 1 große Handvoll Wildkräuter der Saison (Giersch, Knopfkraut, Nelkenwurz, Sauerampfer, Taubnessel...).
Butter und Ei schaumig schlagen, Parmesan und Mehl unterrühren, zuletzt die gewaschenen und fein gehackten Wildkräuter. Mit zwei Teelöffeln längliche Klößchen formen, diese in kochendes Salzwasser geben und etwa 10 Minuten bei halb offenem Deckel ziehen lassen. Dann mit dem Schaumlöffel herausnehmen und als Beilage verwenden. Als Suppeneinlage gleich in die Suppe geben und darin ziehen lassen.

Wildkräuter-Reis

1 kleine Schüssel Wildkräuter der Saison (Gänse-Fingerkraut, Gänseblümchen, Giersch, Kohl-Kratzdistel, Löwenzahn, Sauerampfer, Schafgarbe, Taubnessel, Breit-Wegerich...), 100 g Reis, Salz, Pfeffer, 3 EL Olivenöl, 3 EL Zitronensaft.
Kräuter waschen und schneiden. Reis garen, abtropfen und abkühlen lassen. Öl und Zitronensaft verrühren, mit Salz und Pfeffer ab-

schmecken und mit den Kräutern kurz vor dem Anrichten unter den Reis mischen.

Wildkräuter-Frikadellen

500 g gemischtes Hackfleisch, 2 Scheiben Toastbrot, 1 Ei, 2 TL Senf, eine Handvoll frische Wildkräuter der Saison (Brennnessel, Dost, Acker-Hellerkraut, Löwenzahn, Sauerampfer, Schafgarbe ...), wenig Salz und Pfeffer.
Die Wildkräuter waschen, hacken und mit den übrigen Zutaten gut vermischen. Zu Frikadellen formen, in Mehl wenden und von beiden Seiten in heißem Fett braten.

Gänsebraten mit Äpfeln

1 frische Gans (etwa 4 kg), 4 bis 6 kleine Äpfel, Getrocknetes Kraut vom Beifuß, Salz, schwarzer Pfeffer.
Die Gans waschen, trocken tupfen und mit Salz und Pfeffer einreiben. Äpfel waschen, vom Kerngehäuse befreien und in Stücke schneiden. Äpfel und Beifuß in die Gans füllen. Einen halben Liter kochendes Wasser in den Römertopf gießen und die Gans hineinlegen. Im vorgeheizten Ofen bei 180 – 200°C etwa 3 1/2 Stunden braten und immer wieder mit dem Bratensud begießen. Um eine knusprige Kruste zu erhalten, zum Ende der Bratzeit die Temperatur erhöhen. Mit Salzkartoffeln und Apfelmus servieren.

Desserts, Süßes und Co.

Früchtesalat mit Kleeblüten

Eine Handvoll Kleeblütenköpfchen, Früchte nach Angebot (z. B. Banane, Apfel, Honigmelone, Erdbeeren, Kiwi), 1 EL gehackte Walnüsse, 1 bis 2 EL Apfelsaft, Honig oder Löwenzahnblüten-Sirup.
Früchte klein schneiden. Blüten aus den Blütenköpfchen zupfen, zu den Früchten geben und alles mit Saft vermengen. Nach Belieben mit Honig oder Sirup süßen und mit Nüssen bestreuen.

Obstsalat mit Wiesen-Schaumkrautblüten

Birnen, Äpfel, Bananen, Kiwis und andere Früchte der Saison waschen, in mundgerechte Stücke schneiden und in eine Schüssel geben. Soße aus Zitronensaft und Honig zugeben, unterrühren und Salat mit den Blüten vom Wiesen-Schaumkraut dekorieren.

Beeren mit Bananensahne

400 g Beeren (Brombeeren, Wald-Erdbeeren, Himbeeren…), 1 reife Banane, 1 Becher Schlagsahne, 2 EL Zitronensaft, Vanillemark.
Beeren verlesen, vorsichtig waschen, abtropfen lassen und auf Dessertteller verteilen. Banane schälen und mit Zitronensaft pürieren, geschlagene Sahne mit Vanillemark unterheben und über die Beeren geben.

Apfel-Holunder-Mus

250 g Holunderbeeren, 750 g süße Äpfel, 50 bis 60 ml Apfelsaft, 1 EL Zitronensaft.
Holunderbeeren waschen und mit einer Gabel von den Stielen streifen (Vorsicht, die Beeren färben stark!). Äpfel schälen, das Kerngehäuse entfernen und klein schneiden. Sofort in den Topf mit Apfel- und Zitronensaft geben. Holunderbeeren zugeben und langsam zum Kochen bringen. Bei milder Hitze gut 5 Minuten köcheln lassen. Fruchtmasse zu Mus pürieren. Als Dessert verwenden.

Erdbeeren mit Waldmeister-Sahne

Nach Geschmack 1 bis 2 Stängel Waldmeister sehr fein schneiden und unter die geschlagene und mit Vanillemark aromatisierte Schlagsahne heben. Schmeckt gut zu frischen Erdbeeren.

Zitronen-Eis mit Mädesüß-Sahne

5 Blütenstände vom Echten Mädesüß, 200 ml Schlagsahne, Honig.
Mädesüßblüten in der süßen Sahne kurz aufkochen. Abkühlen lassen und durch ein Sieb gießen. Die Sahne noch einige Zeit in den Kühlschrank stellen, evtl. mit etwas Honig gesüßt steif schlagen. Zu Zitronen-Eis servieren. Mädesüß-Sahne schmeckt auch zu Obstkuchen.

Veilchen-Eis

1 Handvoll Blüten vom März-Veilchen, etwas warmes Wasser, 125 g Zucker.
Veilchenblüten im Mörser zerstoßen, mit Wasser und Zucker vermengen und eine Stunde ruhen lassen. In Eiswürfelformen eingefroren erhält man dekorative Eiswürfel mit zartem Veilchenaroma zum Kühlen von Getränken oder zum auf der Zunge zergehen lassen.

Hagebutten-Rosinen-Kompott

Hagebutten der Kartoffel-Rose, Rosinen, Wein, Vanilleschote, 1 Spritzer Zitronensaft, Honig oder Zucker.

Möglichst große Hagebutten von Stiel- und Blütenansätzen befreien, waschen. Halbieren, Kerne und Haarbüschelchen sorgfältig auskratzen. Gleiche Menge Hagebutten und Rosinen in Wasser und etwas Weißwein mit der aufgeschlitzten Vanilleschote und Zitronensaft weich kochen. Nach Geschmack mit Honig oder Zucker süßen. Auch kalt und mit Vanillesoße sehr lecker! Macht etwas Arbeit, aber es lohnt sich!

Holunderbeeren-Quark

1 Tasse Holunderbeeren, Zitronensaft, 500 g Quark, evtl. etwas Milch, Holunderblüten-Sirup.

1 Tasse Holunderbeeren mit wenig Wasser und etwas Zitronensaft etwa 5 Minuten köcheln lassen bis die Beeren weich sind. Abkühlen lassen. 500 g Quark mit dem Holunderbeeren-Kompott anrühren, nach Geschmack mit Zucker oder Holunderblüten-Sirup süßen.

Steinklee-Vanillepudding

500 ml Milch, 1 Päckchen Vanille-Puddingpulver, 1 kleine Handvoll Steinkleeblüten.

Die Milch mit dem Steinklee aufkochen, dann die Pflanzenteile entfernen und die Milch mit dem Puddingpulver weiter nach Packungsanweisung verarbeiten. Mit Wald-Erdbeeren servieren.

Der so aromatisierte Vanillepudding eignet sich auch gut zur Weiterverarbeitung in der Backstube, zum Beispiel zur Herstellung von Obsttorten!

Nuss-Dessert

300 g Croissants vom Vortag, 100 g geschmolzene Butter, 3 TL Rosinen, 3 TL gehackte Nüsse (gemischt oder einzeln: Samen vom Drüsigen Springkraut, Haselnüsse, Walnüsse, Mandeln...) 200 ml warme Milch, 100 ml Schlagsahne, 50 g Honig, Zimt.

Croissants klein schneiden und in eine gebutterte Auflaufform legen, mit Butter übergießen und warten, bis die Butter ganz aufgesogen ist. Milch mit Honig erwärmen und über das Gebäck gießen. Rosinen und Nüsse zugeben und alles miteinander vermengen. Sahne über die Masse geben und bei 180°C etwa 10 Minuten backen. Mit Zimt bestreuen und servieren.

Gebackene Maronen

Im Feuer oder Backofen gebackene Maronen sind eine Delikatesse. Die Maronen müssen vorher unbedingt eingeritzt werden, da sie ansonsten explodieren können. Mit kreuzweise eingeritzter Schale werden sie bei 200°C im vorgeheizten Backofen etwa 20 Minuten gebacken. Noch heiß wird die Schale entfernt und der nussig schmeckende Kern gegessen.

Hagebutten-Törtchen

Hagebutten-Marmelade, Blätterteig, Mascarpone, Joghurt, Vanillemark oder -Zucker.

Blätterteigplatten halbieren, ausrollen und gefettete Tortenförmchen damit auslegen. Boden mit je 1 TL Hagebuttenmarmelade bestreichen und mit der geschlagenen Creme aus Vanille und gleichen Teilen Mascarpone und Joghurt auffüllen. Bei 180°C goldbraun backen. Sofort servieren!

Kandierte Veilchenblüten

Veilchenblüten, Gummiarabikum, feiner Zucker.

Gummiarabikum mit etwas Wasser anrühren, damit er flüssig wird. Blüten mit einem feinen Pinsel mit der Masse bestreichen, mit Zucker bestäuben und auf ein feinmaschiges Rost legen. So lange an einem warmen Ort (aber nicht im Backofen oder auf der Heizung) trocknen lassen, bis die Blüten hart und brüchig geworden sind. In einem verschlossenen Glas aufbewahren. Zur Dekoration von Kuchen und Desserts geeignet.

Kandierte Engelwurzstiele

200 g Stiele der Wald-Engelwurz, 500 ml Wasser, 250 g Zucker, Saft einer halben Zitrone, Puderzucker.

Wasser mit Zucker und Zitrone solange einkochen, bis die kühle Flüssigkeit Fäden zieht. Blattstiele reinigen, evtl. schälen, in etwa 3 bis 4 cm lange Stücke schneiden und 5 bis 10 Minuten in dem Sirup köcheln lassen, herausnehmen, abtropfen lassen. Mit Puderzucker bepudern und auf ein Backblech legen. Etwa eine Stunde bei 75°C trocknen lassen. In einer geschlossenen Dose aufbewahren.

Gundermann-Konfekt

Blätter vom Gundermann, Zartbitterschokolade.
Zartbitterschokolade im Wasserbad schmelzen. Mit einem kleinen Pinsel die Gundermannblätter mit Schokolade bestreichen. Trocknen lassen und als Dekoration für Nachspeisen und Torten verwenden oder einfach so knabbern. After-Eight-Ersatz!

Kuchen, Gebäck und Brötchen

Bütten-Plätzchen

300 g Mehl, 150 g Butter, 125 g Zucker, 1 Ei, Hagebutten-Marmelade.
Mehl, Butter, Zucker und Ei zu einem Teig kneten und eine Stunde im Kühlschrank ruhen lassen. Dann den Teig ausrollen. Mit einem kreisförmigen Ausstechförmchen Kreise ausstechen, in der Hälfte davon mit einer kleineren kreisförmigen Ausstechform in der Mitte ein Loch ausstechen. Plätzchen auf ein bemehltes Backblech legen. 20 Minuten bei 180°C goldgelb backen. Nach dem Backen Plätzchen ohne Loch mit Marmelade bestreichen, ringförmige Plätzchen auflegen.

Holler-Torte

Teig: 150 g Mehl, 150 g Zucker, 1 TL Vanillezucker, 3 Eier, 1 Msp. Backpulver, 1 Prise Salz. Belag: Holunderbeeren-Gelee, 400 g Mascarpone, 100 g Puderzucker, 250 ml Schlagsahne, 1 Päckchen Sahnesteif, 2 EL Holunderblüten-Sirup, Holunderbeerensaft, 1 Päckchen roter Tortenguss, Zucker.

Eier, Zucker, Vanillezucker und Salz schaumig schlagen. Mehl mit Backpulver vermengen und vorsichtig unterheben. Springform mit Backpapier auslegen, Teig einfüllen und etwa 35 Minuten bei 200°C backen. Boden aus der Form nehmen und auskühlen lassen. Boden mit einem Tortenring versehen und mit Gelee bestreichen. Mascarpone mit Puderzucker cremig schlagen. Sahne mit Sahnesteif steif schlagen, mit dem Sirup unter die Creme rühren und vorsichtig auf Gelee verteilen. Aus den restlichen Zutaten einen dunkelroten Tortenguss herstellen und auf der Creme verteilen. Die Torte einige Stunden kalt stellen.

Walnuss-Ingwer-Plätzchen

240 g Dinkelmehl, 240 g Rohrzucker, 6 Eigelbe, 200 g kalte Butter, 300 g gemahlene Walnusskerne, 1 TL Ingwerpulver, 2 Msp. Zimt, Walnusshälften.

Aus den Zutaten einen Mürbeteig herstellen, zu einer Rolle mit einem Durchmesser von etwa 4 cm formen und 30 Minuten kalt stellen. Dann in etwa einen halben Zentimeter dicke Scheiben schneiden und auf ein gefettetes Blech legen, nach Belieben eine halbe Walnuss auflegen. Im vorgeheizten Backofen bei einer Temperatur von 180°C etwa 12 bis 15 Minuten backen.

Walnuss-Kuchen

Mürbeteig: 200 g Mehl, 1 TL Backpulver, 100 g Butter, 70 g Zucker, 1 Ei, Aprikosenkonfitüre. Belag: 4 Eiweiß, 1 Prise Salz, 100 g Puderzucker, 250 g fein gehackte Walnüsse.

Mehl mit dem Backpulver in eine Schüssel sieben, Butterflocken darauf verteilen, Zucker und Ei zugeben und zu einem glatten Teig kneten. 30 Minuten im Kühlschrank ruhen lassen. Teig in eine gut gefettete Springform geben, den Rand dabei etwas hoch ziehen. Boden mit Aprikosenkonfitüre bestreichen und 15 Minuten bei 200°C vorbacken.

Für den Belag aus 4 Eiweiß und einer Prise Salz Eischnee schlagen, Puderzucker zugeben und schlagen, bis der Schnee homogen ist. Mit dem

Schneebesen die Walnüsse unterheben. Nuss-Baiser auf den vorgebackenen Teig verteilen und noch 25 bis 30 Minuten bei 170°C goldbraun backen.

Haselnuss-Plätzchen

200 g Butter oder Margarine, 200 g Zucker, 1 Päckchen Vanillezucker oder etwas Vanillemark, eine Prise Salz, 3 Eier, 300 g Mehl, 100 g Speisestärke, 100 g geriebene Haselnüsse, einige ganze Haselnüsse.

Butter, Zucker, Vanille und Salz schaumig schlagen. Eier, Mehl und Stärke abwechselnd einrühren. Mit mehlbestäubten Händen alles zu einem geschmeidigen Teig kneten und 30 Minuten im Kühlschrank ruhen lassen. Auf ein eingefettetes Backblech kleine Teighäufchen setzen, jeweils eine ganze Haselnuss in die Häufchen drücken und im vorgeheizten Ofen etwa 15 Minuten auf 180°C goldgelb backen.

Wildkräuter-Brötchen

250 g Mehl, 1 TL Backpulver oder Weinstein-Backpulver, 1 TL Salz, 3 EL Olivenöl, 175 g Buttermilch oder Dickmilch, 2 bis 3 Handvoll fein gehackte Wildkräuter (Bärlauch, Brennnessel, Giersch, Gundermann, Löwenzahn, Sauerampfer, Vogelmiere ...), 1 Eigelb.

Mehl mit Backpulver vermengen. Salz, Öl, Buttermilch und Kräuter zufügen und alles miteinander verkneten. Kleine Brötchen formen, auf ein Backblech legen und mit Eigelb bestreichen. Etwa 15 Minuten im vorgeheizten Backofen bei 200°C goldbraun backen.

Tipp: Brennnesselblüten oder -samen lassen die Brötchen wie Mohnbrötchen aussehen.

Gelee und Marmelade

Hollerblüten-Gelee

7 in der Sonne gepflückte, ungewaschene Holunderblütendolden über Nacht in einem Liter Apfelsaft (Birnen-, Orangen- oder Holunderbeerensaft) ziehen lassen. Danach die Flüssigkeit durch ein Tuch seihen, den Saft einer Zitrone zugeben und mit einem Geliermittel nach Packungsanleitung zu Gelee einkochen.

Kornelkirschen-Gelee

Kornelkirschen waschen und in einen Topf geben. So viel Wasser oder Apfelsaft aufgießen, dass die Früchte bedeckt sind. Etwa 20 Minuten weich kochen und dann die Flüssigkeit durch ein Tuch seihen. Saft einer Zitrone zugeben und mit Gelierzucker nach Packungsanleitung zu Gelee einkochen. Sehr lecker auf einem Frühstücksbrötchen, aber auch eine gute Alternative zu Preiselbeeren in Wildgerichten.

Mädesüß-Apfelsaft-Gelee

Je nach Größe etwa 10 bis 12 Blütenstände vom Echten Mädesüß in 1 l Apfelsaft über Nacht ziehen lassen. Am nächsten Tag Flüssigkeit filtern und mit dem Saft einer Zitrone nach Packungsanleitung des Geliermittels einkochen.

Rosenblüten-Gelee

125 g Rosenblütenblätter (von duftenden Rosen) über Nacht in 750 ml Apfelsaft (oder 375 ml Wasser und 375 ml Rotwein) ziehen lassen, filtern. Flüssigkeit mit dem Saft einer Zitrone und Gelierzucker nach Packungsanleitung des Geliermittels zu Gelee einkochen. In Gläser füllen und einige Rosenblätter zugeben. Damit sich diese im Gelee verteilen und nicht alle nach unten sinken, Gläser während des Abkühlens mehrmals wenden.

Vogelbeer-Gelee

Vogelbeeren in Apfel- oder Birnensaft weich kochen, Flüssigkeit durch ein Tuch seihen (nicht ausdrücken, wenn ein klares Gelee gewünscht wird). Saft einer Zitrone zugeben und mit Geliermittel nach Packungsanleitung zu Gelee einkochen.

Waldmeister-Gelee

13 Stängel Waldmeister waschen, kräftig mit den Händen zerdrücken und in 1 l Apfelsaft geben. Einige Stunden ziehen lassen. Sträußchen herausnehmen und die Flüssigkeit mit dem Saft einer Zitrone nach Packungsanleitung des Geliermittels zu Gelee einkochen.

Hagebutten-Mus

Die gewaschenen Früchte der Kartoffel-Rose werden von den Stiel- und Blütenansätzen befreit. Schneidet man sie einmal durch, lässt sich das dicke Haarbüschelchen unterhalb des Blütenansatzes leicht entfernen. Die halbierten Früchte werden einschließlich der Kerne in Wasser oder Apfelsaft weich gekocht, püriert und durch ein Sieb gestrichen. Das so gewonnene Mus, auch „Mark“ genannt, schmeckt köstlich zu Wildgerichten oder evtl. gesüßt über Eis und bietet sich als Grundlage für die Weiterverarbeitung zu Marmelade an. Es lässt sich auch gut einfrieren.

Hagebutten-Marmelade

1 kg Hagebuttenmark der Kartoffel-Rose (siehe Rezept „Hagebutten-Mus“), Gelierzucker, Saft einer Zitrone.

Hagebuttenmark mit dem Zitronensaft und dem Gelierzucker nach Packungsanleitung zu Marmelade einkochen.

Haselnuss-Marmelade
400 g Honig mit 100 ml Wasser erwärmen und mit 250 g gemahlenen Haselnüssen und 50 g geriebener Schokolade gründlich verrühren.

Kornelkirschen-Marmelade
Kornelkirschen waschen und in einen Topf geben. So viel Wasser oder Apfelsaft aufgießen, dass die Früchte knapp bedeckt sind. Etwa 20 Minuten weich kochen. Noch heiß durch ein Sieb streichen, Saft einer Zitrone zugeben. Menge abmessen und mit der gleichen Menge Gelierzucker nach Packungsanleitung einkochen.

Schlehen-Birnen-Marmelade
500 g Schlehenmus, 500 g kleingeschnittene Birnen (oder Äpfel), Saft einer Zitrone, Gelierzucker.
Die nach dem ersten Frost geernteten oder tiefgekühlten Schlehenfrüchte mit etwas Apfelsaft weich kochen und noch heiß durch ein Sieb passieren. Dem Mus in kleine Stückchen geschnittene (oder ebenfalls etwas weich gekochte und durch ein Sieb passierte) Birnen und Zitronensaft zugeben, mit Gelierzucker nach Packungsanleitung einkochen.

Vogelbeer-Marmelade
1 kg Vogelbeeren in einem halben Liter Apfelsaft weich kochen, durch ein Sieb streichen. Vogelbeer-Mus wiegen und mit der gleichen Menge Gelierzucker einkochen. Heiß in Gläser füllen. Passt gut zu Wildgerichten und gebackenem Camembert!
Tipp für diejenigen, die es nicht ganz so bitter mögen: klein geschnittene oder gemuste andere Früchte (Äpfel, Birnen, Aprikosen) beigeben.

Herzhafte Aufstriche

Wildkräuter fürs Butterbrot

Verschiedene Wildkräuter der Saison (Wiesen-Bärenklau, Gänsefuß, Giersch, Kohl-Kratzdistel, Löwenzahn, Sauerampfer, Taubnessel, Vogelmiere, Spitz-Wegerich...) werden fein gehackt, mit etwas Salz und Pfeffer vermengt und auf ein Holzbrett oder einen Teller verteilt. Mit weicher Butter beschmierte Brote hineindrücken und genießen!

Brennnessel-Butter

Eine Handvoll fein gehackte Blätter oder junge Triebe der Großen Brennnessel, 1 EL Brennnesselsamen, 250 g weiche Butter, 1 bis 2 gepresste Knoblauchzehen, 1 Spritzer Zitronensaft, Salz, Pfeffer.
Alle Zutaten miteinander vermengen, mit Salz und Pfeffer abschmecken. Als Brotaufstrich oder zu Pellkartoffeln.

Haselnuss-Butter

100 g weiche Butter, 100 g Haselnüsse, 1 getrocknete Tomate, einige Blättchen Petersilie oder Löwenzahn, Salz, 1 Knoblauchzehe.
Haselnüsse, Kräuter und Knoblauchzehe fein hacken, Tomate klein schneiden und alles unter die Butter mischen, mit Salz abschmecken.
Alternative: Samen vom Drüsigen Springkraut, andere Nüsse oder Nussmischungen verwenden.

Tomaten-Sauerampfer-Butter

250 g weiche Butter, 2 EL Tomatenmark, Sauerampferblätter, Salz, Pfeffer.
Butter und Tomatenmark mit der Gabel vermengen oder mit dem Mixstab pürieren. Fein geschnittene Sauerampferblätter untermengen, mit Salz und Pfeffer abschmecken (etwas Olivenöl macht die Butter streichfähiger).

Klee-Butter

1 Handvoll Kleeblütenköpfchen, 250 g weiche Butter.
Blütchen aus den Blütenköpfchen zupfen, klein hacken und unter die Butter rühren. In kleine Gefäße füllen. Zur Dekoration von Büfetts Blütenbutter in Folie zu einer Rolle formen, kühl stellen, in Scheiben schneiden und dekorativ anrichten.

Brennnesselsamen-Frischkäse-Aufstrich

200 g Frischkäse, 2 EL Brennnesselsamen, etwas Wasser, 1 Spritzer Zitronensaft, Salz, Pfeffer.
Alle Zutaten miteinander vermengen und mit Salz und Pfeffer abschmecken. Zum Beispiel: Vollkornbrot mit diesem Aufstrich versehen und mit Radieschenscheiben belegen.

Frischkäse mit Steinkleesamen

Frischkäse mit etwas Wasser vermengen. Noch grüne Steinkleesamen fein wiegen und untermengen. Interessanter Brotaufstrich.

Wildkräuter-Frischkäse

400 g Frischkäse, etwas Wasser, 2 Handvoll gemischte Wildkräuter der Saison (Dost, Frauenmantel, Gundermann, Löwenzahn, Sauerampfer, Schafgarbe, Taubnessel, Kohl-Kratzdistel, Vogelmiere, Weidenröschen ...), Pfeffer, Salz.
Frischkäse mit etwas Wasser glatt rühren, fein gehackte Wildpflanzen unterheben und mit Pfeffer und Salz abschmecken. Nach Belieben mit fein gehackter Zwiebel und / oder anderen Gewürzen wie zum Beispiel Paprika variieren.
Brotaufstrich mit den Blüten vom Weidenröschen dekorieren.

Brennnessel-Tzatziki

250 ml Joghurt, 2 zerdrückte Knoblauchzehen, 2 TL Zitronensaft, 2 EL Olivenöl, 1 halbe Salatgurke, 1 große Handvoll zarte Blätter oder Triebe der Großen Brennnessel, Salz, Pfeffer.

Von den Brennnesselblättern die Blattstiele abschneiden, alle aufeinanderlegen und mit dem Nudelholz bearbeiten, um die Brennhaare zu zerstören. Blätter waschen und klein schneiden. Alle Zutaten miteinander vermengen und mit Salz und Pfeffer abschmecken. Als Brotaufstrich und zu Pellkartoffeln oder Folienkartoffeln.

Grüner Brotaufstrich

2 Handvoll Triebe der Vogelmiere, 1 Handvoll Blätter vom Sauerampfer, 1 Becher Crème fraîche, 1 Becher Joghurt, 3 EL Olivenöl, 1 Schalotte, Salz, Pfeffer, Knoblauch.

Kräuter waschen, abtropfen lassen und wie die Schalotte fein hacken. Crème fraîche, Joghurt und Olivenöl cremig schlagen, Kräuter untermischen und abschmecken. Passt zu Pellkartoffeln oder getoastetem Schwarzbrot.

Vogelmieren-Butterbrot

Vogelmiere klein hacken und auf ein mit Butter oder Frischkäse bestrichenes Vollkornbrot streuen. Mit einigen Tropfen Zitronensaft beträufeln und genießen.

Sauerklee-Quark

250 g Magerquark, 1 Handvoll Sauerkleeblätter, Milch, Salz, Pfeffer.

Quark mit Milch vermengen, sodass eine streichfähige Creme entsteht. Blätter fein hacken und untermengen. Mit Salz und Pfeffer abschmecken.

Wildkräuter-Quark

500 g Quark, 100 g Joghurt, 2 TL Öl, 1 Handvoll junge, fein gehackte Wildkräuterblätter der Saison (Gänseblümchen, Giersch, Knoblauchsrauke, Löwenzahn, Sauerampfer, Schafgarbe, Wiesen-Schaumkraut, Wegwarte…), Salz, Pfeffer, einige Blüten von Wildkräutern (z.B. Gewöhnliche Knoblauchsrauke, Gänseblümchen, Gemeiner Löwenzahn).

Quark, Joghurt, Öl und Wildkräuter miteinander vermengen und mit Salz und Pfeffer abschmecken. Mit den Blüten verzieren. Als Brotaufstrich, zu Pellkartoffeln, Folienkartoffeln oder als Dipp zu klein geschnittenem Gemüse.

Bärlauch mit Schafskäse

200 g Schafskäse oder Feta, 1 Handvoll Bärlauchblätter, 1 Handvoll Walnüsse, etwa 1 Becher Schlagsahne.

Schafskäse zerdrücken und mit so viel Sahne vermengen, dass eine streichfähige Konsistenz entsteht. Grob gehackte Walnüsse und fein gehackte Bärlauchblätter unterrühren. Zu Baguette oder Pellkartoffeln.

Bucheckern-Kugeln

100 Gramm Käse, 50 g Butter, etwa 30 Bucheckern, Salz, Pfeffer, Paprika edelsüß.

Den Käse reiben, die Butter in einer Schüssel schaumig rühren. Die Bucheckern säubern, kurz in der Pfanne rösten, abkühlen lassen und klein hacken. Alle Zutaten gut vermengen, kleine Kugeln formen und im Kühlschrank fest werden lassen. Schmückt jede Käseplatte.

Wildkräuter-Grünkerncreme

100 g Grünkern, 200 ml Gemüsebrühe, 100 g Butter, 3 EL Olivenöl, 1 gehäufter TL Senf, 1 Zwiebel, 2 Knoblauchzehen, 2 Handvoll gehackte Wildpflanzen der Saison (Brennnessel, Giersch, Gundermann, Gewöhnliche Knoblauchsrauke, Löwenzahn, Sauerampfer, Schafgarbe, Vogelmiere, Spitz-Wegerich ...).

Grünkern fein schroten und in der Gemüsebrühe kurz aufkochen, von der Herdplatte nehmen und einige Minuten ausquellen lassen. Butter, Öl und Senf mit dem Grünkern zu einer Creme verrühren. Zwiebel fein würfeln, Knoblauch pressen und beides unter die Masse rühren. Zuletzt die klein gehackten Kräuter zugeben. Mit Pfeffer, Muskatnuss und wenig Salz pikant abschmecken. Sehr lecker als Brotaufstrich!

Blütenknospen-Kapern

Blütenknospen vom Löwenzahn reichlich mit Salz bestreuen und einen Tag lang stehen lassen. Dann gut abspülen, abtropfen lassen und trocken tupfen. In Wein- oder Kräuteressig (z.B. Estragonessig) aufkochen, mehrmals darin aufwallen lassen und in keimfreie Schraubgläser füllen. Die Gläser kühl und dunkel aufbewahren.

Zum Einlegen eignen sich auch die Blütenknospen vom Gänseblümchen und von der Nachtkerze.

Süß-sauer eingelegte Kornelkirschen

500 g reife Kornelkirschen, 250 g Zucker, 250 ml Rotweinessig, 1 Prise Salz, nach Geschmack: Nelken, Zimt, Ingwer.

Essig, Zucker und Gewürze aufkochen und heiß über die Kornelkirschen gießen. Einige Wochen an einem kühlen Ort ziehen lassen. Zu Wild und Geflügel oder als Augen- und Gaumenschmaus auf Antipasti-Tellern.

Brombeeren süß-sauer

1 kg Brombeeren, 1 kg Einmachzucker, 250 ml Rotweinessig.
Die Brombeeren waschen, abtropfen lassen und die grünen Kelche entfernen. Zucker und Essig aufkochen, Beeren dazugeben und ganz kurz kochen lassen. Die Brombeeren mit der Flüssigkeit in Gläser füllen und verschließen.

Brombeer-Chutney

500 g Brombeeren, 150 g Äpfel, 150 g Zwiebeln, 100 g Rosinen, 100 ml Rotweinessig, 1/2 TL Salz, Pfeffer, 400 g Gelierzucker, eine gute Msp. Ingwerpulver.
Die geschälten Äpfel und Zwiebeln in kleine Würfel schneiden. Die Brombeeren mit den Zwiebeln, Äpfeln, Rosinen, Essig und den Gewürzen zum Kochen bringen und bei mittlerer Hitze 10 Minuten kochen lassen. Etwas abkühlen lassen, den Gelierzucker einstreuen und unter Rühren wieder zum Kochen bringen, 3 Minuten sprudelnd kochen lassen. Heiß in Gläser füllen. Sehr lecker auf einem Brot mit Weich- oder Ziegenkäse oder auch zu gegrilltem Fleisch!

Bärlauch-Pesto mit Walnüssen

100 g Bärlauchblätter, 80 g Walnüsse, 80 g Parmesan, etwa 100 ml Olivenöl, Salz, Pfeffer, Chili.
Bärlauchblätter waschen, trocken tupfen und mit den übrigen Zutaten im Mixer pürieren. Mit Salz, Pfeffer und Chili abschmecken.

Giersch-Cashew-Pesto

50 g Gierschblätter, 1 bis 2 EL Cashewkerne (gesalzen und geröstet), 2 EL Berg- oder Parmesankäse, Olivenöl.
Den Giersch abspülen, trocken schütteln und fein schneiden. Die Cashewkerne grob hacken und zusammen mit dem Giersch und dem gehobelten Käse mit dem Pürierstab zerkleinern. Dabei langsam Öl zugeben, bis eine streichfähige Konsistenz entsteht.

Franzosenkraut-Pesto

2 Handvoll Blätter oder junge Triebe vom Behaarten Knopfkraut, 2 bis 3 fein gehackte Knoblauchzehen, 50 g fein gehackte Cashewkerne, 1 fein gehackte, getrocknete Tomate, 50 g geriebenen Parmesan, etwa 100 ml Olivenöl, 1/2 TL Salz.

Alle Zutaten miteinander vermengen und mit dem Mixstab pürieren. Zu Nudeln oder als Brotaufstrich.

Sauerampfer-Pesto

1 Handvoll Sauerampferblätter, 100 g Pinienkerne, 250 g Parmesan, 1 Knoblauchzehe, Olivenöl, Salz.
Sauerampferblätter klein schneiden, Pinienkerne in der Pfanne ohne Fett rösten und erkalten lassen, Knoblauch fein hacken, Parmesan reiben. Alle Zutaten im Mixer mit so viel Olivenöl pürieren, dass eine cremige Masse entsteht. Mit Salz abschmecken. Zu Nudeln und Gemüse reichen oder als Brotaufstrich.

Grundrezept Wildkräuter-Paste

Wildkräuter der Saison einzeln oder gemischt (Bärlauch, Brennnessel, Gänse-Fingerkraut, Giersch, Löwenzahn, Sauerampfer ...), Salz, Olivenöl.
Frische, gewaschene und gut getrocknete Wildkräuter mit etwas Olivenöl pürieren, Salz zugeben (etwa 5 bis 10 g auf 100 g Kräutermasse). Die breiartige Masse wird in kleine Gläschen gefüllt und mit einer Schicht Olivenöl bedeckt. Bei Verwendung diese Schicht immer wieder mit Öl auffüllen. Zum Würzen von Soßen, Suppen und zur Herstellung von zahlreichen Gerichten im Winter wie zum Beispiel Kräuterquark. Die Gläschen nicht im Kühlschrank lagern.

Süßungsmittel

Lindenblüten-Zucker

Lindenblüten-Zucker lässt sich aus zwei Volumenteilen Lindenblüten und einem Teil Zucker zubereiten. Mit dem Mixstab zerkleinern und die Masse in einer Schicht von 2 bis 3 cm im Backofen bei 50° C trocknen.
Getränke und Desserts erhalten mit diesem Zucker ein interessantes Aroma.

Rosenblüten-Zucker

10 g getrocknete Blütenblätter der Hunds- oder Kartoffel-Rose, 250 g Zucker, 1 Päckchen Vanillezucker (oder eine Msp. getrocknetes Vanillemark).

Rosenblüten fein hacken und mit dem Zucker im Mörser oder mit der Küchenmaschine vermengen. In dunkle Gläschen füllen und 4 Wochen ruhen lassen. Zum Aromatisieren von Desserts und Getränken.

Veilchen-Zucker

50 g Blüten vom März-Veilchen, 250 g feiner weißer Kristallzucker.
Veilchenblüten mit dem Zucker im Mörser zerstoßen (oder mit der Küchenmaschine zerkleinern). In einem lichtgeschützten Glas aufbewahren. Eignet sich zum Süßen von Desserts, Gebäck oder Hustentee wie auch zur Herstellung von Zuckerrändern auf Cocktailgläsern.

Holunderblüten-Sirup

12 große, in der Mittagssonne gepflückte, ungewaschene Blütendolden vom Schwarzen Holunder, 2 kg weißer Zucker, 70 g Zitronensäure, 2 unbehandelte Zitronen.
Zucker und Zitronensäure in 2 l Wasser gut auflösen. Dort hinein legt man die Holunderblütendolden und deckt sie mit Zitronenscheiben ab. 3 bis 4 Tage ziehen lassen, ab und zu umrühren. Durch ein Sieb seihen, auf 80°C erhitzen und in Flaschen abfüllen. Angefangene Flaschen sollten im Kühlschrank aufgehoben werden.
Mit Mineralwasser aufgegossen ergibt der Sirup ein köstliches, erfrischendes Getränk für jung und alt. Bei den Erwachsenen steht die Variante mit Sekt hoch im Kurs! An kühlen Abenden ist ein Holunder-Grog aus einer Tasse heißem Wasser mit je einem Schuss Sirup und Obstler (oder Doppelkorn) angesagt.

Lindenblüten-Sirup

8 bis 10 Handvoll in der Mittagssonne gepflückte, ungewaschene Lindenblüten, 2 kg weißer Zucker, 70 g Zitronensäure, 2 unbehandelte Zitronen. Zucker und Zitronensäure in 2 l Wasser gut auflösen. Dort hinein gibt man die Lindenblüten und deckt sie mit Zitronenscheiben ab. 3 bis 4 Tage ziehen lassen, ab und zu umrühren. Durch ein Sieb seihen, auf 80°C erhitzen und in Flaschen abfüllen. Angefangene Flaschen sollten im Kühlschrank aufgehoben werden.
Zum Süßen von Tee und Desserts wie auch zum Aufgießen von Getränken, z. B. mit Mineralwasser oder Sekt.

Schlehen-Sirup

2 kg Schlehen, 750 g Gelierzucker, 1 Msp. Nelkenpulver, 1 TL Zimt.
Nach dem Frost geerntete oder eingefrorene Schlehen in einen Topf geben und mit kochendem Wasser begießen, bis sie gut bedeckt sind. Die Früchte einen Tag stehen lassen. Dann die Flüssigkeit abfiltern, wiederum aufkochen und wieder über die Früchte gießen. Diesen Vorgang in den darauffolgenden Tagen noch zweimal wiederholen. Zuletzt den Saft durch ein Mulltuch filtern, mit Zucker und Gewürzen so lange kochen, bis sich der Zucker aufgelöst hat. Den Sirup in heiße Flaschen füllen und sofort verschließen. Zum Aromatisieren von Getränken oder zur Herstellung von Süßspeisen verwenden.

Würzmittel

Gundermann-Würzsalz

Blühendes Gundermannkraut wird getrocknet, sehr fein gehackt und mit Salz vermengt (etwa 1 : 10). In einem dunklen Glas mit Schraubverschluss aufbewahren. Zum Würzen von Suppen, Fleisch und Kräuterquark geeignet.

Schafgarben-Kräutersalz

Getrocknete Schafgarbenblüten und -blätter fein wiegen, mit Salz vermengen (etwa 1 : 10) und in einem dunklen Glas mit Schraubverschluss aufbewahren. Zum Würzen von fetten Speisen verwenden.

Ahornblüten-Essig

Frische, ungewaschene Blüten vom Spitz-Ahorn locker in ein Glas oder eine Flasche füllen. Den etwas erwärmten Weißweinessig aufgießen, das Gefäß verschließen und den Ansatz 3 bis 4 Wochen auf eine helle Fensterbank stellen. Täglich einmal schütteln. Durch einen Papier- oder Stofffilter laufen lassen, eventuell mit Honig abschmecken und in eine Flasche füllen. Zur Herstellung von Salatsoßen geeignet.

Himbeer-Essig

250 g frische Himbeeren und 500 ml Weißweinessig 4 Wochen lang in einem geschlossenen Glas an einem sonnigen Platz ruhen lassen. Hin und wieder vorsichtig das Glas schütteln. Den Essig durch einen Filter gießen und in eine Flasche füllen. Nicht zu lange stehen lassen, da er mit der Zeit an Geschmack verliert. Passt zu Rucola und Feldsalat wie auch zu Roter Beete.

Kornelkirschen-Essig süß-sauer

500 g reife Kornelkirschen, 250 g Zucker, 250 ml Rotweinessig, 1 Prise Salz, nach Geschmack: einige Nelken, ein Stück Zimtstange, ein Stückchen Ingwer.

Essig, Zucker, Salz und Gewürze aufkochen und heiß über die Kornelkirschen gießen. Einige Wochen kühl reifen lassen.

Rosenblüten-Essig

10 g getrocknete, duftende Blütenblätter der Hunds-Rose mit 500 ml Weißweinessig übergießen und 2 Wochen im verschlossenen Gefäß an einem sonnigen Platz ruhen lassen. Filtern und kühl aufbewahren. Zarter Rosenessig für feine Salate!

Veilchen-Essig

15 g Veilchenblüten, 500 ml Weißweinessig.

Veilchenblüten ungewaschen in den Essig geben. Flasche verschließen und an einem sonnigen Platz 8 Tage lang ziehen lassen, dabei täglich einmal durchschütteln, dann filtern. Passt zu Süßwasserfisch, Schweinefilet oder Salat.

Bärlauch-Öl

Zum Ansetzen von Öl unbedingt trockene, nicht feuchte Kräuter verwenden. Einige Bärlauchblätter in eine Flasche Olivenöl geben, verschließen und einige Wochen auf einer hellen, aber nicht sonnigen Fensterbank ziehen lassen. Filtern und in eine dunkle Flasche füllen. Zur Dekoration gibt man noch eine Blütendolde hinzu. Für die Herstellung von Salatsoßen und als Bratöl zu verwenden.

Dost-Würzöl

Zum Ansetzen von Öl unbedingt trockene, nicht feuchte Kräuter verwenden. Einige blühende Dostzweige in eine durchsichtige Flasche geben, mit Olivenöl aufgießen, verschließen und 3 Wochen auf einer hellen, aber nicht sonnigen Fensterbank ziehen lassen. Filtern und in dunkle Flaschen füllen. Das aromatische Öl passt hervorragend zu Tomatengerichten. In dieses Öl eingelegte schwarze Oliven am Abend zu Käse und Wein reichen!

Vogelbeer-Mus

1 kg Vogelbeeren in einem halben Liter Apfelsaft weich kochen und durch ein Sieb streichen. Das Mus eignet sich zum Würzen von Kompott, Soßen und Getränken. Passt gut zu gebackenem Camembert!

Beifuß-Würzmischung

3 Teile Beifuß, 1 Teil Rosmarin, 1 Teil Basilikum, 1 Teil Thymian.
Die Kräuter trocknen, durch ein feines Küchensieb reiben und miteinander vermengen. Für Schmalzbrote, Käse- und Eierspeisen geeignet.

Suppen-Würzpulver

Getrocknete Würzkräuter (Löwenzahn, Sauerampfer, Breit-Wegerich, Spitz-Wegerich, Schafgarbe ...) im Mörser zu Pulver zerstoßen. In kleinen Mengen zubereiten und in dunklen Gläsern aufbewahren.

Würzkräuter

aromatisch: Dost

bitter: Beifuß, Braunelle, Huflattich, Löwenzahn

scharf-bitter: Günsel, Hirtentäschel, Schafgarbe, Wiesen-Schaumkraut

scharf: Acker-Hellerkraut, Meerrettich, Behaartes Schaumkraut

sauer: Sauerampfer, Sauerklee

herb: Gänse-Fingerkraut, Frauenmantel, Gundermann, Nelkenwurz

Literaturverzeichnis

Bühring, Ursel (2011): Alles über Heilpflanzen. Erkennen, anwenden und gesund bleiben. 2. aktualisierte Auflage. Eugen Ulmer Verlag, 361 S., 29,90 Euro, ISBN-13: 978-3-8001-7591-8

Düll, Ruprecht & Kutzelnigg, Herfried (2011): Taschenlexikon der Pflanzen Deutschlands. Ein botanisch-ökologischer Exkursionsbegleiter. 7., korr. und erw. Auflage, Quelle & Meyer Verlag, 932 S., 29,95 Euro, ISBN-13: 978-3-494-01397-8

Fleischhauer, Steffen Guido, Guthmann, Jürgen & Spiegelberger, Roland (2011). Essbare Wildpflanzen. 9. Auflage. 200 Arten bestimmen und verwenden. AT Verlag, 247 S., 17,90 Euro, ISBN-13: 978-3-03800-335-9

Gaigg, Walter (1998): Ansatzschnäpse. Liköre, Schnäpse und Kräuterweine selbstgemacht. Heyne Verlag. 152 S., 7,95 Euro, ISBN-13: 978-3453138285

Henschel, Detlev (2002): Essbare Wildbeeren und Wildpflanzen. Sammeltipps, Verwendung, Giftige Doppelgänger. Franckh-Kosmos Verlag, 256 S., 16,90 Euro, ISBN-13: 978-3-440-09154-8

Mayer, Elisabeth (2011): Wildfrüchte, -gemüse, -kräuter. Erkennen, Sammeln & Genießen. Überarbeitete Neuauflage, Stocker Verlag, 158 S., 15,80 Euro, ISBN-13: 978-3-7020-1299-1

Scherf, Gertrud (2004): Pflanzengeheimnisse aus alter Zeit. Überliefertes Wissen aus Kloster-, Burg- und Bauerngärten. BLV Buchverlag, 223 S., 9,95 Euro, ISBN-13: 978-3-405-16678-6

Scherf, Gertrud (2005): Wildfrüchte & Wildkräuter für die Küche. BLV Buchverlag, 160 S., 12,95 Euro, ISBN-13: 978-3-8354-0533-2

Schönfelder, Ingrid & Peter (2011): Das neue Handbuch der Heilpflanzen. Botanik, Arzneidrogen, Wirkstoffe, Anwendungen. Neuausgabe. Franckh-Kosmos Verlag, 502 S., 19,95 Euro, ISBN-13: 978-3-440-12932-6

Bestimmungsbücher

Lüder, Rita (2011): Grundkurs Pflanzenbestimmung. Eine Praxisanleitung für Anfänger und Fortgeschrittene. 5., stark erweiterte Auflage, Quelle & Meyer Verlag, 541 S., 19,95 Euro, ISBN 978-3-494-01497-5 (für Anfänger)

Spohn, Margot & Spohn, Roland (2008): Was blüht denn da? Wildwachsende Blütenpflanzen Mitteleuropas. 58., völlig neubearb. Auflage, Franckh-Kosmos Verlag, 492 Seiten, 17,95 Euro, ISBN-13: 978-3-440-11379-0 (für Einsteiger!)

Fitter, Richard, Fitter, Alastair & Blamey, Marjorie (2012): Parey's Blumenbuch. Über 2500 Arten in 3200 Farbzeichnungen. 2. Auflage, Franckh Kosmos-Verlag, 356 S., 26,95 Euro, ISBN-13: 978-3-440-13290-6 (für Geübte!)

Schmeil, Otto & Fitschen, Jost (2011): Die Flora Deutschlands und der angrenzenden Länder: Ein Buch zum Bestimmen aller wildwachsenden und häufig kultivierten Gefäßpflanzen. 95., vollständig überarb. u. erw. Auflage, Quelle & Meyer Verlag, 919 S., 32,95 Euro, ISBN-13: 978-3 494-01498-2 (für Fortgeschrittene!)

Register der deutschen und wissenschaftlichen Namen

A

Acer platanoides 154
Achillea millefolium 69
Acker-Hellerkraut 187, **198-200**, 300, 303, 304, 306, 328, 349
Acker-Schachtelhalm 15, 58, 186, 187, **192-194**, 271, 272, 275, 284, 285, 304, 305, 306, 323
Aegopodium podagraria 101
Ahorn, Spitz- 145, 146, **154-156**, 174, 281, 304, 305, 306, 314, 347
Ajuga reptans 43
Alchemilla vulgaris 81
Alliaria petiolata 104
Allium ursinum 151
Angelica sylvestris 87
Armoracia rusticana 52
Artemisia vulgaris 225

B

Baldrian, Echter 15, 58, 173, 174, **178-180**, 264, 268, 276, 282, 290, 299
Bärenklau, Wiesen- 15, 56, **75-77**, 188, 288, 304, 305, 306 , 318, 320, 322, 338
Bärlauch 5, 145, 146, **151-153**, 174, 269, 270, 288, 290, 304, 305, 306, 316, 319, 324, 325, 334, 341, 343, 344, 348
Behaartes Knopfkraut 186, **207-209**, 242, 288, 304, 305
Behaartes Schaumkraut 15, 188, 240, 241, **246-248**, 303, 349
Beifuß, Gewöhnlicher 15, 186, **225-227**, 290, 298, 300
Beinwell, Gewöhnlicher 13, 14, **31-33**, 58, 94, 174, 240, 285, 292, 293, 299 , 303, 325
Bellis perennis **243**, 244
Betula pendula 160
Birke, Hänge- 94, 145, 146, **160-162**, 269, 270, 284, 285, 300, 301, 303, 304, 305, 306
Braunelle, Gewöhnliche 15, 58, 94, 240, 241, **252-254**, 298, 300, 303
Breit-Wegerich 13, 15, 21, **24-26**, 58, 188, 242, 266, 272, 275, 277, 281, 303, 305, 327, 348
Brennnessel, Große 13, 14, **16-19**, 29, 94, 103, 174, 188, 239, 242, 269, 270, 271, 284, 285, 288, 301, 304, 305, 306, 316, 318, 321, 322, 325, 326, 327, 328, 334, 338, 339, 341, 344
Brombeere, Echte 92, **123-125**, 147, 174, 272, 286, 290, 299, 302, 304, 305, 306
Buche, Rot- 94, 145, 146, **166-168**, 229, 301, 304, 305

C

Capsella bursa-pastoris 195
Cardamine hirsuta 246
Cardamine pratensis **72**, 247
Castanea sativa 236
Chenopodium album 216
Cichorium intybus 46
Cirsium oleraceus 84
Cornus mas 258
Corylus avellana 135
Crataegus 129

D

Daucus carota **40**, 239
Dost, Gewöhnlicher 13, 14, **37-39**, 94, 179, 188, 266, 277, 286, 287, 290, 292, 298, 300, 324, 326, 327, 328, 339, 348, 349
Drüsiges Springkraut 15, 173, 174, **181-183**, 188

E

Eberesche, Gewöhnliche 92, **132-134**, 147, 300, 305
Echte Brombeere 92, **123-125**, 147, 174, 272, 286, 290, 299, 302, 304, 305, 306
Echte Kamille 15, 186, 187, **201-203**, 264, 266, 268, 271, 273, 277, 290, 298, 301, 303
Echter Baldrian 15, 58, 173, 174, **178-180**, 264, 268, 276, 282, 290, 299
Echter Steinklee 186, 187, 193, **210-212**, 292, 293, 330
Echtes Johanniskraut 15, 58, 186, 187, **204-206**, 264, 265, 272, 274, 276, 285, 292, 298, 301, 302
Echtes Mädesüß 58, 173, 174, **175-177**, 266, 267, 285, 286, 298, 303, 309
Eiche, Stiel- 94, 145, 146, **169-171**, 174, 229, 301, 302
Engelwurz, Wald- 15, 56, **87-89**, 174, 266, 290, 298, 300, 305, 320, 331
Epilobium angustifolium 219
Equisetum arvense 192
Erdbeere, Wald- 92, **110-112**, 124, 147, 272, 273, 299, 302, 304, 305, 306
Esskastanie 147, 229, **236-238**, 288, 304, 305, 306

F

Fagus sylvatica 166
Fichte, Gewöhnliche 145, 146, **163-165**, 229, 277, 288, 298, 305
Filipendula ulmaria 175
Fingerkraut, Gänse- 13, 14, **34-36**, 58, 188, 268, 282, 290, 302, 316, 325, 326, 327, 344, 349
Fragaria vesca 110
Frauenmantel, Gewöhnlicher 15, 56, **81-83**, 174, 268, 290, 291, 298, 300, 302, 327, 339, 349

G

Galinsoga ciliata 207
Galium mollugo 78
Galium odoratum 157
Gänseblümchen 15, 58, 207, 223, 240, 241, **243-245**, 252, 269, 270, 273, 277, 278, 279, 281, 292, 293, 300, 303, 304, 305,

306, 307, 316, 327, 340, 342
Gänse-Fingerkraut 13, 14, **34-36**, 58, 188, 268, 282, 290, 302, 316, 325, 326, 327, 344, 349
Gänsefuß, Weißer 186, **216-218**, 242, 288, 303, 304, 305, 306
Gemeiner Löwenzahn 15, 56, **59-62**, 188, 190, 242, 269, 270, 277, 279, 283, 284, 285, 290, 291, 300, 303, 304, 305, 306, 307, 309, 315, 316, 318, 320, 322, 324, 325, 327, 328, 334, 338, 339, 340, 341, 344, 348, 349
Geum urbanum 107
Gewöhnliche Braunelle 15, 58, 94, 240, 241, **252-254**, 298, 300, 303
Gewöhnliche Eberesche 92, **132-134**, 147, 300, 305
Gewöhnliche Fichte 145, 146, **163-165**, 229, 277, 288, 298, 305
Gewöhnliche Knoblauchsrauke 15, 92, 93, **104-106**, 174, 239, 269, 270, 273, 281, 303, 304, 305, 340, 341
Gewöhnliche Nachtkerze 15, 186, 187, **213-215**, 242, 273, 301, 302
Gewöhnliche Nelkenwurz 15, 92, 93, **107-109**, 147, 188, 242, 300, 327, 349
Gewöhnliche Schafgarbe 15, 56, **69-71**, 268, 272, 275, 282, 283, 290, 292, 298, 300, 302 , 324, 326, 327, 328, 339, 340, 341, 348, 349
Gewöhnliche Wegwarte 13, 15, **46-48**, 188, 283, 300, 304, 305, 307, 309, 340
Gewöhnlicher Beifuß 15, 186, **225-227**, 290, 298, 300
Gewöhnlicher Dost 13, 14, **37-39**, 94, 179, 188, 266, 277, 286, 287, 290, 292, 298, 300, 324, 326, 327, 328, 339, 348, 349
Frauenmantel, Gewöhnlicher 15, 56, **81-83**, 174, 268, 290, 291, 298, 300, 302, 327, 339, 349
Gewöhnlicher Giersch 15, 92, **101-103**, 147, 174, 242, 269, 270, 281, 285, 286, 304, 305
Gewöhnlicher Hopfen 70, 92, 93, **126-128**, 174, 240, 250, 264, 265, 268, 298, 300, 301, 302, 321
Gewöhnliches Hirtentäschel 15, 186, 187, **195-197**, 242, 272, 273, 303
Giersch, Gewöhnlicher 15, 92, **101-103**, 147, 174, 242, 269, 270, 281, 285, 286, 304, 305
Glechoma hederacea 249
Goldrute, Kanadische 94, 186, **222-224**, 266, 284, 290, 298, 301, 303
Große Brennnessel 13, 14, **16-19**, 29, 94, 103, 174, 188, 239, 242, 269, 270, 271, 284, 285, 288, 301, 304, 305, 306, 316, 318, 321, 322, 325, 326, 327, 328, 334, 338, 339, 341, 344
Großer Sauerampfer 15, 56, **63-65**, 281, 288 , 305, 315, 316, 317, 318, 322, 327, 328, 334,

338, 339, 340, 341, 344, 348, 349
Gundermann 44, 58, 94, 103, 147, 174, 240, 241, **249-251**, 269, 270, 272, 273, 277, 279, 290, 300, 302, 303, 305, 314, 318, 324, 332, 334, 339, 341, 346, 349
Günsel, Kriechender 13, 14, **43-45**, 58, 94, 283, 303, 325, 349

H
Hänge-Birke 94, 145, 146, **160-162**, 269, 270, 284, 285, 300, 301, 303, 304, 305, 306
Haselnuss 91, 92, 93, **135-137**, 147, 174, 288, 290, 301, 304, 305, 306, 334, 337, 338
Hellerkraut, Acker- 187, **198-200**, 300, 303, 304, 306, 328, 349
Heracleum sphondylium 75
Himbeere 92, 93, **120-122**, 123, 124, 147, 272, 290, 299, 302, 303, 304, 305, 306
Hirtentäschel, Gewöhnliches 15, 186, 187, **195-197**, 242, 272, 273, 303
Holunder, Schwarzer 92, 93, **113-116**, 147, 174, 266, 267, 299, 301, 304, 305
Hopfen, Gewöhnlicher 70, 92, 93, **126-128**, 174, 240, 250, 264, 265, 268, 298, 300, 301, 302, 321
Huflattich 15, 186, 187, **189-191**, 271, 272, 273, 299, 300, 303, 349
Humulus lupulus 126
Hunds-Rose 94, **138-140**, 240, 261, 262, 264, 266, 272, 274, 288, 289, 299, 304, 305, 307, 347
Hypericum perforatum 204

I
Impatiens glandulifera 181

J
Johanniskraut, Echtes 15, 58, 186, 187, **204-206**, 264, 265, 272, 274, 276, 285, 292, 298, 301, 302
Juglans regia 233

K
Kamille, Echte 15, 186, 187, **201-203**, 264, 266, 268, 271, 273, 277, 290, 298, 301, 303
Kanadische Goldrute 94, 186, **222-224**, 266, 284, 290, 298, 301, 303
Kartoffel-Rose **261-263**, 266, 267, 288, 289, 298, 299, 304, 305, 307, 309, 310, 312, 330, 336, 344
Kirsche, Vogel- 93, **117-119**, 147, 290, 291, 304, 305, 306, 307, 309
Klee, Roter Wiesen- 15, 56, **66-68**, 148, 268, 277, 302, 309, 318
Knoblauchsrauke, Gewöhnliche 15, 92, 93, **104-106**, 174, 239, 269, 270, 273, 281, 303, 304, 305, 340, 341
Knopfkraut, Behaartes 186, **207-**

209, 242, 288, 304, 305
Knopfkräuter 209
Kohl-Kratzdistel 56, 57, **84-86**, 174, 322, 325, 326, 327, 338, 339
Kornelkirsche 94, 240, 241, **258-260**, 290, 299, 305, 311
Kratzdistel, Kohl- 56, 57, **84-86**, 174, 322, 325, 326, 327, 338, 339
Kriechender Günsel 13, 14, **43-45**, 58, 94, 283, 303, 325, 349

L

Labkraut, Wiesen- 15, 56, **78-80**, 94, 188, 269, 270, 284, 316
Lamium album 28
Linden 147, 228, 229, **230-232**, 264, 266, 277, 283, 290
Lindenblüten 267
Löwenzahn, Gemeiner 15, 56, **59-62**, 188, 190, 242, 269, 270, 277, 279, 283, 284, 285, 290, 291, 300, 303, 304, 305, 306, 307, 309, 315, 316, 318, 320, 322, 324, 325, 327, 328, 334, 338, 339, 340, 341, 344, 348, 349

M

Mädesüß, Echtes 58, 173, 174, **175-177**, 266, 267, 285, 286, 298, 303, 309
März-Veilchen 92, 94, **95-97**, 147, 174, 277, 299, 300, 303, 329, 345
Matricaria recutita 201
Meerrettich 13, 14, **52-54**, 188, 266, 277, 280, 284, 285, 286, 287, 290, 298, 303, 304, 305, 316, 317, 349
Melilotus officinalis 210
Möhre, Wilde 13, 14, **40-42**, 58, 188, 298, 304, 305

N

Nachtkerze, Gewöhnliche 15, 186, 187, **213-215**, 242, 273, 301, 302
Nelkenwurz, Gewöhnliche 15, 92, 93, **107-109**, 147, 188, 242, 300, 327, 349

O

Ocalis acetosella 148
Oenothera biennis 213
Origanum vulgare 37

P

Pastinaca sativa 49
Pastinak 13, 14, **49-51**, 58, 188, 290, 301, 304, 305, 325
Picea abies 163
Plantago lanceolata **20**, 25
Plantago major 21, **24**
Potentilla anserina 34
Prunella vulgaris 252
Prunus avium 117
Prunus spinosa 141

Q

Quercus robur 169

R

Ranunculus ficaria 98
Rosa canina **138**, 262

Rosa rugosa 261
Rose, Hunds- 94, **138-140**, 240, 261, 262, 264, 266, 272, 274, 288, 289, 299, 304, 305, 307, 347
Rose, Kartoffel- **261-263**, 266, 267, 288, 289, 298, 299, 304, 305, 307, 309, 310, 312, 330, 336, 344
Rot-Buche 94, 145, 146, **166-168**, 229, 301, 304, 305
Roter Wiesen-Klee 15, 56, **66-68**, 148, 268, 277, 302, 309, 318
Rubus fruticosus agg. 123
Rubus idaeus 120
Rumex acetosa 63

S

Sambucus nigra 113
Sauerampfer, Großer 15, 56, **63-65**, 281, 288 , 305, 315, 316, 317, 318, 322, 327, 328, 334, 338, 339, 340, 341, 344, 348, 349
Sauerklee, Wald- 67, 94, 145, 146, **148-150**, 305
Schachtelhalm, Acker- 15, 58, 186, 187, **192-194**, 271, 272, 275, 284, 285, 304, 305, 306, 323
Schafgarbe, Gewöhnliche 15, 56, **69-71**, 268, 272, 275, 282, 283, 290, 292, 298, 300, 302 , 324, 326, 327, 328, 339, 340, 341, 348, 349
Scharbockskraut 92, 93, **98-100**, 147, 149, 174, 269, 270, 305
Schaumkraut, Behaartes 15, 188, 240, 241, **246-248**, 303, 349
Schaumkraut, Wiesen- 56, **72-74**, 174, 242, 247, 269, 270, 283, 300, 303, 305, 316, 328, 340, 349
Schlehe 91, 92, 94, **141-143**, 290, 299, 305, 308
Schmalblättriges Weidenröschen 186, 188, **219-221**
Schwarzer Holunder 92, 93, **113-116**, 147, 174, 266, 267, 299, 301, 304, 305
Solidago canadensis 222
Sorbus aucuparia 132
Spitz-Ahorn 145, 146, **154-156**, 174, 281, 304, 305, 306, 314, 347
Spitz-Wegerich 13, 15, **20-23**, 24, 25, 26, 27, 58, 188, 242, 266, 272, 275, 277, 280, 281, 303, 305, 315, 318, 322, 325, 338, 341, 348
Springkraut, Drüsiges 15, 173, 174, **181-183**, 188
Steinklee, Echter 186, 187, 193, **210-212**, 292, 293, 330
Stellaria media 255
Stiel-Eiche 94, 145, 146, **169-171**, 174, 229, 301, 302
Symphytum officinale 31

T

Taraxacum officinale 59
Taubnessel, Weiße 13, 15, **28-30**, 44, 94, 174, 188, 277, 303, 307, 316, 322, 325, 327, 338, 339
Thlaspi arvense 198
Tilia 230

Trifolium pratense 66
Tussilago farfara 189

U
Urtica dioica 16

V
Valeriana officinalis 178
Veilchen, März- 92, 94, **95-97**, 147, 174, 277, 299, 300, 303, 329, 345
Viola odorata 95
Vogelkirsche 93, **117-119**, 147, 290, 291, 304, 305, 306, 307, 309
Vogelmiere 15, 188, 240, 241, **255-257**, 269, 270, 290, 303, 304, 305, 306, 316, 318, 322, 325, 327, 334, 338, 339, 340, 341

W
Wald-Engelwurz 15, 56, **87-89**, 174, 266, 290, 298, 300, 305, 320, 331
Wald-Erdbeere 92, **110-112**, 124, 147, 272, 273, 299, 302, 304, 305, 306
Waldmeister 78, 94, 145, 146, **157-159**, 211, 212, 240, 299, 307, 311, 313, 329, 336
Wald-Sauerklee 67, 94, 145, 146, **148-150**, 305
Walnuss 229, **233-235**, 272, 276, 288, 290, 301, 302, 304, 305, 306, 312, 333
Wegerich, Breit- 13, 15, 21, **24-26**, 58, 188, 242, 266, 272, 275, 277, 281, 303, 305, 327, 348
Wegerich, Spitz- 13, 15, **20-23**, 24, 25, 26, 27, 58, 188, 242, 266, 272, 275, 277, 280, 281, 303, 305, 315, 318, 322, 325, 338, 341, 348
Wegwarte, Gewöhnliche 13, 15, **46-48**, 188, 283, 300, 304, 305, 307, 309, 340
Weidenröschen, Schmalblättriges 186, 188, **219-221**
Weißdorn 91, 92, 94, **129-131**, 141, 147, 276, 277, 288, 301, 305, 307, 314
Weiße Taubnessel 13, 15, **28-30**, 44, 94, 174, 188, 277, 303, 307, 316, 322, 325, 327, 338, 339
Weißer Gänsefuß 186, **216-218**, 242, 288, 303, 304, 305, 306
Wiesen-Klee, Roter 15, 56, **66-68**, 148, 268, 277, 302, 309, 318
Wiesen-Labkraut 15, 56, **78-80**, 94, 188, 269, 270, 284, 316
Wiesen-Schaumkraut 56, **72-74**, 174, 242, 247, 269, 270, 283, 300, 303, 305, 316, 328, 340, 349
Wilde Möhre 13, 14, **40-42**, 58, 188, 298, 304, 305

Kalender der Sammelzeiten

- Blätter und Triebe
- Blüten
- Früchte und Samen
- Wurzeln und andere unterirdische Pflanzenteile

Monat

Seite	Wildpflanze	1	2	3	4	5	6	7	8	9	10	11	12
154	Ahorn, Spitz-				Blätter	Blätter							
					Blüten								
178	Baldrian, Echter				Blätter	Blätter							
							Blüten	Blüten	Blüten				
										Wurzeln	Wurzeln		
75	Bärenklau, Wiesen-				Blätter	Blätter							
						Blüten	Blüten	Blüten	Blüten				
								Früchte	Früchte	Früchte			
151	Bärlauch			Blätter	Blätter								
					Blüten	Blüten							
							Früchte						
225	Beifuß, Gewöhnlicher				Blätter	Blätter	Blätter	Blätter	Blätter	Blätter			
								Blüten	Blüten	Blüten			
31	Beinwell, Gewöhnlicher				Blätter	Blätter	Blätter	Blätter					
		Wurzeln	Wurzeln	Wurzeln							Wurzeln	Wurzeln	Wurzeln
160	Birke, Hänge-				Blätter	Blätter							
252	Braunelle, Gewöhnliche				Blätter	Blätter							
						Blüten	Blüten	Blüten	Blüten	Blüten			
16	Brennnessel, Große			Blätter	Blätter	Blätter	Blätter						
							Blüten	Blüten	Blüten	Blüten			
									Früchte	Früchte			
123	Brombeere, Echte				Blätter	Blätter	Blätter						
						Blüten	Blüten	Blüten	Blüten				
									Früchte	Früchte			
166	Buche, Rot-				Blätter	Blätter							
										Früchte	Früchte		

Kalender

Seite	Wildpflanze	1	2	3	4	5	6	7	8	9	10	11	12
37	Dost, Gewöhnlicher												
132	Eberesche, Gewöhnliche												
169	Eiche, Stiel-												
87	Engelwurz, Wald-												
110	Erdbeere, Wald-												
236	Esskastanie												
163	Fichte, Gewöhnliche												
34	Fingerkraut, Gänse-												
81	Frauenmantel, Gewöhnlicher												
243	Gänseblümchen												
216	Gänsefuß, Weißer												
101	Giersch, Gewöhnlicher												
222	Goldrute, Kanadische												
43	Günsel, Kriechender												
249	Gundermann												
135	Haselnuss												
198	Hellerkraut, Acker-												
120	Himbeere												
195	Hirtentäschel, Gewöhnliches												

Seite	Wildpflanze	1	2	3	4	5	6	7	8	9	10	11	12
113	Holunder, Schwarzer												
126	Hopfen, Gewöhnlicher												
189	Huflattich												
204	Johanniskraut, Echtes												
201	Kamille, Echte												
66	Klee, Roter Wiesen-												
104	Knoblauchsrauke, Gewöhnliche												
207	Knopfkraut, Behaartes												
258	Kornelkirsche												
84	Kratzdistel, Kohl-												
78	Labkraut, Wiesen-												
230	Linden												
59	Löwenzahn, Gemeiner												
175	Mädesüß, Echtes												
52	Meerrettich												

Kalender

Seite	Wildpflanze	1	2	3	4	5	6	7	8	9	10	11	12
40	Möhre, Wilde												
213	Nachtkerze, Gewöhnliche												
107	Nelkenwurz, Gewöhnliche												
49	Pastinak												
138	Rose, Hunds-												
261	Rose, Kartoffel-												
63	Sauerampfer, Großer												
148	Sauerklee, Wald-												
192	Schachtelhalm, Acker-												
69	Schafgarbe, Gewöhnliche												
98	Scharbockskraut												
246	Schaumkraut, Behaartes												
72	Schaumkraut, Wiesen-												
141	Schlehe												
181	Springkraut, Drüsiges												

Seite	Wildpflanze	1	2	3	4	5	6	7	8	9	10	11	12
210	Steinklee, Echter												
28	Taubnessel, Weiße												
95	Veilchen, März-												
117	Vogelkirsche												
225	Vogelmiere												
157	Waldmeister												
233	Walnuss												
24	Wegerich, Breit-												
20	Wegerich, Spitz-												
46	Wegwarte, Gewöhnliche												
219	Weidenröschen, Schmalblättriges												
129	Weißdorn												

Autorenporträt

Gisela Tubes hat an der Westfälischen Wilhelms-Universität in Münster Diplom-Landschaftsökologie studiert und lebt seit 1989 in Detmold. Sie arbeitet als Kulturvermittlerin im LWL-Freilichtmuseum Detmold und ist als Autorin für Zeitungen, Zeitschriften und öffentliche Institutionen tätig. Ihr Schwerpunkt liegt dabei auf ökologische Themen, vor allem der Wildpflanzenkunde. Zum Thema „Wildpflanzen in der Küche" bietet sie Kräuterwanderungen und Vorträge an.